高职高专教育"十二五"规划教材

网页设计与制作

主 编 陈彦许 陈维华

副主编 卢爱芹 李 巍 方士杰

中国水利水电出版社
www.waterpub.com.cn

内 容 提 要

本书从网页设计与制作行业需求出发，全面系统地介绍了网页设计与制作的基础知识、网页编辑软件 Dreamweaver、图像处理软件 Photoshop 和网页动画制作软件 Flash 等内容。

全书共分 8 章。第 1 章介绍网页的基本概念和网站操作，并制作了一个简单的网站制作实例；第 2 章介绍常用网页元素的创建与设置方法，包括文字、图像、表格和超链接等；第 3 章针对网页设计与制作的新趋势，重点讲解 CSS 样式的应用；第 4 章是网页特效设计，除利用 Dreamweaver 软件本身的功能制作特效外，还针对行业需要，讲解从网上下载特效并进行修改的方法；第 5 章讲解了表单和动态网站开发环境的设置等内容，以适应网站美工与编程人员进行交流的需要；第 6 章使用 Photoshop 软件处理网页的图像，主要包括 Logo 制作、抠图等内容；第 7 章使用 Flash 制作网页动画，包括引导页和图片轮显动画的制作；第 8 章以一个完整的网站制作实例，讲解网站规划、图像制作、动画制作和网页编辑合成，通过一个网站全过程的练习，使学习者在复习全书内容的基础上，所学知识和技能得到升华。

本书适合作为高职高专院校计算机、电子商务、多媒体和软件开发等相关专业的教材，也可作为信息技术培训机构的培训用书，还可作为网页设计人员、网站建设和开发人员、多媒体设计与开发人员的参考书。

图书在版编目（CIP）数据

网页设计与制作 / 陈彦许，陈维华主编. -- 北京 : 中国水利水电出版社，2011.7（2016.8 重印）
高职高专教育“十二五”规划教材
ISBN 978-7-5084-8718-2

Ⅰ. ①网… Ⅱ. ①陈… ②陈… Ⅲ. ①网页制作工具—高等职业教育—教材 Ⅳ. ①TP393.092

中国版本图书馆CIP数据核字(2011)第115722号

策划编辑：陈　洁　　责任编辑：杨元泓　　加工编辑：杨继东　　封面设计：李　佳

书　　名	高职高专教育“十二五”规划教材 **网页设计与制作**
作　　者	主　编　陈彦许　陈维华 副主编　卢爱芹　李　巍　方士杰
出版发行	中国水利水电出版社 （北京市海淀区玉渊潭南路 1 号 D 座　100038） 网址：www.waterpub.com.cn E-mail：mchannel@263.net（万水） sales@waterpub.com.cn 电话：（010）68367658（营销中心）、82562819（万水）
经　　售	全国各地新华书店和相关出版物销售网点
排　　版	北京万水电子信息有限公司
印　　刷	三河市鑫金马印装有限公司
规　　格	184mm×260mm　16 开本　14.75 印张　359 千字
版　　次	2011 年 8 月第 1 版　2016 年 8 月第 3 次印刷
印　　数	6001—9000 册
定　　价	27.00 元

高职高专教育“十二五”规划教材
编委会

前　言

随着 WWW 技术的日益成熟，以 Internet 为基础的电子商务、电子政务、电子校园等信息化手段成为工作、生活的重要内容，而网站和网页作为 WWW 网络的最常规方式，已成为企、事业单位和个人的网上名片。网页（站）设计与制作行业需要一大批具有一定理论基础和较强操作技能的专业技术人才。为了适应行业企业需要，许多高职高专院校在计算机、电子商务、软件技术、多媒体等专业开设了网页设计与制作课程。为此，我们组织多位具有多年教学经验和较强实践能力的老师，编写了这本适合高职高专院校在校生使用的教材，以满足广大教师和学生的需要。

本教材紧紧抓住行业需要，以培养能力、突出实用为主要出发点。全书在介绍网页设计与制作相关知识的基础上，以实例为主线，详细介绍制作步骤、方法和技巧。

本教材充分考虑高职院校学生的认知特点，每章通过具有综合性、创造性、实践性的实例，在促进学生综合运用所学知识、提升制作能力的同时，激发学生的学习兴趣。全书共分 8 章，主要内容如下：

第 1 章通过一个农家院网站的设计与制作，介绍网页的基本概念和网站、网页的常规操作。

第 2 章通过一个工业企业网站的设计，介绍常用网页元素（文字、图像、表格和超链接等）的创建与设置方法。

第 3 章通过一个旅游网站的设计与制作，重点讲解 CSS 样式在网页设计与制作中的应用。

第 4 章通过一个网页拼图游戏的设计与制作，讲解网页特效的相关知识，包括利用 Dreamweaver 软件本身制作特效和如何从网上下载特效并进行修改等。

第 5 章通过一个留言板的设计与制作，讲解表单和动态网站开发环境的搭建等内容。

第 6 章通过制作网页的 Logo、效果图和背景图像等，讲解如何使用 Photoshop 软件处理网页的图像。

第 7 章通过图片轮显动画和引导页动画的设计与制作，讲解如何使用 Flash 软件制作网页动画。

第 8 章通过一个完整的网站制作实例，讲解网站规划、图像制作、动画制作和网页编辑合成等内容，使学习者在全书内容的基础上，所学知识和技能得到升华。

本教材的主要特色如下：

（1）突出高职教育特色。根据行业企业需要，基础知识和理论以“必需、够用”为度，强化学生实践能力的培养，提升从业技能。

（2）定位最新技术。在强化基础知识和基本技能的基础上，兼顾软件的最新版本和行业应用的最新技术并进行讲解。

（3）采用实例教学。依托参编人员丰富的网站制作经验，每章至少一个实例，方便学生学习，激发学习兴趣。

（4）在内容上做到内容全面、重点突出、针对性强。在内容安排上，加入了软件之外的网页特效、动态网站开发初步等章节；为适应目前网站开发的新趋势，强化 CSS 样式在网页设计与制作中的应用；同时，大胆删除了许多网站开发中少用或不用的内容。

（5）遵循高职教育的教学规律。本教材的主编与副主编大部分为教育学硕士，具有多年的教学与实践经验，能够将网站设计与制作知识和技能与教学工作紧密结合。

本书由陈彦许、陈维华任主编，卢爱芹、李巍、方士杰任副主编，同时参与本书编写工作的人员还有郭士琪、张红艳、吴树芳、姜清超、王红艳、梅豪杰、潘霞、付岩等。

由于计算机技术发展迅速，加上编者水平所限，书中难免有错误和不妥之处，欢迎广大读者批评指正。

编 者

2011 年 5 月

目　　录

第 1 章　网页设计与制作概述

【学习目标】

- 掌握网页设计与制作中有关概念。
- 了解 Dreamweaver 软件的界面构成。
- 学会 Dreamweaver 的站点操作。
- 学会 Dreamweaver 的文件操作。
- 了解网站制作的一般流程，能够使用 Dreamweaver 制作一个简单的网站。

【引导案例】

某旅游区的一个农家院主要为顾客提供餐饮与住宿服务，由于游客通常通过网络来查询住宿与餐饮的信息，所以这家农家院需要建立一个网站为用户提供服务。

这家农家院提供了 20 种饭菜，35 间客房。35 间客房中有 10 个单人间 20 个双人间和 5 个三人间，农家院提供了饭菜和环境介绍图片。

【任务分析】

这是一个小型的网站，需要展示的仅是图片与文字信息，但需要掌握网站制作的一般流程。因此，本任务主要要求掌握站点的建立和网页文件的简单操作。

【相关知识】

1.1　网站设计与制作的基础知识

1.1.1　网站设计的有关概念

1. 互联网

互联网又名因特网，英文名字是 Internet，是将全球范围内的计算机通过通信线路和设置，采用标准的 TCP/IP 协议连接起来，能够实现资源共享和相互通信的计算机网络。通过互联网我们能够收发电子邮件、传输文件、上网浏览信息、进行网络办公、开展电子商务等。目前，互联网已成为我们工作、生活、娱乐等不可缺少的组成部分，目前全国网民已达 4 亿，大家除利用网络浏览信息外，还在进行网上购物、网络办公、网络游戏、网络支付等，网络已渗透到社会生活的各个领域。

2. 万维网

万维网又名 WWW 网，特指利用浏览器对网络进行访问的部分。访问者通过浏览器（如 IE）访问网络资源（如新浪网、网易等），由于操作的简便性，非常受普通网民的欢迎。正是由于其操作的简便性，许多网络服务都通过 WWW 来提供，如电子邮件的收发，早期我们采用的收发软件如 Foxmail 已被束之高阁，而是直接通过浏览器访问电子邮件服务器进行收发操作。在网络硬盘中，我们通过浏览器进行文件传输服务，对于新一代互联网用户来讲，万维网就是互联网。

3．网站与网页

我们访问互联网时，通过在浏览器的地址栏中输入一个被称为域名的字符串，就可以打开一个包含大量信息的页面。我们把这个页面叫做网页，而将许多网页组合在一起的集合叫做网站。

网页设计与制作课程的主要任务就是设计与制作网站和网页，包括网页中图像的处理、动画的制作，以及将文字、图像、动画等网页中的元素组合在一起，形成一个完整的页面（网页），并将网页进行组织，通过链接形成一个完整的网站。

1.1.2　超文本协议、超文本标记语言网页

超文本协议（http 协议）是万维网中采用的协议，超文本标记语言（HTML）是网页中使用的语言。只要我们使用超文本标记语言，遵守超文本协议制作的文件，就可以放在互联网的服务器上，被全球的互联网用户访问，也就是我们所说的网页。我们可以直接在文本编辑软件如 Windows 中的记事本中输入 HTML 代码来制作网页，也可以采用专门的网页制作工具软件（如 Dreamweaver、FrontPage 等）自动生成 HTML 代码来制作网页。同时由于互联网的迅猛发展，许多常用的软件如 Word、Excel、Photoshop 等也可以通过文件的不同保存格式生成网页文件。

下面通过记事本编写一个网页。

（1）打开记事本，并在其中输入以下 HTML 代码，如图 1-1 所示。

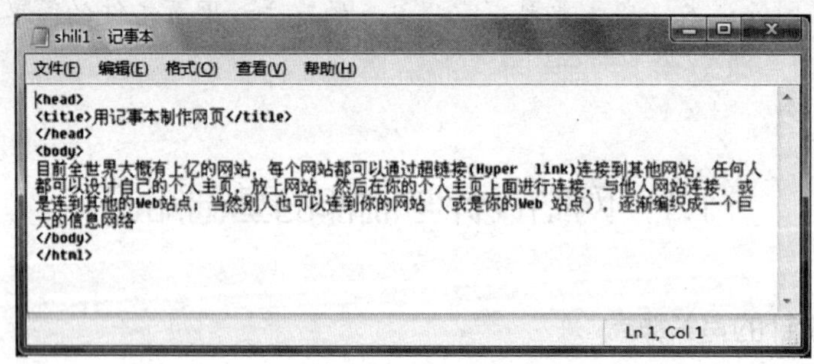

图 1-1　用记事本制作网站

（2）保存文件，注意输入文件的扩展名为.html 或.htm。

（3）用 IE 浏览器打开保存的文件，结果如图 1-2 所示。

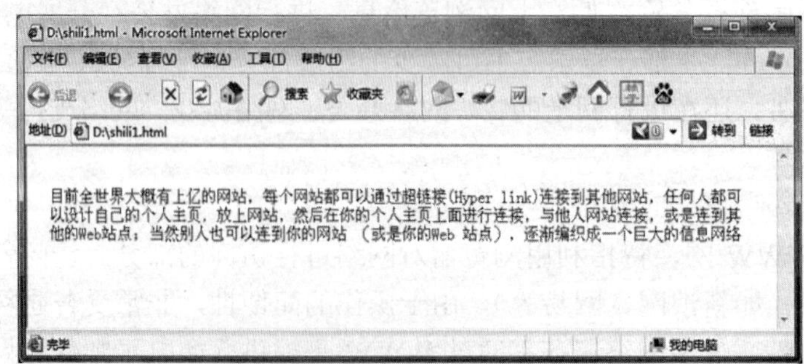

图 1-2　用记事本制作的网站效果

下面再举一个使用 Word 软件生成 HTML 代码的例子。

（1）在 Word 中对文件内容进行编辑，如图 1-3 所示。

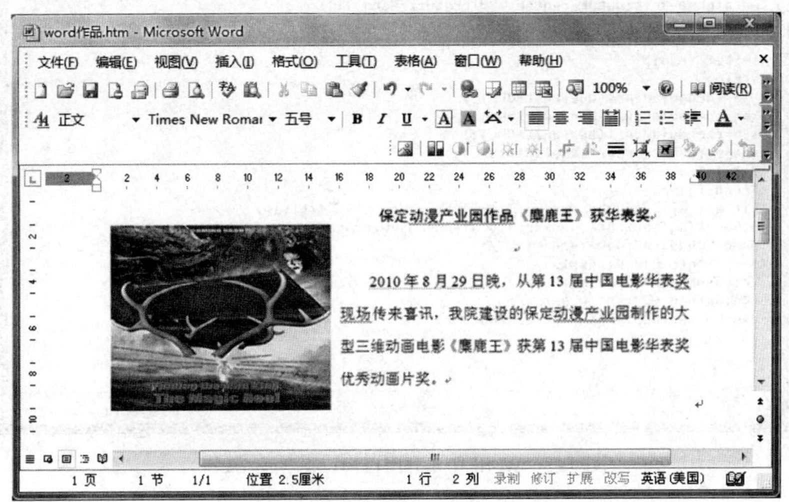

图 1-3　使用 Word 生成网页

（2）保存文件，注意文件扩展名采用.html 或.htm。

（3）使用 IE 浏览器打开网站，如图 1-4 所示。

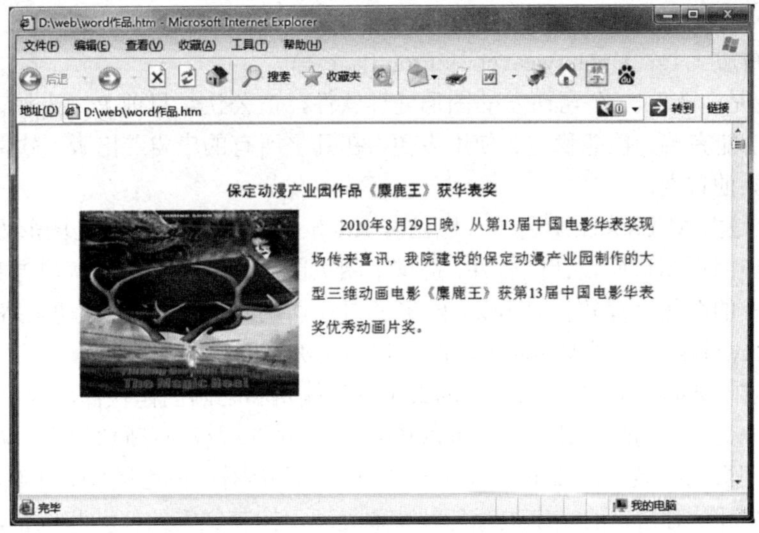

图 1-4　使用 Word 制作的网页效果

实际上，Word 软件将文档的内容转换成了 HTML 文档，可以用记事本打开该文件查看 HTML 文档，如图 1-5 所示。

在制作网页时，我们很少甚至不会直接用文本编辑软件编写 HTML 代码，学习 HTML 代码也只是在修改网页、网页特效制作和制作动态网站时使用；同时，尽管许多软件具有自动生成 HTML 文档的功能，但由于不是专业的网页制作工具，一般很少采用，而采用类似 Dreamweaver 等专业网页开发工具。本书主要介绍使用 Dreamweaver 软件制作网页的一般理论和操作方法，以及图形处理软件 Photoshop 和动画制作软件 Flash 的使用。

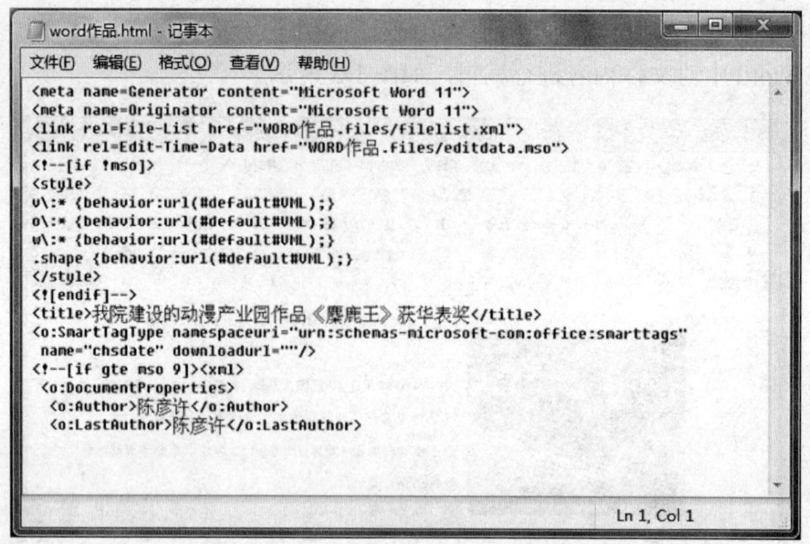


```
<meta name=Generator content="Microsoft Word 11">
<meta name=Originator content="Microsoft Word 11">
<link rel=File-List href="WORD作品.files/filelist.xml">
<link rel=Edit-Time-Data href="WORD作品.files/editdata.mso">
<!--[if !mso]>
<style>
v\:* {behavior:url(#default#VML);}
o\:* {behavior:url(#default#VML);}
w\:* {behavior:url(#default#VML);}
.shape {behavior:url(#default#VML);}
</style>
<![endif]-->
<title>我院建设的动漫产业园作品《麋鹿王》获华表奖</title>
<o:SmartTagType namespaceuri="urn:schemas-microsoft-com:office:smarttags"
 name="chsdate" downloadurl=""/>
<!--[if gte mso 9]><xml>
 <o:DocumentProperties>
  <o:Author>陈彦许</o:Author>
  <o:LastAuthor>陈彦许</o:LastAuthor>
```

图 1-5 Word 生成的 HTML 文档（部分）

1.1.3 常用的网页设计与制作工具

常用的网页设计工具包括：

- 网页美化工具（图像）：Photoshop 和 Fireworks 等。
- 网页美化工具（动画）：Flash 和 Swish 等。
- 网页排版工具：Dreamweaver 和 FrontPage 等。

Photoshop 是由 Adobe 公司研发的图形处理软件，被公认是目前 PC 机上最好的平面美术设计软件，它功能完善、性能稳定、使用方便，在几乎所有的广告、出版、软件公司，都被作为平面制作工具的首选。

Fireworks 是由 Macromedia 公司（现已被 Adobe 公司收购）开发的图形处理工具，是第一套专门为制作网页图形而设计的软件，提供了网页图形设计及制作的解决方案。作为一款为网络设计而开发的图像处理软件，Fireworks 能够自动切割图像、生成光标动态感应的 JavaScript 程序，而且 Fireworks 具有强大的动画功能和相当完美的网络图像生成器。

Flash 是美国 Macromedia 公司开发的矢量图形编辑和动画创作软件，现已被 Adobe 公司收购，它是一种交互式动画设计工具，可以将声音、动画以及富有新意的界面融合在一起，制作出高品质的网页动态效果。Flash 广泛应用于网页动画制作、网上购物、在线游戏的制作中。

Swish 软件可以对指定的文字进行各种特效处理，控制文字的移动和位置，最后输出.swf 格式的文件，并能导入到 Flash 动画中加以编程。目前 Swish 只提供了文字特效的制作，但开发该软件的公司说以后将新增对图像、声音、按钮和矢量图的支持。

FrontPage 是由 Microsoft 公司推出的新一代 Web 网页制作工具。由于 FrontPage 界面与 Word、PowerPoint 等软件的界面极为相似，使网页制作者能够更加方便、快捷地创建和发布网页，且具有直观的网页制作和管理方法，简化了大量工作。

Dreamweaver 是 Macromedia 公司推出的一款大众化的网页制作软件，它具有可视化编辑界面，用户不用编写复杂的 HTML 代码就可以生成跨平台、跨浏览器的网页，既适合于专业网页编辑人员，同时也容易被业余网页制作人员所掌握。市面上有许多种网页编辑软件，有的重视效率，有的强调版面设计，而这些功能在 Dreamweaver 中都可以很方便地实现。Dreamweaver 还支持动态 HTML 技术，并采用 Roundtrip HTML 技术，在进行网页设计过程中，动态 HTML 技术能够让用户轻松设计复杂的交互式网页，产生动态效果。从而奠定了在网页高级设计功能方面的领先地位。因此，Dreamweaver 是一款可以满足多层次需求的可视化专业级网页制作软件。

目前，在网页设计与制作时，一般采用的网页设计与制作工具 Dreamweaver、Photoshop 和 Flash 的组合，即使用 Dreamweaver 设计与制作网站和网页，使用 Photoshop 制作和处理网页中用到的图像，使用 Flash 制作和处理网页中的动画。

1.2　Dreamweaver 的操作界面

Dreamweaver CS4 是集网页制作与网站管理于一体的可视化网页编辑制作工具，是网页设计开发人员采用最多的网页制作工具，具有“所见即所得”的特点和强大的跨平台、跨浏览器的功能，安装 Dreamweaver CS4 与安装其他软件的方法大体相似，在此不再过多叙述。在安装 Dreamweaver CS4 后，通过单击桌面上 Dreamweaver CS4 的快捷方式或通过程序菜单都可以启动 Dreamweaver CS4。

启动 Dreamweaver CS4 软件，创建新 HTML 文档，就可以打开 Dreamweaver CS4 的工作界面，如图 1-6 所示。Dreamweaver CS4 的工作界面主要包括菜单栏、标题栏、工具栏、工作区域、属性面板、面板栏等（图中的标号分别对应：①菜单栏；②标题栏；③工具栏；④插入工具栏；⑤状态栏；⑥属性栏；⑦面板栏）。

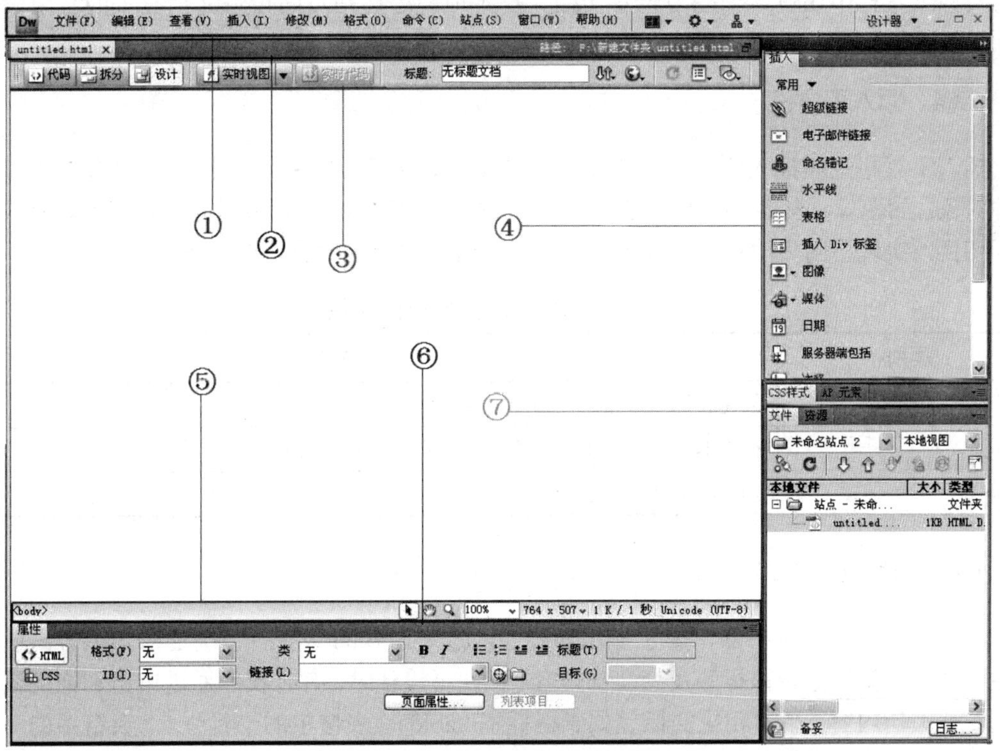

图 1-6　Dreamweaver 工作环境

1.2.1 菜单栏

主窗口中的菜单栏对整个环境下的所有窗口提供菜单控制。这些菜单允许用户方便地管理整个主窗口的布局，配置 Dreamweaver 环境。菜单栏由“文件”、“编辑”、“查看”、“插入”、“修改”、“文本”、“命令”、“站点”项目组成，用于对当前文档执行一些操作以及对 Dreamweaver 主窗口布局的修改。另外菜单栏的“帮助”项，提供了关于使用 Dreamweaver 以及创建 Dreamweaver 扩展功能的帮助系统及各种语言的参考材料。

1.2.2 文档标题栏

在此处显示当前文档的名称。Dreamweaver CS4 允许同时对多个文件进行编辑与修改，当打开多个文件时，此处显示多个文件。通过单击文件名的方式可以实现在多个文档间的切换。

1.2.3 文档工具栏

使用文档工具栏中的视图按钮可以快速切换文档的不同视图，包括：代码视图、设计视图和拆分视图。其中代码视图在工作区域显示当前文档的 HTML 代码，主要用于网页的修改、特效的制作和动态网站的开发；设计视图是网页设计与制作人员使用较多的视图，在此视图中可以实现“所见即所得”的设计制作环境，网页设计人员可以在此区域对网页的元素如文字、图像和表格等进行可视化处理；拆分视图是指在工作区域的上半部分显示代码、下半部分显示设计效果，在网页修改过程中使用较多。

文档工具栏中还包含一些与查看文档、在本地和远程站点间传输文档有关的常用命令和选项，如输入网页的标题、预览网页等。

1.2.4 插入工具栏

插入工具栏也叫插入面板，位于菜单栏的下方，主要是实现在光标闪烁位置创建和插入各种对象，如图像、表格、链接和媒体元素等。在插入工具栏的最左侧可以对插入对象的类型进行切换，实现不同类型对象的插入。表 1-1 列出了常用类别的功能描述。

表 1-1 “类别”弹出菜单的功能描述

类别	功能描述
常用	创建和插入最常用的对象，如图像、表格
布局	插入 Div 标签、框架、表格等用于网页布局的元素
表单	创建表单和插入表单元素

1.2.5 状态栏

状态栏也叫标签选择器，用于显示环绕当前选定内容的标签的层次结构。单击该层次结构中的任何标签以选择该标签及其全部内容。在网页设计时，有时我们通过单击和拖动鼠标很难选定有关的内容，单击相应的标签如表格标签<table>、表格中的一行<tr>、表格中的一个单元格<td>，是网页制作人员经常采用的方法。

1.2.6　属性栏

属性栏也叫属性面板，在网页制作过程中，尤其是网页美工设计与制作网站的前台过程中，主要任务就是插入网页元素（如文字、表格、图像），然后通过属性面板设计其属性。所以属性面板是网页设计人员最常用的面板，通过属性面板查看和更改所选对象或文本的各种属性。选定的对象不同，属性面板的包含信息也不同。如图 1-7 所示是一个图像的属性。

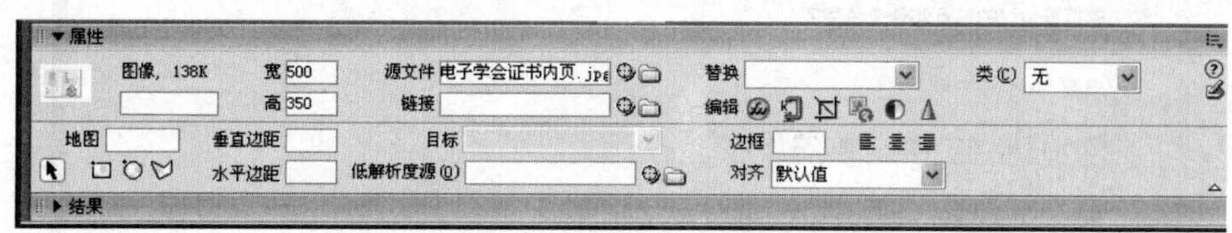

图 1-7　图像的属性面板

1.2.7　浮动窗口

除了创建和插入网页元素以及对网页元素的属性进行修改外，Dreamweaver CS4 将其强大的网页制作与网站管理功能以面板组的形式，放在其界面的右侧，如对站点和文件进行管理的面板组、对 CSS 样式进行设置的面板组等。面板组中选定的面板显示为一个选项卡，每个面板组都可以展开或折叠，并且可以和其他面板组停靠在一起，还可以停靠到集成的应用程序窗口中，这使得能够很容易地访问所需的面板，而不会使工作区变得混乱。

1.3　站点操作

为了组织和管理所有的网页文件，在制作网站之前，首先要创建一个本地站点。本地站点就是网站中所有文件在本地计算机上的存放位置，在定义站点时，除了需要指定站点名称外，还需要指定一个存放网站中所有网页文件以及图像、动画、视频文件的目录。

需要强调的是，由于制作完成的网站需要发布到网络服务器上，而不像其他软件直接在本地进行打印或其他形式的输出，所以在网站制作中，建立站点是必需要的操作。否则制作的网页在上传过程中将出现链接错误，而网页中的图像、视频、动画等也将无法正常显示。所以，网站制作的第一步就是建立站点，养成建立站点的习惯是网站制作人员的基本要求。本节将对建立站点、新建文件、站点保存等操作进行详细讲解。

1.3.1　站点的创建

下面通过实例了解创建站点的一般方法。

（1）选择“站点”→“新建站点”命令，弹出如图 1-8 所示的新建站点对话框，选择“基本”选项卡。

（2）在“站点名称”文本框中修改站点名称，单击“下一步”按钮进入如图 1-9 所示的界面。由于我们创建一个本地站点，所以不必使用服务器技术，选中“否，我不想使用服务器技术”，单击“下一步”按钮。

（3）在如图 1-10 所示的对话框中单击文件夹图标，选择站点的存放路径（记住这里要选择站点的存放位置），选择文件夹后，单击“下一步”按钮。

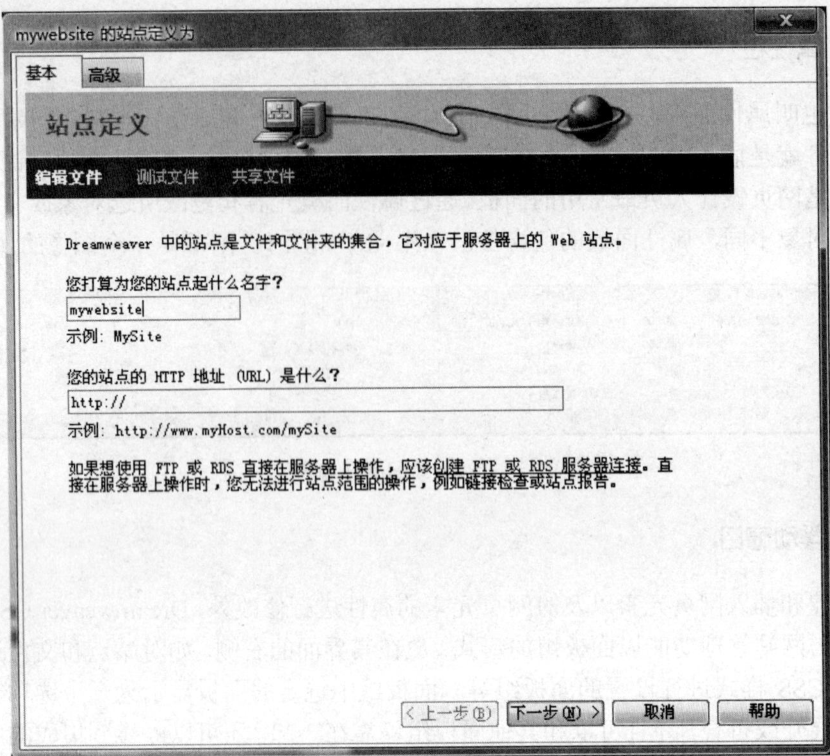

图 1-8　新建站点对话框

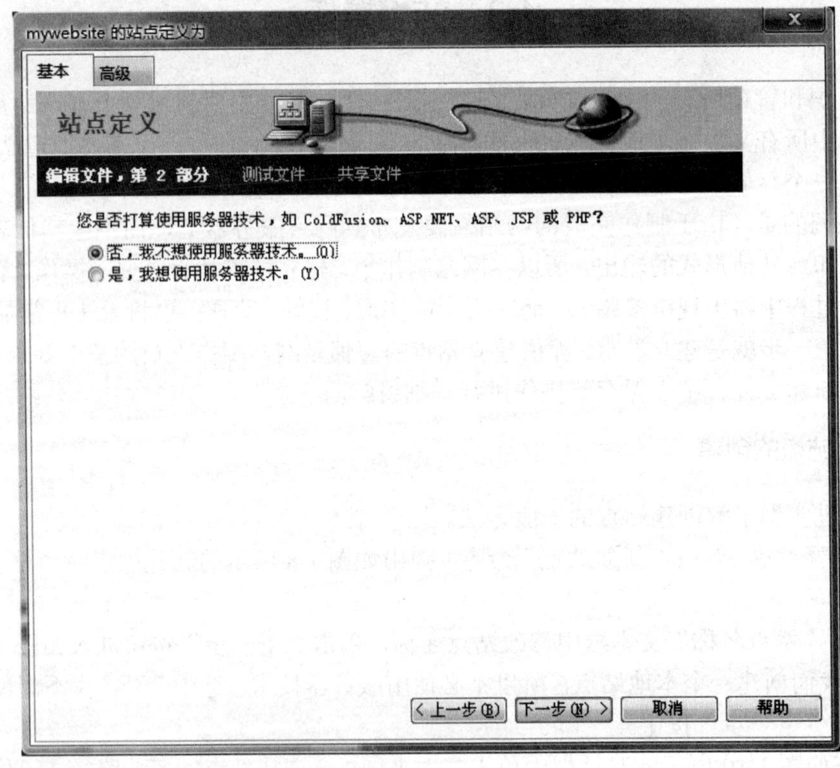

图 1-9　是否使用服务器技术

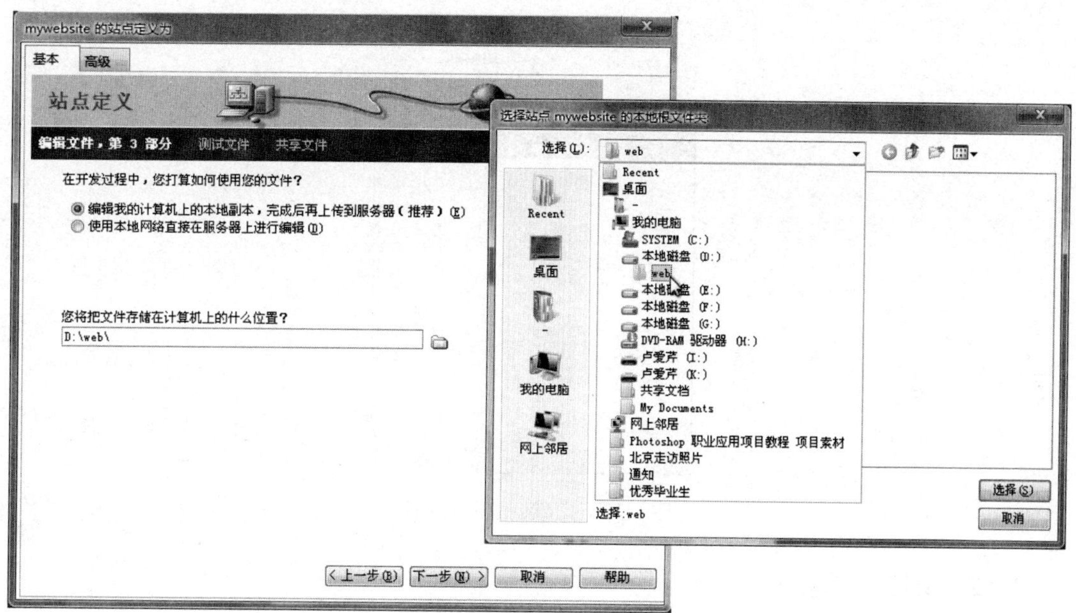

图 1-10　选择站点路径

（4）由于不需要连接到远程服务器，此项选“无”后，如图 1-11 所示，单击“下一步”按钮，出现一个网站的汇总信息，单击“完成”按钮。

图 1-11　选择本地根文件夹

（5）完成网站的建立后，新建的站点显示在软件主界面的右下角，如图 1-12 所示。

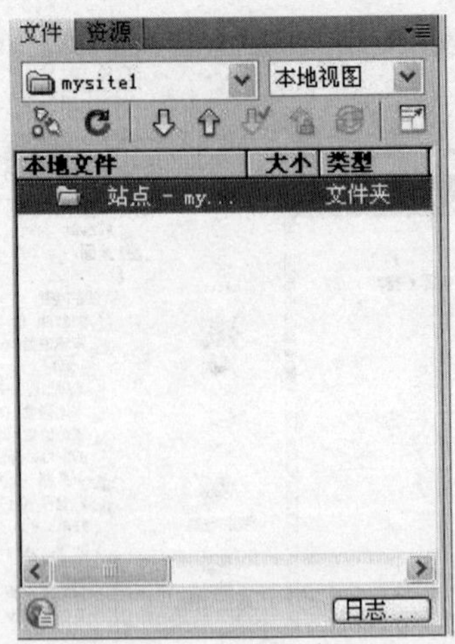

图 1-12 完成创建站点操作

1.3.2 文件的操作

文件的操作可以实现网页的新建、删除、保存及重命名等操作，可以从“文件”菜单中选择相应的项目完成上述操作，也可以在图 1-12 所示的文件面板中完成文件的新建、删除和重命名操作。由于后者具有操作简便的特点，被更多的网页设计与制作人员采用。具体的操作方法如下：

- 新建网页：右击站点文件夹，选择“新建文件”命令，如图 1-13 所示，就可以新建一个网页文件。双击此文件，在工作区域中对其进行编辑操作。
- 网页重命名：右击新建的文件名，选择“编辑”→“重命名”命令，文件名变成可编辑状态，如图 1-14 所示，输入新的网页名称，完成网页改名的操作。

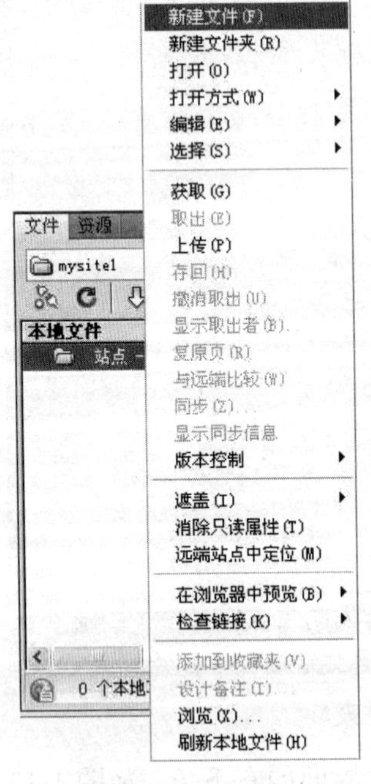

图 1-13 新建网页

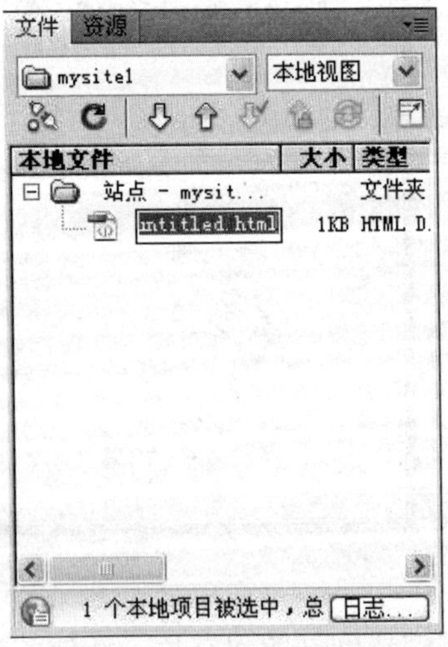

图 1-14 网页重命名

- 删除网页：右击新建的文件名，选择“编辑”→“删除”命令，就可以删除选定的网页。

1.3.3　页面属性

创建网页文件后，一般还需要对网页的页面进行设置，设定一些影响整个网页的参数。在未选定任何网页元素的情况下，在属性栏中有一个“页面属性”的按钮，单击此按钮，弹出如图 1-15 所示的对话框，通过“外观”、“链接”、“标题”、“标题/编码”、“跟踪图像”分类项目对当前网页进行相应的设计。如在“外观”分类中，可以设计网页的背景颜色、背景图像、网页边距、默认字体、字号等属性。

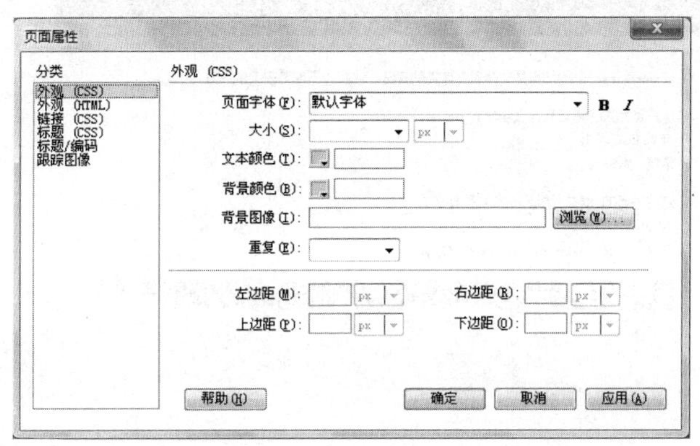

图 1-15　“页面属性”对话框

说明

在一般情况下，需要将网页的左边距和上边距的值设为 0，因为默认的“左边距”和“上边距”的值是 5，不进行设置网页就会距离左边距和上边距各有 5 个像素的距离，影响网页的美观效果。

1.4　实践与运用——农家院网站的设计与制作

通过以上对网站基本概念、Dreamweaver 软件的操作界面、站点创建、文件的操作等内容的学习，我们对网站的制作有了一个简单的认识。下面通过一个具体的实例，将网页制作知识、站点的创建、文件的操作等内容综合起来，完成一个农家院网站的设计。在制作网站之前，首先对农家院网站的制作任务进行分析。

某旅游区的一个农家院主要为顾客提供餐饮与住宿服务，由于游客通常通过互联网来查询住宿与餐饮的信息，所以这家农家院需要建立一个网站为用户提供服务。这家农家院提供了 20 种饭菜、35 间客房。35 间客房中有 10 个单人间、20 个双人间和 5 个三人间。农家院提供了饭菜和标准间的图片资料，同时根据用户要求，需要将周边的旅游信息也放到网上，方便游客查询。

根据以上任务，下面制作农家院的网站。

1.4.1　站点的建立

（1）打开“我的电脑”，任意选择一个本地磁盘如 E 盘，在 E 盘中新建文件夹，并将其命名为nongjiayuan。打开刚刚新建的nongjiayuan文件夹，在里面新建images和css文件夹（这是制作网站的常用操作，其中images文件夹用于存放网站中用到的图像文件，css文件夹用于存放网页的样式文件，有关css样式文件的内容在以后的章节中详细介绍）。

（2）启动Dreamweaver，在菜单栏中单击“站点”选项，选择“新建站点”命令，弹出如图1-16所示的对话框。除按前一节的步骤创建站点外，也可以直接选择“高级”方式创建，本节采用“高级”方式创建。

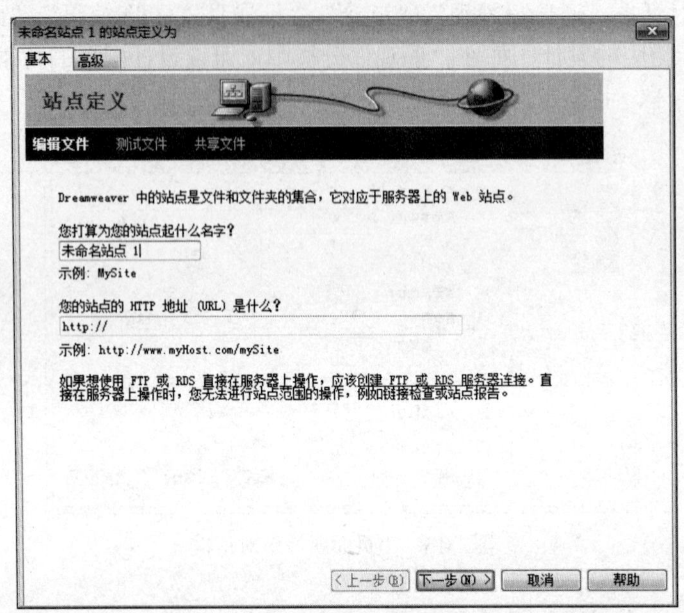

图1-16　新建站点对话框

（3）单击对话框顶部的“高级”选项卡，切换到如图1-17所示的对话框。

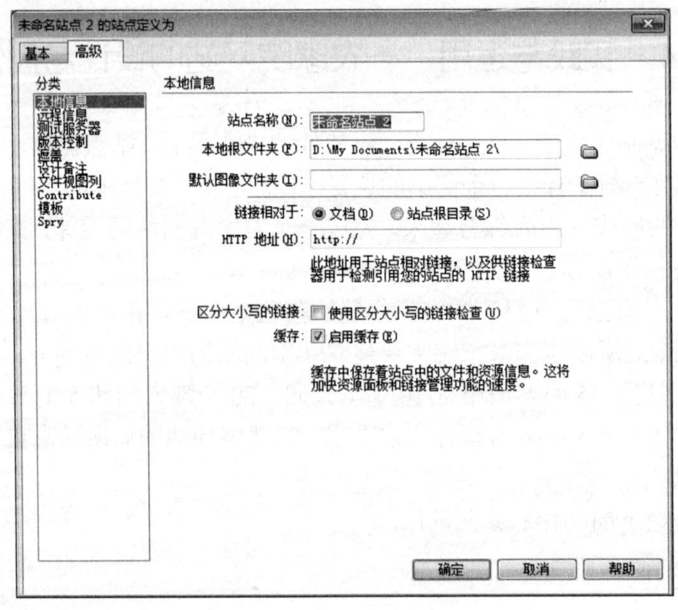

图1-17　“高级”选项卡

（4）在左侧的“分类”栏中选择“本地信息”，在“站点名称”文本框中填写站点名称 nongjiayuan。

（5）在“本地根文件夹”文本框中选择在 E 盘中新建的文件夹 nongjiayuan，单击“选择”按钮，如图 1-18 所示。

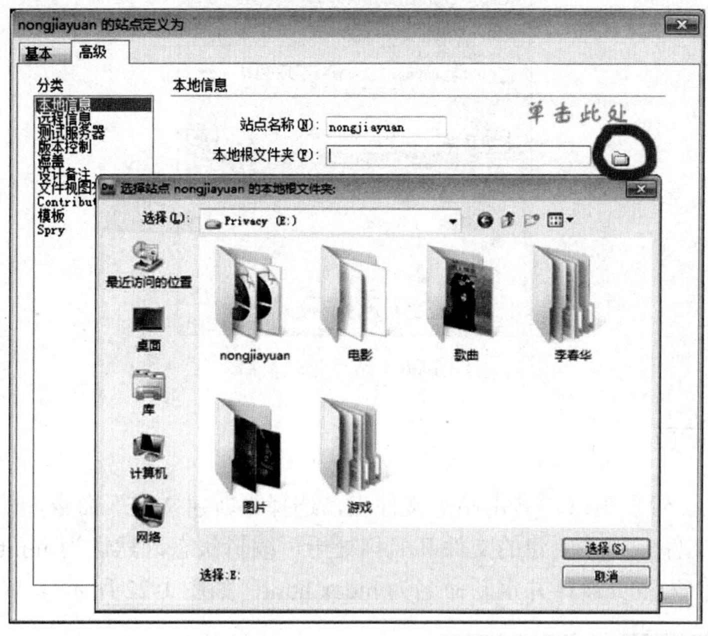

图 1-18　选择本地根文件夹

（6）在“默认图像文件夹”文本框中选择 E 盘中的 images 文件夹。选择后的效果如图 1-19 所示。

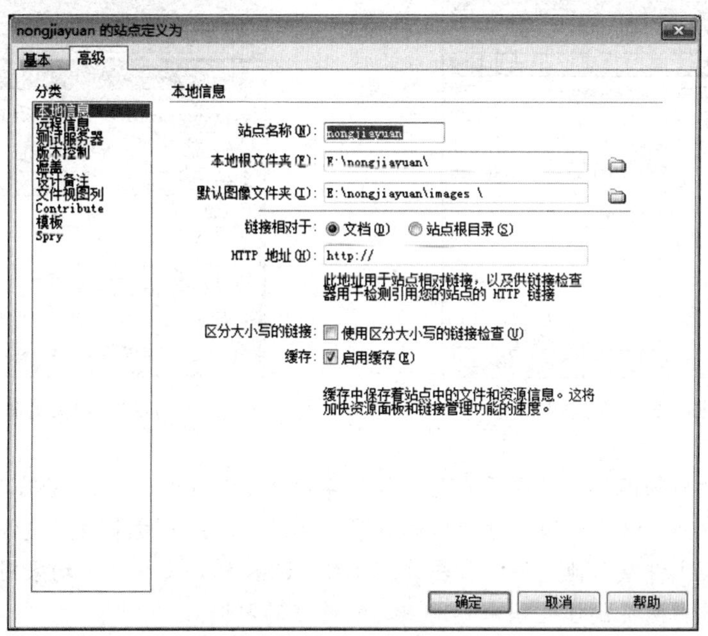

图 1-19　站点建立

（7）单击“确定”按钮，创建站点即可完成，此时在 Dreamweaver 主窗口的右下方会显示站点管理窗口，如图 1-20 所示。

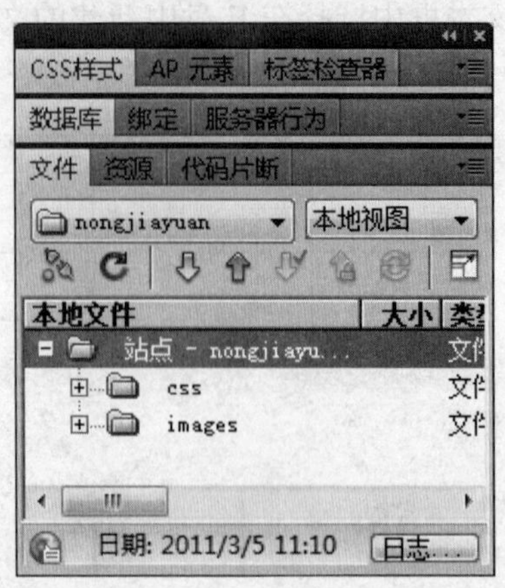

图 1-20　站点管理窗口

1.4.2　新建网页

（1）打开站点管理窗口，右击站点文件夹，选择“新建文件”命令，即可得到如图 1-21 所示的空白网页文件。此时新建的文件其名称处于可编辑状态，默认为 untitled.html，一般需要将第一个文件作为主页设计并重新命名为 index.html，如图 1-22 所示。

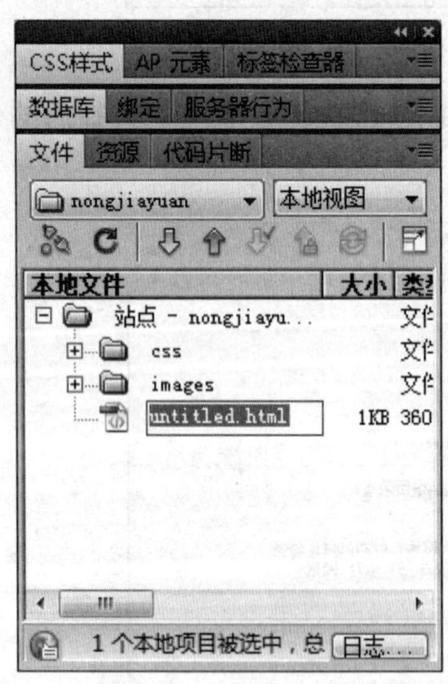

图 1-21　新建网页

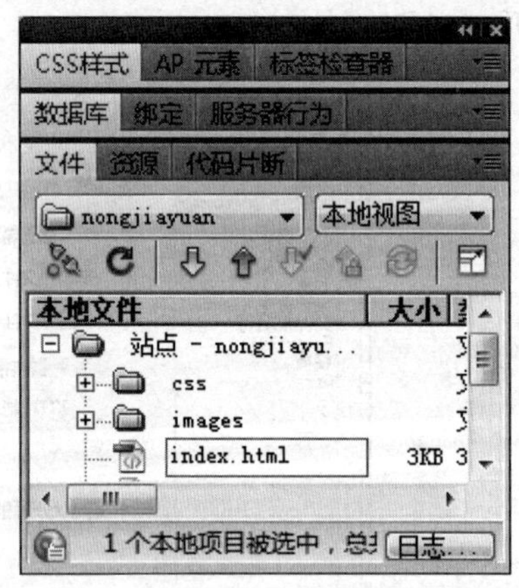

图 1-22　网页重命名

考虑到网页文件需要在不同操作系统（如 Windows、UNIX、Linux）中存放和访问，以及访问网站所用浏览器的不同，建立网站中所用文件的文件名（含网页文件及其他文件，如图片、动画、CSS 样式文件等）均采用英文文件名，养成在网页制作过程中不用中文文件名的习惯。

（2）双击 index.html 文件，进入此文件的网页编辑状态，选择“修改”→“页面属性”

命令（或者单击网页编辑区下面属性栏中的“页面属性”按钮），弹出如图 1-23 所示的“页面属性”对话框，在此对话框中设置“页面字体”为默认字体，“字体大小”为 16，“上边距”为 0，“下边距”为 0，设置完成后单击“确定”按钮。

图 1-23　“页面属性”对话框

1.4.3　网页的设计

制作网页之前需要对网页的风格、网页的布局、内容的呈现进行构思与设计，确定网页的布局。其中标题部分显示农家院的名称，一般用较大的字体或图片制作；导航部分通过超链接的方式显示不同的栏目，方便访问者浏览；左下部分通过图片显示网站的信息，右侧是主要显示区区域，显示网站的主要内容；网站的最下面显示版权信息和联系方式，如图 1-24 所示。

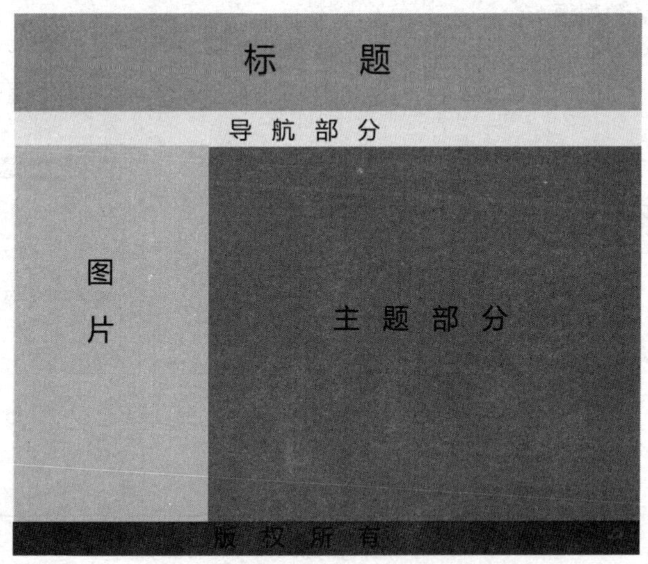

图 1-24　网页布局

（1）通过表格对网页进行布局。选择“插入”→“表格”命令，在弹出的“表格”对话框中，设表格为1行1列、“表格宽度”为1000像素、“边框粗细”设为0，如图1-25所示。单击“确定”按钮完成表格的插入。

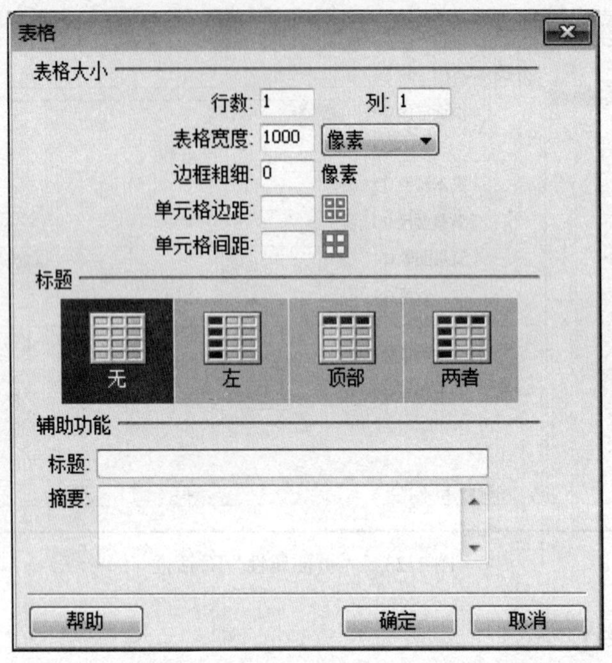

图1-25 插入“表格”对话框

（2）在表格中插入图像。单击表格内部的单元格，选择“插入”→“图像”命令，从弹出的“选择图像源文件”对话框中选择需要的图像，如图1-26所示。

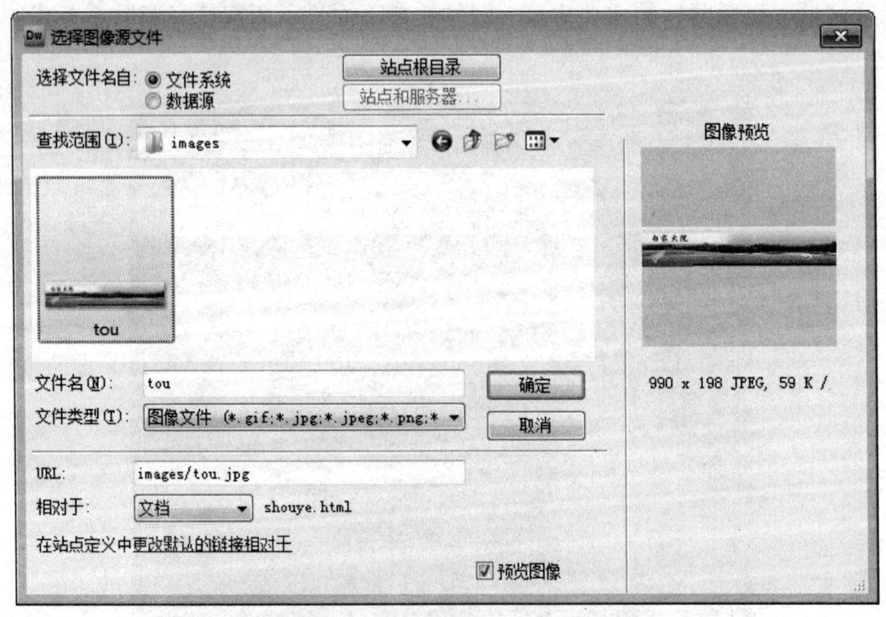

图1-26 “选择图像源文件”对话框

（3）单击“确定”按钮，弹出“图像标签辅助功能属性”对话框。单击“确定”按钮，图像即可被插入到网页中，如图 1-27 所示。

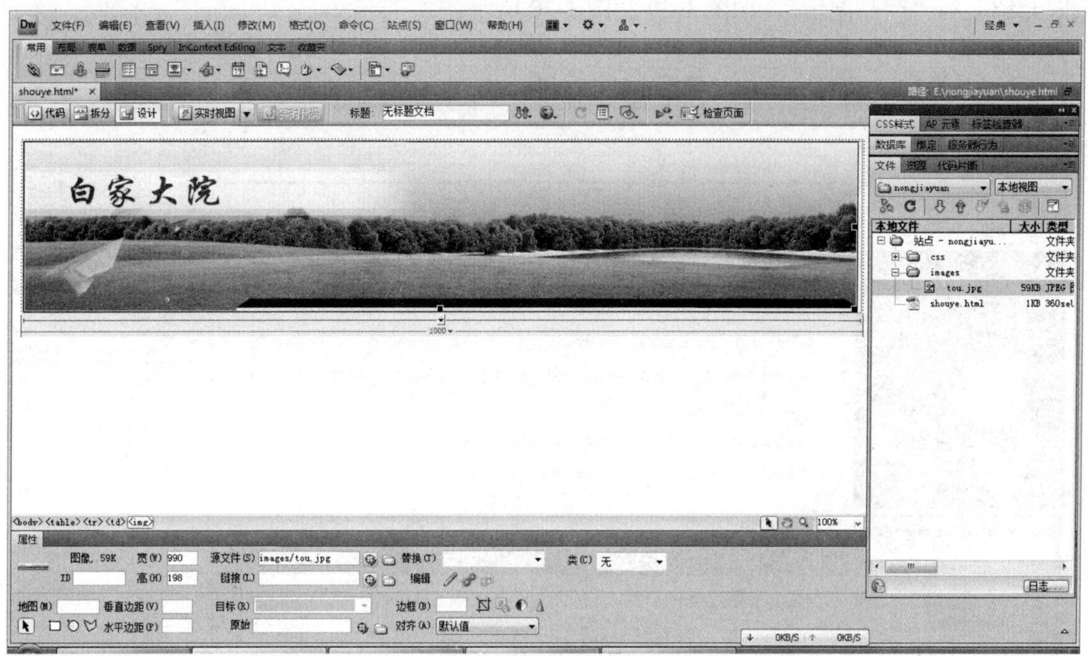

图 1-27　插入标题图像

（4）在工作区域单击图像，在下面的“属性”栏中设置图像大小，其中宽度为 1000 像素，高度为 150 像素。

（5）设计导航。插入一个 1 行 5 列的表格（方法同上），在每个表格中分别填写“白家大院介绍”、“吃在农家”、“住在农家”、“玩在农家”、“交通路线”，如图 1-28 所示。

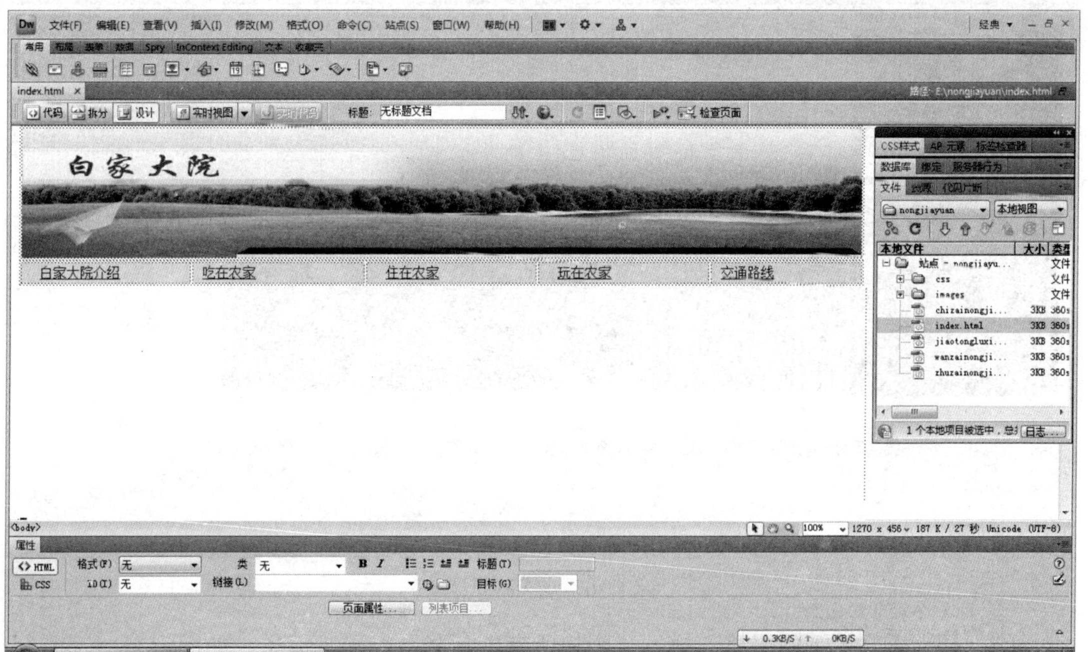

图 1-28　设置导航

（6）再依次插入两个 2 列 1 行的表格，在左侧表格内插入图像，右侧表格内填写“白家大院介绍”和“产品展示”，如图 1-29 和图 1-30 所示。

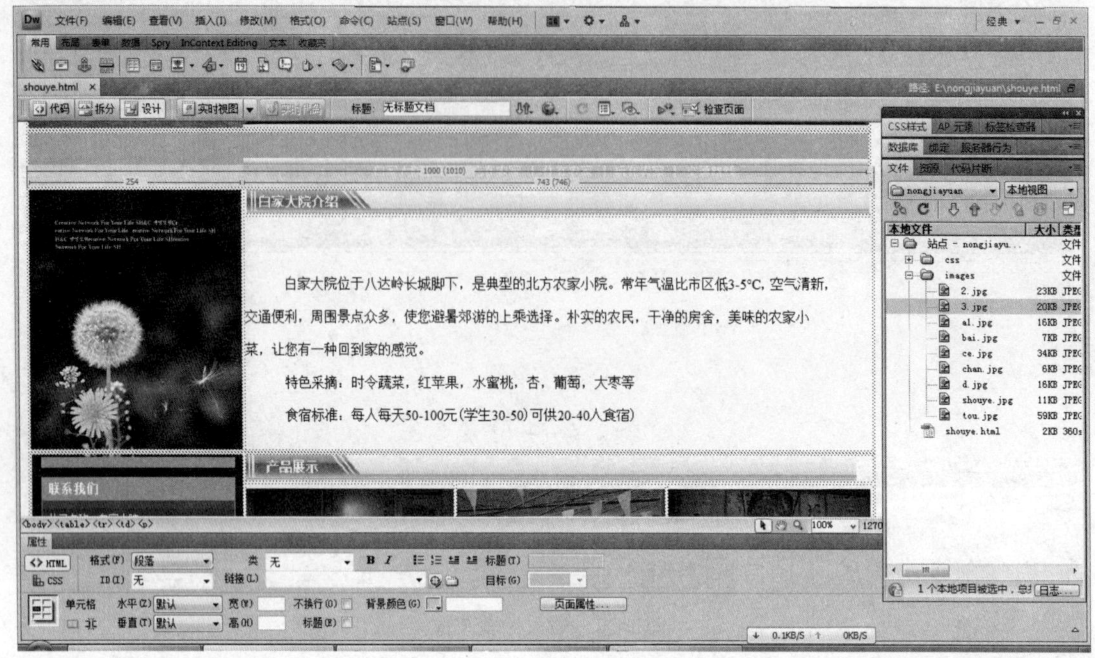

图 1-29　输入网页内容

图 1-30　插入网页图像

（7）插入 1 行 1 列的表格，插入“版权所有”和联系方式等信息，如图 1-31 所示。

图 1-31　插入版权和联系方式

1.4.4　设置超链接

（1）选中导航中的“白家大院介绍”，在底部“属性”栏内的“链接”文本框内填写 index.html，如图 1-32 所示。

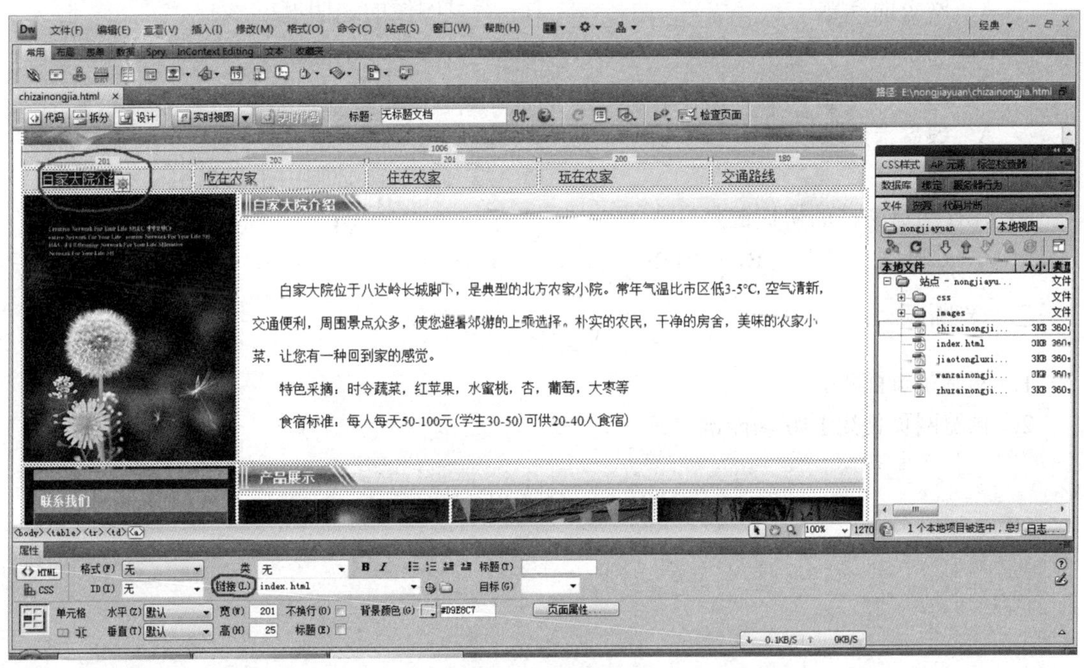

图 1-32　设置链接

（2）此页链接已完成。用同样的方法把“吃在农家”链接到 chizainongjia.html，“住在农家”链接到 zhuzainongjia.html，“玩在农家”链接到 wanzainongjia.html，“交通路线”链接到 jiaotongluxian.html。

（3）选择“保存”命令，将 index.html 网页保存。选择“文件”→“另存为”命令将 index.html 网页分别另存为 chizainongjia.html、zhuzainongjia.html、wanzainongjia.html、jiaotongluxian.html。完成后“文件”面板如图 1-33 所示。

（4）分别打开每一个网页，对网页的主体部分进行修改，其中 chizainongjia.html 中主要输入有关餐饮的信息、zhuzainongjia.html 主要输入有关住宿的信息、wanzainongjia.html 主要输入有关周边的旅游信息、jiaotongluxian.html 主要输入有关交通路线的信息。更改完成后保存即完成整个网站的制作。

（5）网站的测试与检查。由于本案例采用静态网页，在 Windows 资源管理器中单击网页文件即可以对整个网站进行浏览、测试与检查。

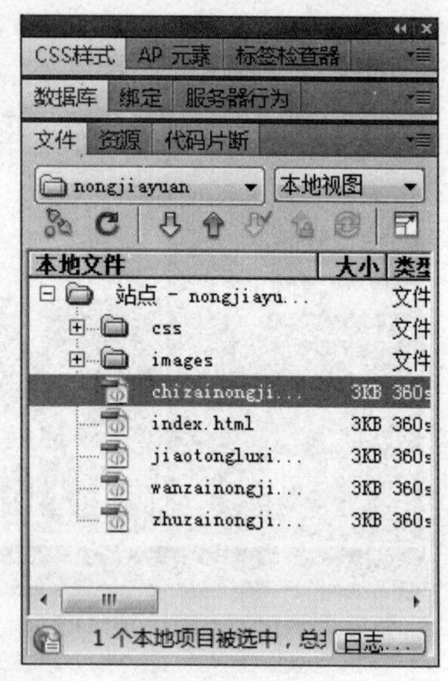

图 1-33 “文件”面板

复习思考题

一、选择题

1．在“页面属性”对话框中，我们不能设置（　）。

A．网页的标题　　B．背景图像的透明度

C．背景图像　　D．超链接文本的颜色

2．定义站点时，存放网页的文件夹默认为（　）。

A．C 盘根目录　　B．D 盘根目录

C．我的文档　　D．没有默认，必须由用户指定

3．保存网页文档的快捷键是（　）。

A．Ctrl+A　　B．Ctrl+S　　C．Ctrl+W　　D．Ctrl+N

二、判断题

1．网站是页面集合。（　）

2．预览网页使用 F10 功能键。（　）

第 2 章　Dreamweaver 的基本操作

【学习目标】

- 深入理解表格在网页布局中的作用。
- 学会表格的插入与编辑、行列和单元格的编辑方法。
- 学会制作特殊的表格与格式化。
- 学会插入与设置文本样式的操作。
- 学会在网页中设置各种超链接。
- 学会使用表格设计网页的布局。

【引导案例】

保定秦奋切割机厂是专业生产切割机的企业，其产品分三个大类，每个大类有 4～8 种不同的产品，企业现在已有一个简易网站，但在文字、布局及图片等方面企业负责人不太满意。现在要求我们重新设计制作该公司网站。公司提供了网站 Logo 和产品的图片。

【任务分析】

这是一个小型的商业网站，需要通过表格、文字及图片、超链接等实现网站首页的制作，并且通过表格、文字、图片、超链接等元素的运用完成企业介绍、产品展示、销售网络、联系我们这四个子网页的设计和制作。

【相关知识】

2.1　表格操作

表格的用途很广泛，主要用于网页布局，也可以用来显示表格型数据与图片。表格是网页定位的一个重要工具，要想创建一个好的网页，必须使用合理的表格对页面进行布局和对文字图片等其他元素进行严格的制约。

2.1.1　表格基本语法

网页中的表格与 Word 中的表格效果类似，但需要 HTML 表格标记。表格不但可以进行网页布局，也可以表现表格的效果。

表格是 HTML 常用的标签，用<table></table>标签对表示表格。表格常常是有行和列的，<tr></tr>标签对表示行，<td></td>标签对表示单元格，其基本语法如图 2-1 所示。

边框用 border 表示，它嵌入在<table>标记里面，后面的值表示表格边框的宽度，数值越大，宽度就越大。

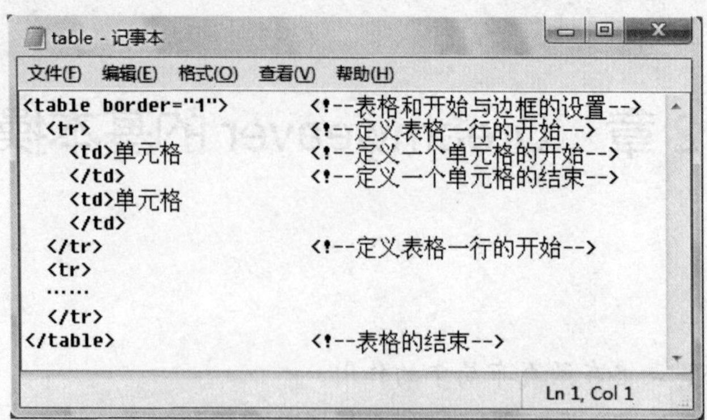

```
<table border="1">          <!--表格和开始与边框的设置-->
  <tr>                      <!--定义表格一行的开始-->
    <td>单元格              <!--定义一个单元格的开始-->
    </td>                   <!--定义一个单元格的结束-->
    <td>单元格
    </td>
  </tr>                     <!--定义表格一行的开始-->
  <tr>
  ……
  </tr>
</table>                    <!--表格的结束-->
```


图 2-1　表格的基本语法

注意　<tr>和<td>标签对在<table></table>中是不能交叉的。

2.1.2　插入表格

在 Dreamweaver 中，使用表格进行布局首先需要插入一个表格，插入表格后，才能对表格中的行、列和单元格进行操作。

插入表格的操作方法如下：

（1）将光标定位在需要插入表格的位置，选择“插入”→“表格”命令，或在“插入”面板中的“常用”类别中单击“表格”按钮，如图 2-2 所示。

图 2-2　“表格”按钮

（2）在弹出的“表格”对话框中输入表格的各项参数，包括“行数”、“列”、“表格宽度”、“边框粗细”等，如图 2-3 所示。

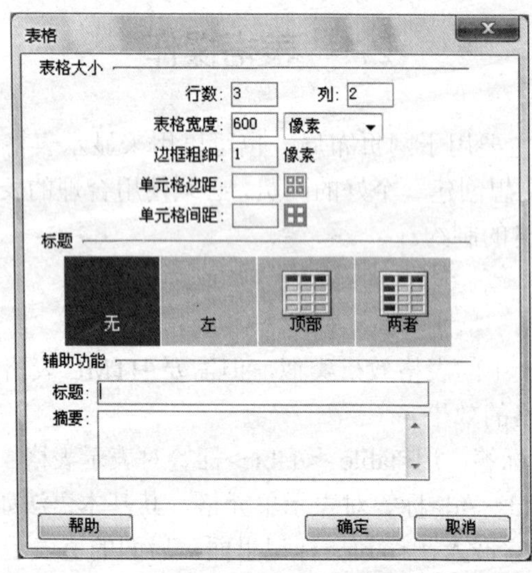

图 2-3　“表格”对话框

该对话框中的各项参数说明如下：

- 行数：即设置表格的行数。
- 列：即设置表格的列数。
- 表格宽度：即插入表格的宽度用具体数字限制，可以用“像素”，也可以用“百分比”。
- 边框粗细：设置表格边框的宽度，单位为像素。若设为 0，在浏览器中浏览时是看不到的。
- 单元格边距：设置单元格边界与单元格内部之间的距离，单位为像素。
- 单元格间距：设置任意相邻的两个单元格之间的距离，单位为像素。
- 标题：设置表格内的标题相对表格的位置。
- 摘要：用来对表格进行说明或注释，在用户浏览时不会看到。

（3）单击“确定”按钮，关闭当前对话框，即可在网页编辑的“设计”视图下看到已经插入的表格，如图 2-4 所示。

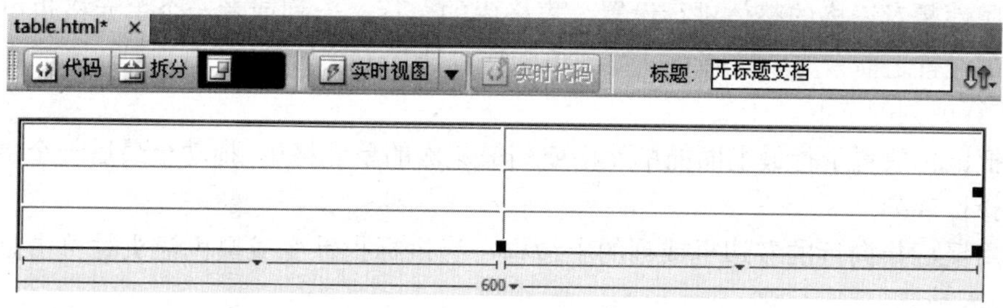

图 2-4 插入的表格

（4）按 Ctrl+S 组合键保存网页，使用快捷键 F12 在浏览器中预览。

2.1.3 编辑表格

单击表格的任何一个边框，或者将光标放在表格内的任何位置，选择网页编辑窗口左下角的（table）标记来选中整个表格。表格选中后编辑区下方的“属性”面板会显示当前表格的属性，如图 2-5 所示。如果“属性”面板不可见，可以单击“查看”→“查看面板”命令或按快捷键 F4 调出属性面板。

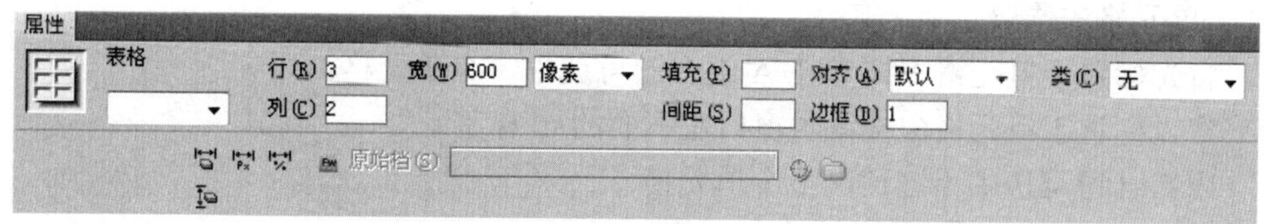

图 2-5 表格的“属性”面板

表格“属性”面板的参数说明如下：

- 表格：指定表格的 ID，该设置对表格起到标识的作用。
- 行和列：指定表格中行和列的数目。
- 宽：用于设置表格的宽度，单位可以是像素，也可以按浏览器窗口宽度百分比计算表格的宽度。
- 填充：指单元格内容与单元格边框之间的像素数，如果没有在后面的文本框中输入值，大多数浏览器默认设置为 1。

- 间距：两个相邻单元格之间的像素数，如无明确指定间距值，浏览器默认设置为2。
- 对齐：指表格相对同一段落的其他元素的位置，它提供了“默认”、“左对齐”、“右对齐”“居中对齐”4种对齐方式。
- 边框：以像素为单位设置表格边框的宽度，如果没有明确指定边框的值，大多数浏览器设置表格边框为1，将边框设置为0，表格没有边框。
- 类：为表格指定CSS样式。
- ：清除列宽按钮，删除表格中所有明确指定的列宽。
- ：清除行高按钮，删除表格中所有明确指定的行高。
- ：将表格中每列的宽度指定为以像素为单位的当前宽度。
- ：将表格中每列的宽度指定为占文件窗口宽度百分比的当前宽度。

2.1.4 编辑行、列和单元格

表格属性是对表格的整体进行设置，表格中的一行、一列或者一个单元格也可以进行单独设置，在设置之前首先要选择行、列或单元格，选择方法如下：

（1）行或列的选取。

- 把鼠标放置于行最上面的单元格或列最左侧的单元格中，拖动至最后一个单元格可选择行或列。
- 用鼠标指向行的左边框或列的上边框，当鼠标指针变成黑色箭头时单击鼠标，如图2-6所示。

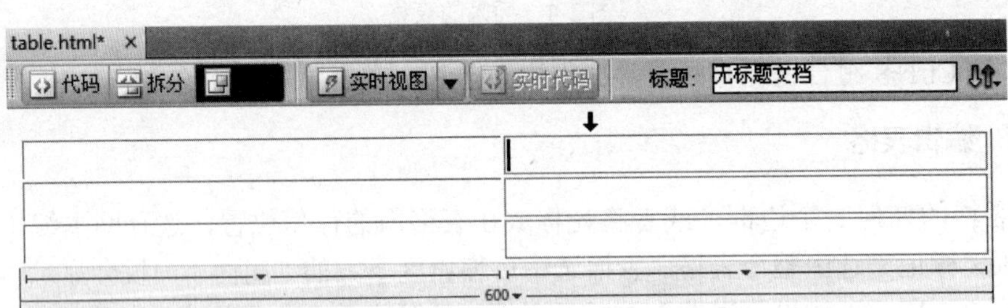

图2-6 列的选取

（2）单元格的选取。

- 将光标置于单元格中按Ctrl+A组合键可选中一个单元格。
- 将光标置于单元格中按编辑窗口左下面的td标签。
- 用Ctrl键可选中不连续的多个单元格。
- 用Shift键可选中连续的多个单元格。

选中行、列或单元格后，在下方的“属性”面板中可以精确地调整指定选项的各种属性参数，如图2-7所示。

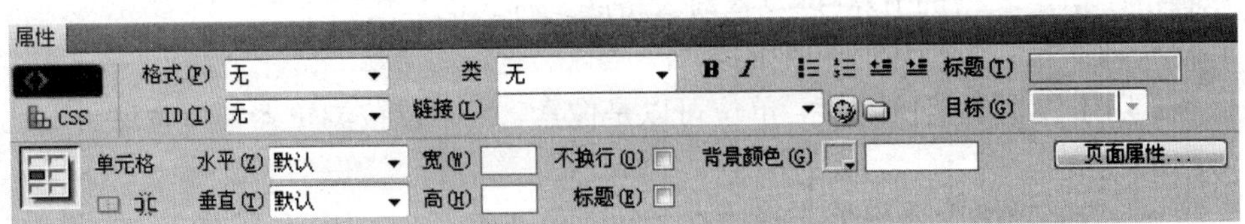

图2-7 单元格的属性面板

单元格属性面板的参数说明如下：

- ：拆分单元格按钮，可以将所选择的一个单元格拆分成两个或多个单元格，一次只能拆分一个单元格，当选择多个单元格时，此按钮将禁用，拆分单元格对话框如图 2-8 所示。

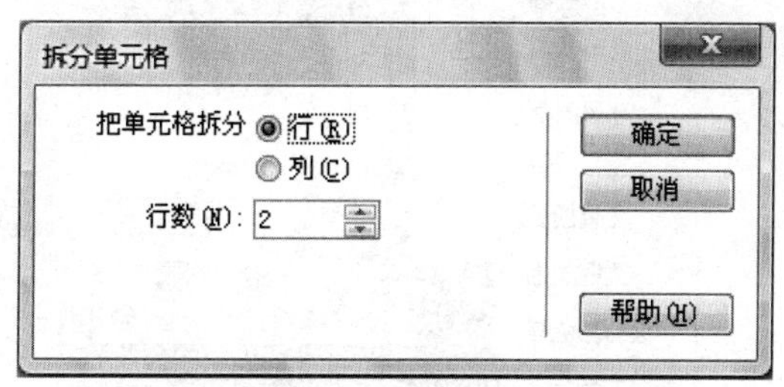

图 2-8 “拆分单元格”对话框

- ：合并单元格按钮，用于将所选择的两个或多个单元格合并为一个单元格，只有当选择多个连续的单元格时此按钮才被激活。
- 水平：所选单元格内容的水平对齐方式，包括“默认”、“左对齐”、“右对齐”和“居中对齐”，其中“默认”对齐方式指标题单元格为居中对齐，而常规单元格为左对齐。
- 垂直：所选单元格内容的垂直对齐方式，包括“默认”、“顶端”、“中间”、“底部”和“基线”。
- 宽和高：以像素为单位或整个表格的宽度或高度百分比设置单元格的宽度和高度。默认此文本框为空，表示让单元格的宽度或高度自动适应单元格内容。
- 不换行：勾选此项可以防止换行，从而使选定单元格的所有文本都在一行上，当在单元格中填写数据时单元格会加宽以容纳所有数据。
- 标题：将所选单元格设置为表格的标题单元格，默认情况下，表格标题单元格的内容为粗体并且对齐方式为“居中”。
- 背景颜色：用于设置所选单元格的背景颜色。

2.1.5 特殊样式表格的制作

通过设置上述表格与单元格属性，只能做出一般效果的表格或单元格，而需要设置表格或单元格的特殊样式则需要编辑表格标签。

1. 细线表格的制作

如果仅仅是定义表格的边框为 1 和边框颜色值，表格线是很粗的，要做细线表格的话需要掌握一点技巧。

（1）插入一个 3 行 2 列的表格，设置“填充”和“间距”选项都为 0，“边框”设为“1”，浏览效果如图 2-9 所示。

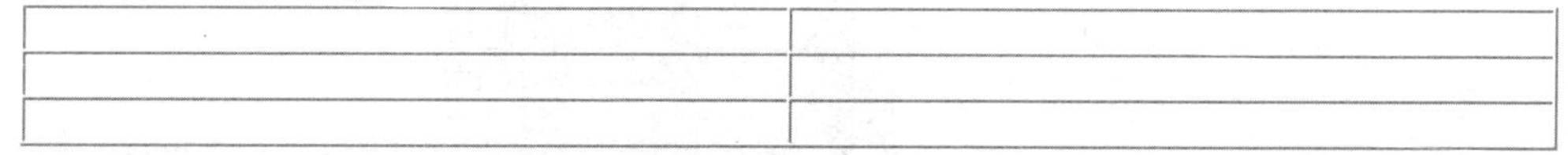

图 2-9 插入的表格

（2）选中表格，在右键菜单中选择“编辑标签”命令，弹出“标签编辑器”，在“浏览器特定的”选项卡中设置“边框颜色”为黑色，如图 2-10 所示。

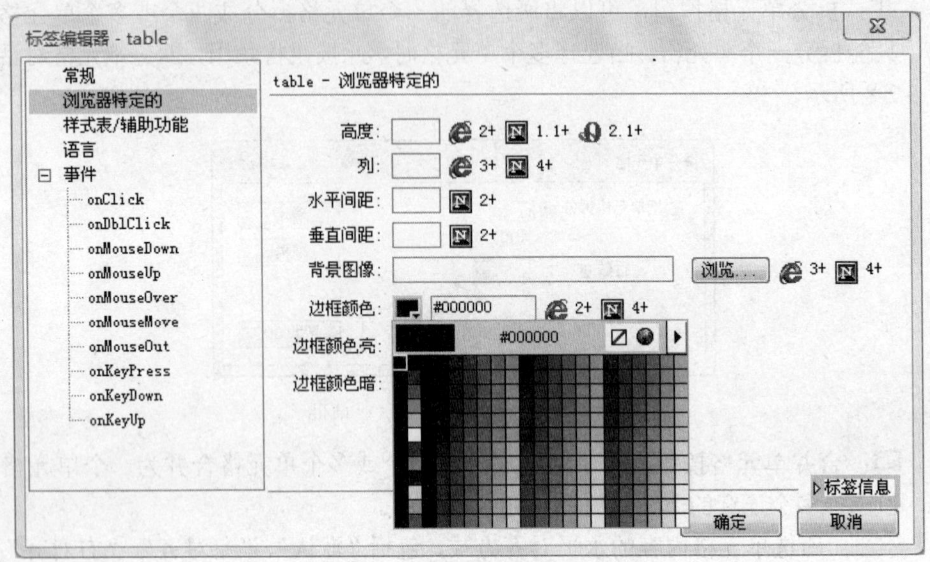

图 2-10 边框颜色设置

（3）确定后保存，预览效果如图 2-11 所示。可见，即使把“边框”设置为 1，表格边框还是比较粗。

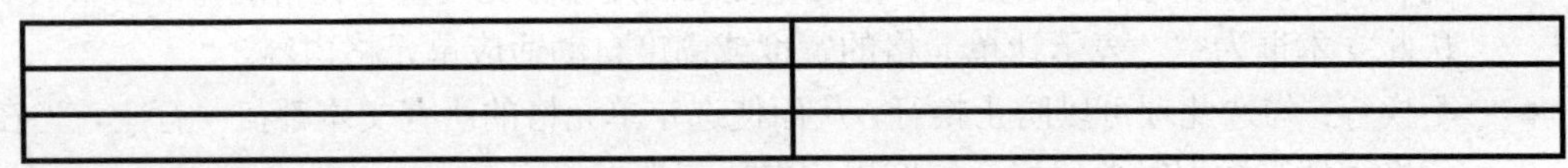

图 2-11 设置“边框颜色”后的表格

（4）将表格的“间距”选项设置为 1，将“边框”设置为 0，在“标签编辑器”中的“常规”选项卡中设置“背景颜色”为黑色，如图 2-12 所示，设置完后单击“确定”按钮。

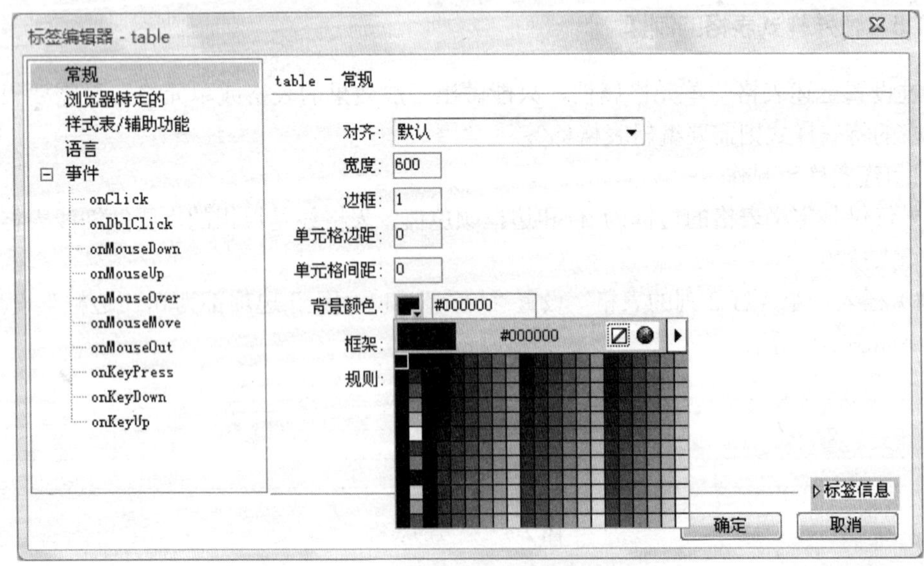

图 2-12 设置表格“背景颜色”

（5）选中所有单元格，在“属性”面板中将其“背景颜色”设置为白色，如图 2-13 所示。

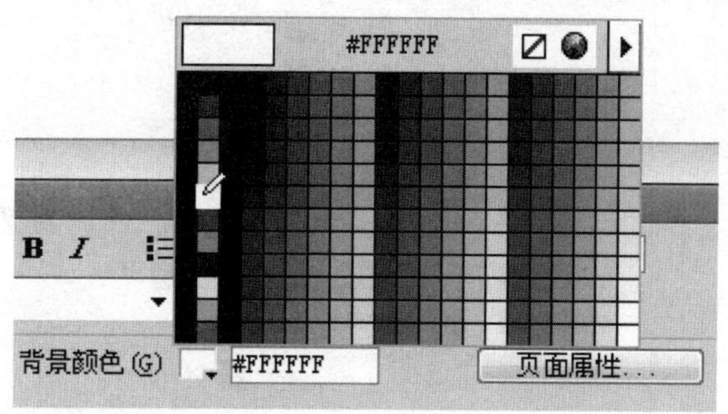

图 2-13　设置单元格“背景颜色”

（6）保存设置，按 F12 键浏览效果，如图 2-14 所示。

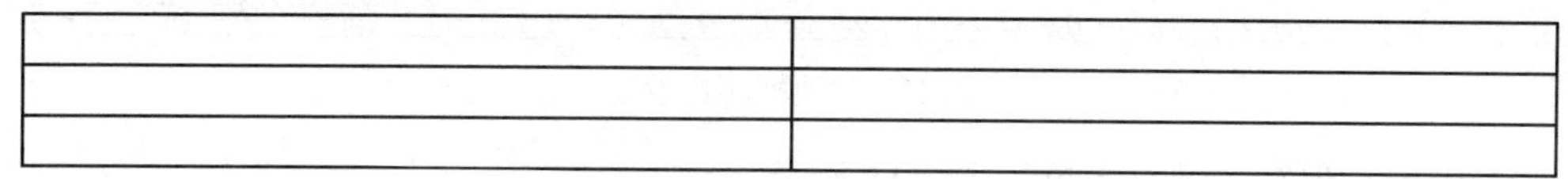

图 2-14　细线表格

提示：要想改变细线表格的颜色，只需改变表格的“背景颜色”即可。

2. 立体表格的制作

（1）插入一个 2 行 2 列的表格，设置“填充”和“间距”选项都为 0，“边框”设为 1。在“标签编辑器”的“常规”选项卡中设置“背景颜色”为#FF6600，如图 2-15 所示。

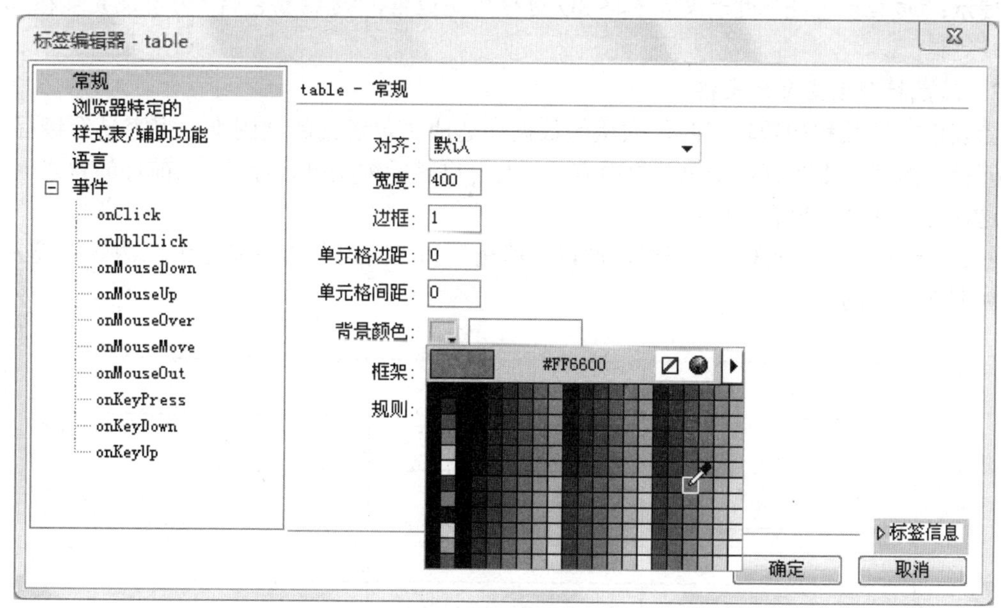

图 2-15　表格背景颜色

（2）在“标签编辑器”的“浏览器特定的”选项卡中设置“边框颜色”为白色，设置“边框颜色亮”为黑色，如图 2-16 所示。

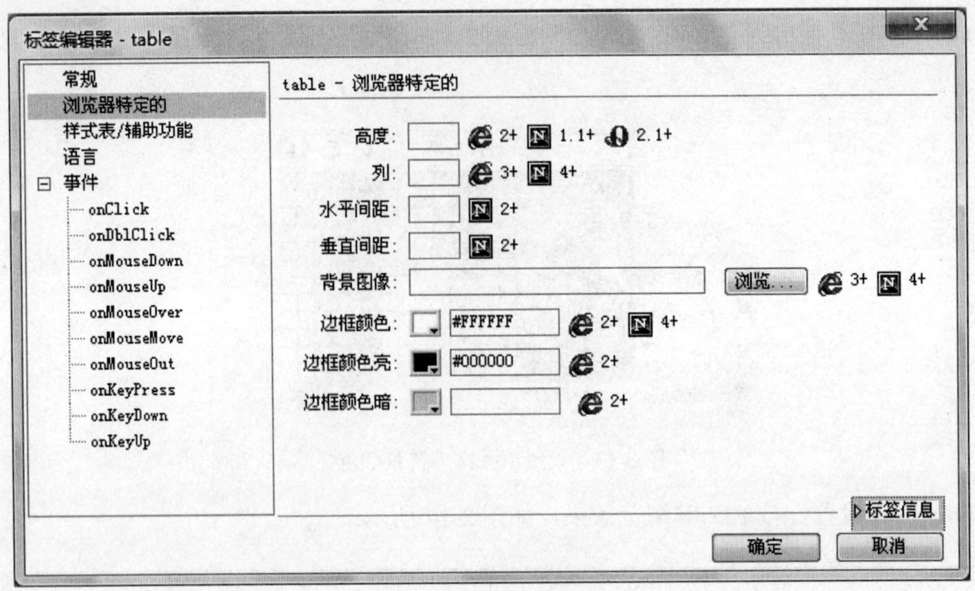

图 2-16 边框颜色设置

（3）确定后保存，预览效果如图 2-11 所示。

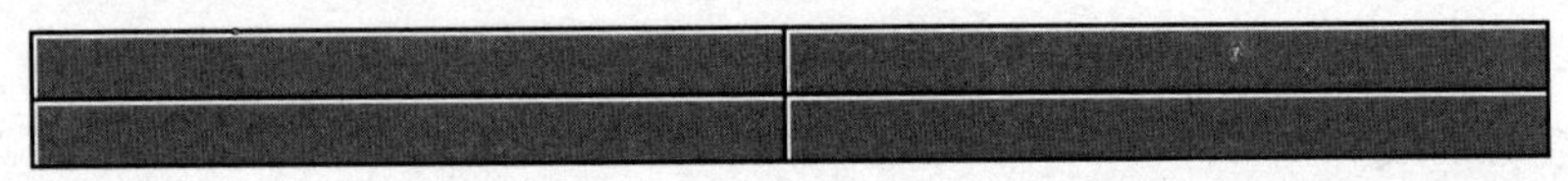

图 2-17 立体表格

提示：“边框颜色亮”用于设置表格 3D 边框的亮边框，“边框颜色暗”用于设置表格 3D 边框的暗边框。

3. 随鼠标移动变色的表格

当表格的行数和列数较多时，大量的数据会造成浏览者的阅读困难，很容易看错行，因此单元行数据背景跟随鼠标变色效果很有用，当用户鼠标浏览单元行时，当前行的背景就变颜色，这样可以帮助用户有效阅读。

（1）插入一个 6 行 3 列的表格，设置“填充”和“间距”选项都为 0，“边框”设为 1，效果如图 2-18 所示。

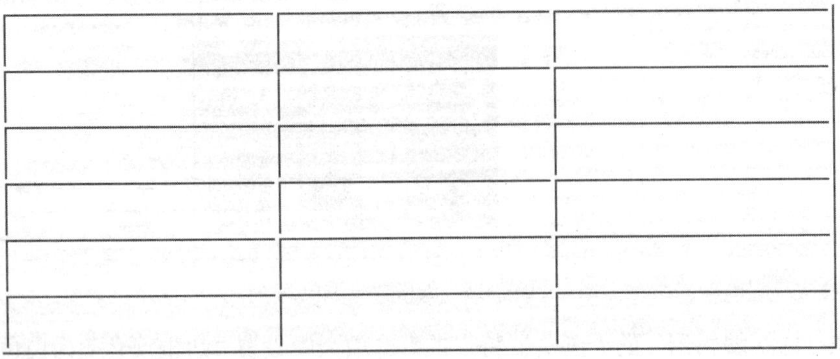

图 2-18 鼠标动作代码

（2）选中第一行，在“代码”视图的<tr>标签中插入鼠标动作的代码，如图 2-19 所示。

```
<tr onmouseover=this.style.backgroundColor="#ffcccc"
onmouseout=this.style.backgroundColor="#ffffff" >
```

图 2-19　鼠标动作代码

（3）为其他行也添加鼠标动作代码，保存后浏览效果如图 2-20 所示。

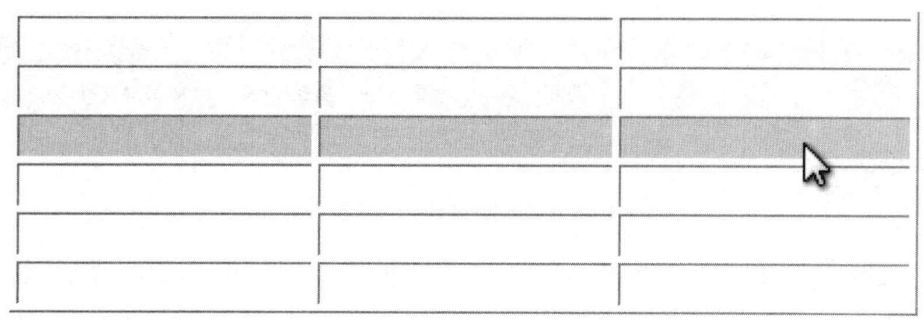

图 2-20　变色表格效果

2.1.6　使用表格布局网页

在 Dreamweaver 中，为了用户方便使用表格进行布局，实际上表格的布局模式就是表格的另外一种操作环境，布局表格实质上还是表格，只不过是在使用和操作的方法上有一定的区别。

下面以一个简单的页面为例，说明用表格布局的具体方法。

（1）在文件窗口中插入一个 1 行 1 列的表格，宽度为 1000 像素，其他参数设置如图 2-21 所示，“对齐”方式为“居中对齐”，表格命名为 main。

图 2-21　表格 main 的参数设置

（2）在表格 main 中插入一个 2 行 2 列的表格，命名为 top，属性设置如图 2-22 所示。

图 2-22　表格 top 的参数设置

（3）将表格 top 的第 2 行的单元格合并，然后选中第 1 行第 1 个单元格。在“属性”面板中设置高度为 100，宽度为 200。

（4）切换到“代码”视图，将表格 top 的背景颜色设置为#F4F4FF，即设置其 bgcolor 属性值为#F4F4FF。

（5）在表格 top 下插入一个 1 行 2 列的表格，命名为 left，具体设置如图 2-23 所示。

（6）选中左侧单元格，在“属性”面板中设置高度为 300，宽度为 200，背景颜色为#DADAF4。

图 2-23　表格 left 的参数设置

（7）选中右侧单元格，在里面插入一个 4 行 2 列的单元格，宽度为 800，命名为 right，具体参数设置如图 2-24 所示。

图 2-24　表格 right 的参数设置

（8）选中 right 中的第 1 个单元格，在"属性"面板中设置高度为 50，背景颜色为#F4F4FF。选中 right 中的第 2 个单元格，在"属性"面板中设置高度为 100。选中 right 中的第 3 个单元格，在"属性"面板中设置高度为 50，背景颜色为#F4F4FF。选中 right 中的第 4 个单元格，在"属性"面板中设置高度为 100。

（9）在表格 left 下插入一个 1 行 1 列的表格，命名为 bottom，具体设置如图 2-25 所示。

图 2-25　表格 bottom 的参数设置

（10）选中表格 bottom，在"属性"面板中设置高度为 70。切换到"代码"视图，将表格 bottom 的背景颜色设置为#CCCCCC，即设置其 bgcolor 属性值为#CCCCCC。

（11）布局完成。最终效果如图 2-26 所示，保存并按 F12 键预览。

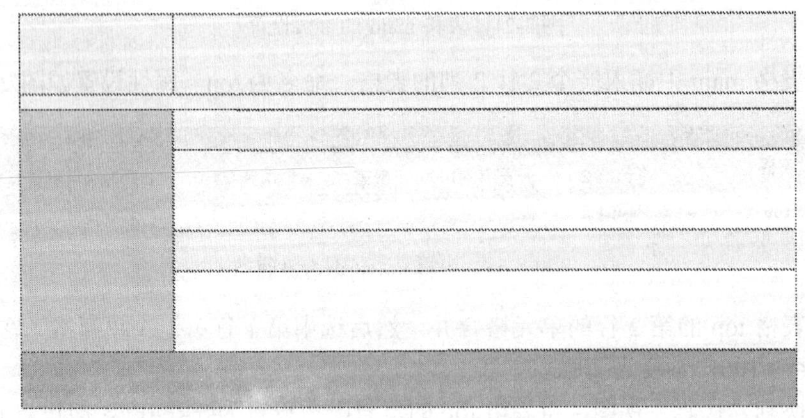

图 2-26　表格 bottom 的参数设置

设计表格时，表格的边框要设为 0，即<table>标签中的 border 属性值为 0。也就是让表格在网页预览中不可见，这样才能实现表格布局的目的。

2.2 文字操作

文本是网页中的基本要素，根据文本在网页中的作用可分为标题文本、普通文本和特殊字符三类。

2.2.1 插入标题文本

标题文本是整个网页的标题，它显示在浏览器的标题栏上，可以帮助浏览者区分网页的内容，设置标题文本的方法如下：

方法一：在 Dreamweaver 中新建网页，在“文档”工具栏中的“标题”文本框中输入该页面的标题，本例中输入“保定秦奋切割机厂网站首页”，如图 2-27 所示。

图 2-27 “文档”工具栏

提示：如果“文档”工具栏没有打开，可以通过选择“查看”→“工具栏”→“文档”命令调出“文档”工具栏。

方法二：切换到代码视图下，在<title>与</title>标签对中输入文本“保定秦奋切割机厂网站首页”，如图 2-28 所示。

```
<!DOCTYPE html PUBLIC "-//W3C//DTD XHTML 1.0 Transitional//EN"
"http://www.w3.org/TR/xhtml1/DTD/xhtml1-transitional.dtd">
<html xmlns="http://www.w3.org/1999/xhtml">
<head>
<meta http-equiv="Content-Type" content="text/html; charset=utf-8" />
<title>保定秦奋切割机厂网站首页</title>
</head>

<body>
</body>
</html>
```

图 2-28 <title>代码

保存文件，浏览效果如图 2-29 所示。

图 2-29 浏览效果

2.2.2 插入普通文本

网页中的普通文本是内容表达的主要方式，插入普通文本有两种方法：

方法一：直接在文本窗口中输入文字。也就是先选择要插入文字的位置，然后直接输入文字即可。

方法二：复制在其他编辑器中已经生成的文本。先在其他编辑器中复制文本，切换到 Dreamweaver CS4 文档窗口，将光标定位在文件窗口的“设计”视图中，然后选择“编辑”菜单下的“粘贴”或“选择性粘贴”命令。

“选择性粘贴”命令对话框如图 2-30 所示：

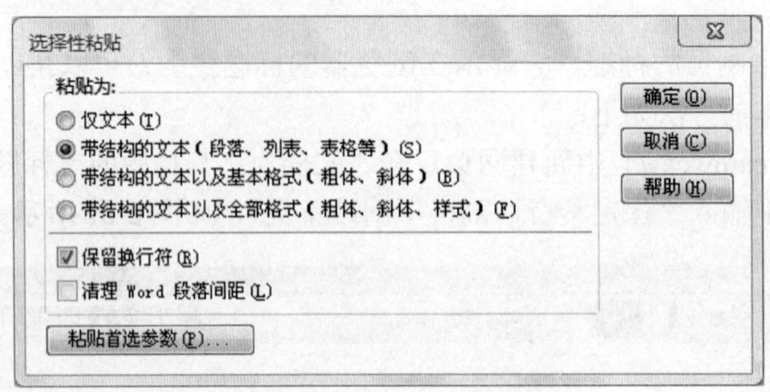

图 2-30 “选择性粘贴”对话框

- 仅文本：粘贴无格式文本。
- 带结构的文本：粘贴文本并保留结构，但不保留基本格式设置。
- 带结构的文本以及基本格式：粘贴结构化并带简单 HTML 格式的文本。
- 带结构的文本以及全部格式：粘贴文本并保留所有结构、HTML 格式设置和 CSS 样式。

2.2.3 插入特殊字符

在网页中，经常需要插入一些特殊字符，如版权符号等。在 HTML 中，特殊字符以名称或数字的形式表示，如“©”表示版权符号；“®”表示注册商标符号。插入特殊符号前需要将光标设置到需要插入的位置，如在版权位置插入版权符号的方法是：单击“插入”工具栏中的“文本”标签，单击最右侧的倒三角按钮，在弹出的菜单中选择“版权”命令即可，如图 2-31 所示。

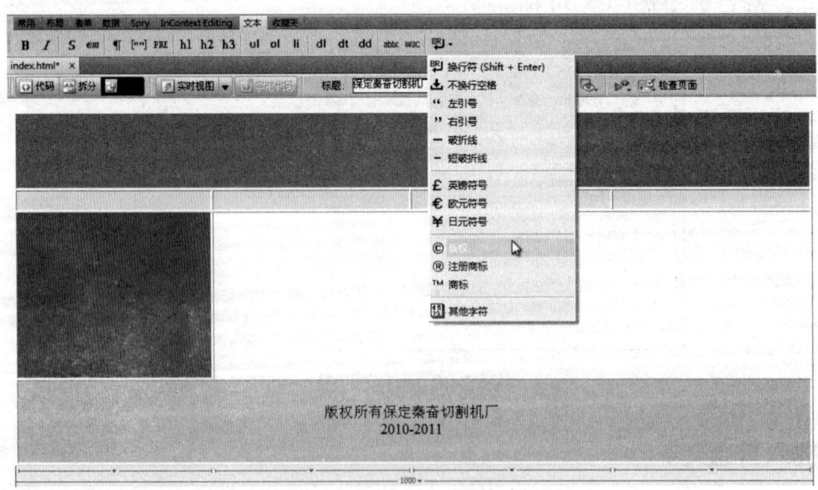

图 2-31 插入特殊符号

单击“其他字符”命令，可以弹出“插入其他字符”对话框，如图 2-32 所示，该对话框中显示了 Dreamweaver 支持的特殊字符。

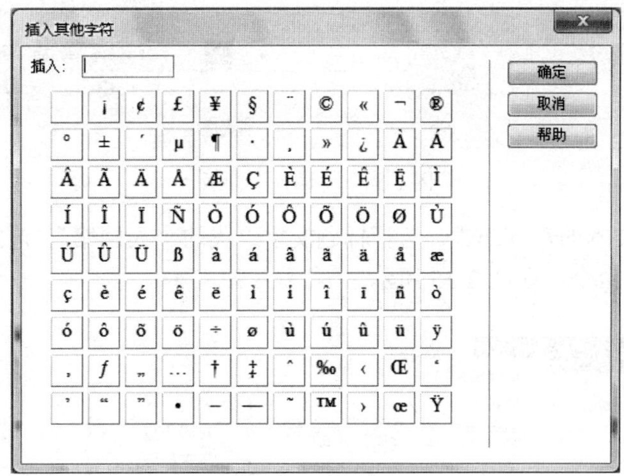

图 2-32　其他特殊符号

2.2.4　设置文本样式

为更好、更准确地传达文字所要表达的信息，可以为网页中的文本设置不同的字体、字号、颜色和样式。

Dreamweaver 提供了两种设置样式的方法，一种是通过 CSS 层叠样式表设置，另一种是通过“属性”面板设置，通过“属性”面板设置文本格式后，会变成 HTML 样式，即标签样式。

下面以“个人档案”页面为例设置文本样式。

（1）输入个人档案的标题与正文文本，如图 2-33 所示。

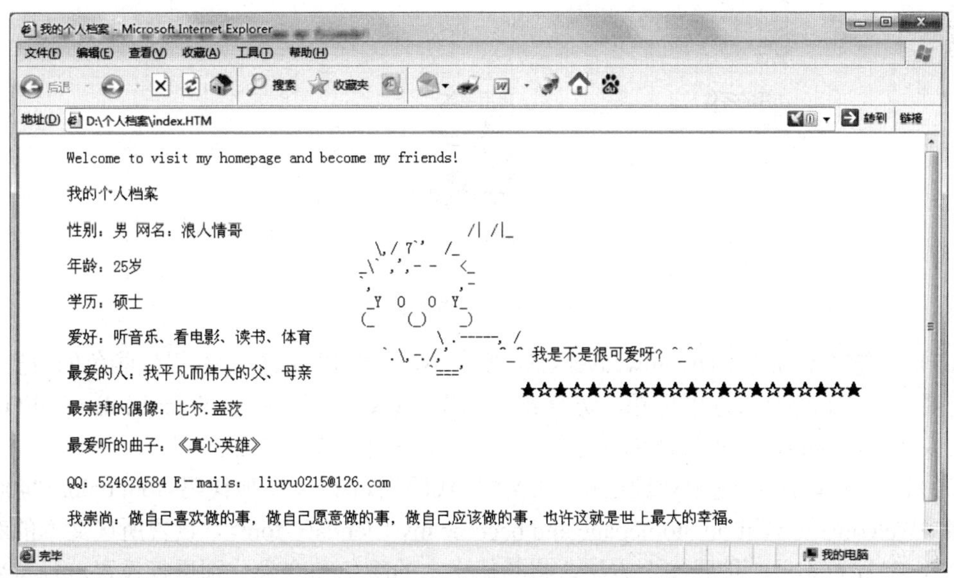

图 2-33　输入的文本

（2）设置标题样式。选择标题文字“我的个人档案”，在“属性”面板中设置格式为“标题 1”，单击**B**按钮加粗，如图 2-34 所示。

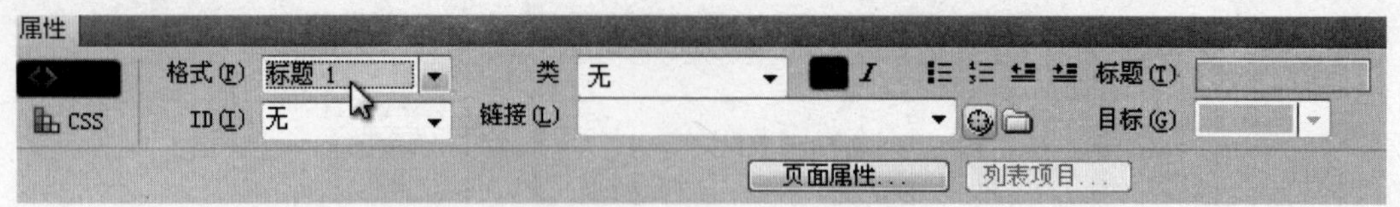

图 2-34 “属性”面板

（3）设置标题文本的对齐属性。选择标题文字“我的个人档案”，选择右键菜单中的“对齐”→“居中对齐”命令，如图 2-35 所示。

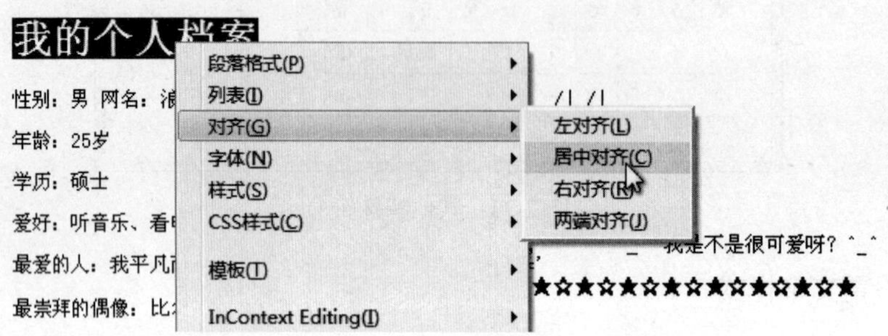

图 2-35 设置对齐

（4）设置字体。右击选中的标题，选择“字体”→“编辑字体列表”命令，弹出“编辑字体列表”对话框，如图 2-36 所示。

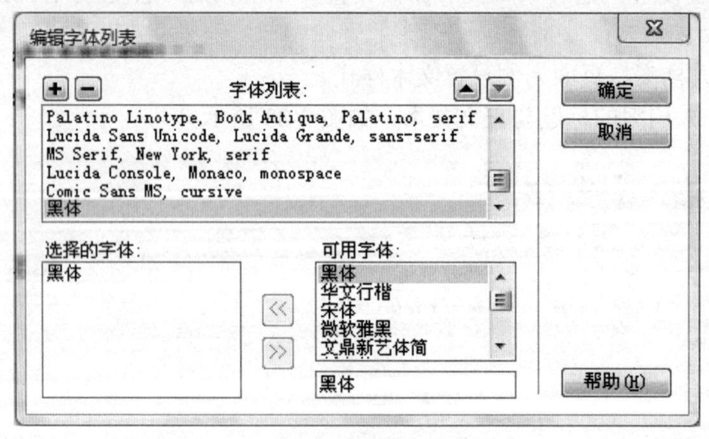

图 2-36 设置字体

（5）设置文本颜色。Dreamweaver CS4 版本中，“属性”面板没有提供颜色的设置选项，因此需要使用代码添加。选中标题，切换到“代码”视图下，添加代码<font color="#FF0000">我的个人档案</font>，设置标题的颜色为“红色”，预览效果如图 2-37 所示。

（6）设置文本字号。选中欢迎语句，切换到“代码”视图下，添加代码<font color="#00aa00" size="4">Welcome to visit my homepage and become my friends!</font>，设置所选文本的颜色为“绿色”，字号为 4 号，按照如上方法，将其他文本的颜色和字号分别进行设置，预览效果如图 2-38 所示。

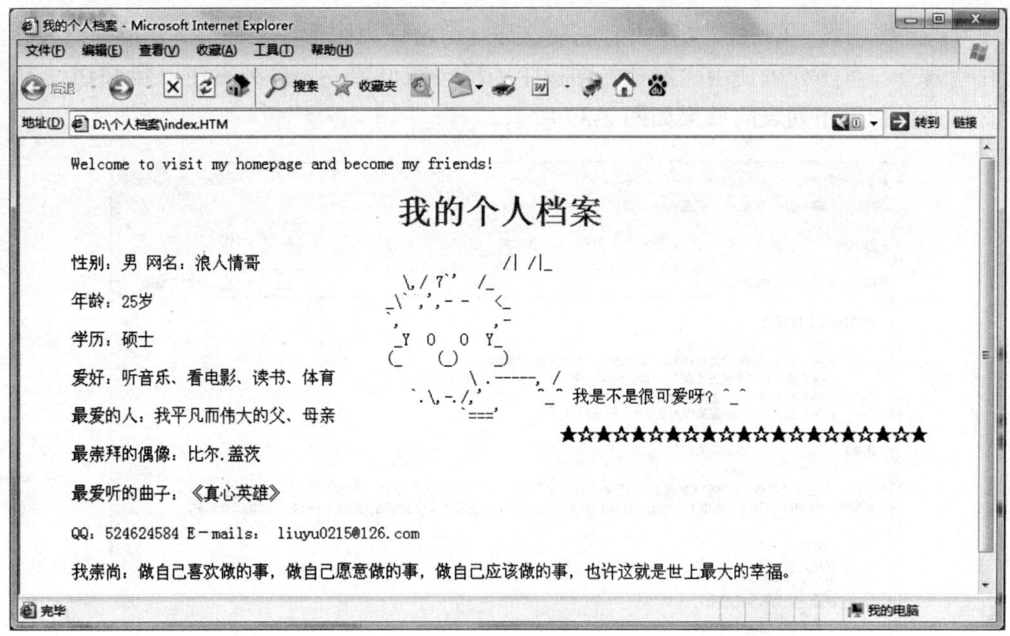

图 2-37　改变标题颜色

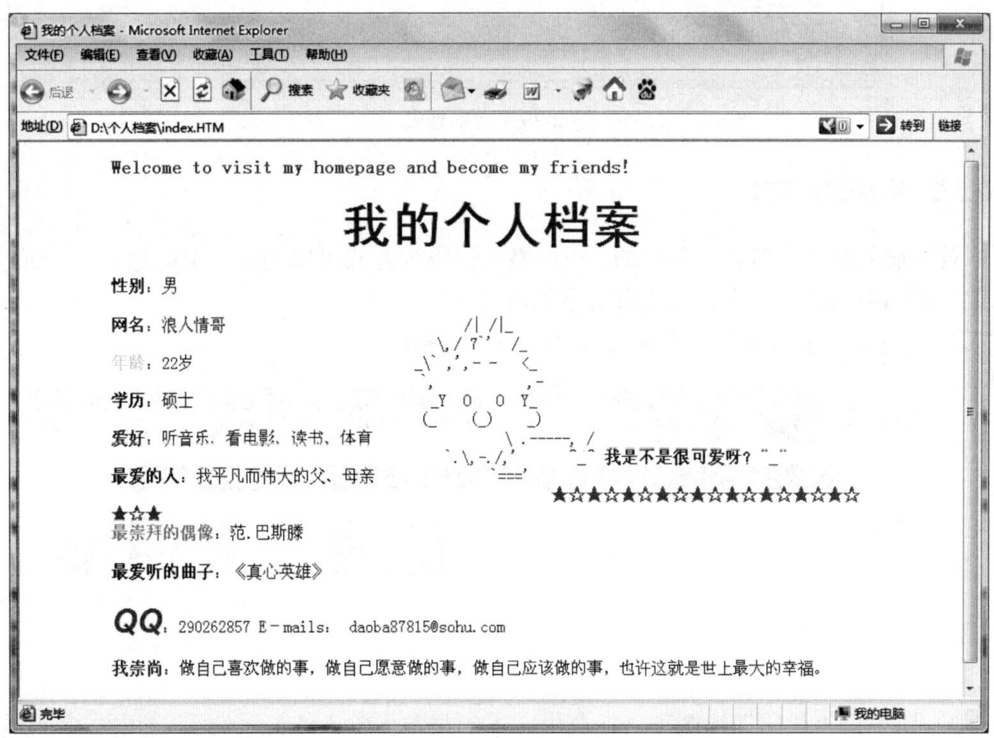

图 2-38　浏览效果

2.2.5　设置文本列表

文本列表可以将多个内容并列，增强内容的可读性，文本列表可分为有序列表和无序列表两种。有序列表中的每段文字之间有明确的先后关系，并列编号可以用阿拉伯数字、英文字母等序号；无序列表中的各段文字没有先后次序，通常使用圆形、正方形、菱形等符号作为列表的并列编号。有序列表使用“属性”面板中的按钮设置；无序列表使用按钮设置。

有序列表和无序列表的效果如图 2-39 所示。

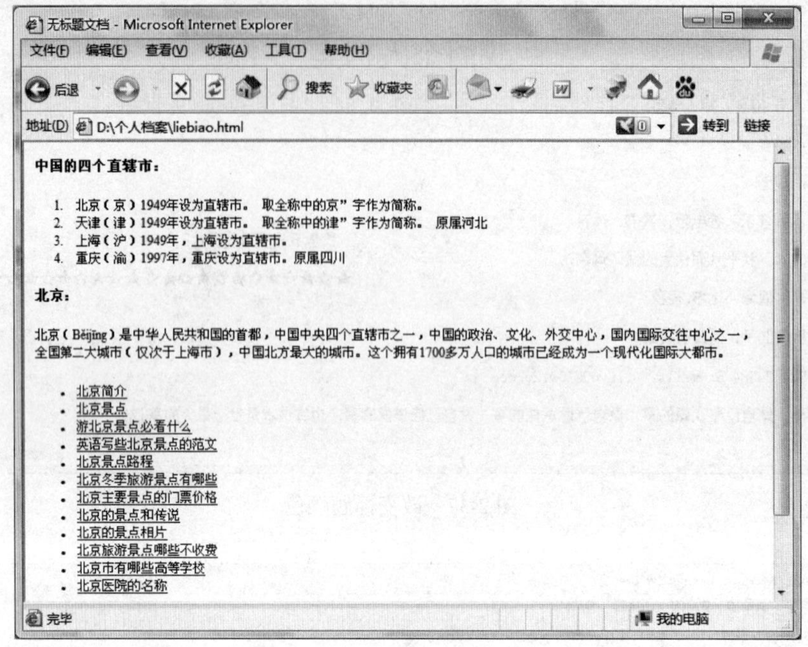

图 2-39 文本列表

2.2.6 添加滚动文本

网页中输入的文本默认是静止的，通过添加代码等方式可以使文本滚动起来。下面以“个人档案”页面中的欢迎文本为例设置文字的流动。

（1）选中个人档案网页中的欢迎文本，如图 2-40 所示。

图 2-40 选中的文本

（2）切换到“代码”视图下，在选中文本的最前面输入<marquee>，选中文字的最后面输入</marquee>，如图 2-34 所示。

```
<marquee>Welcome to visit my homepage and become my friends!</marquee>
```

图 2-41 滚动代码

（3）保存，浏览效果如图 2-42 所示。

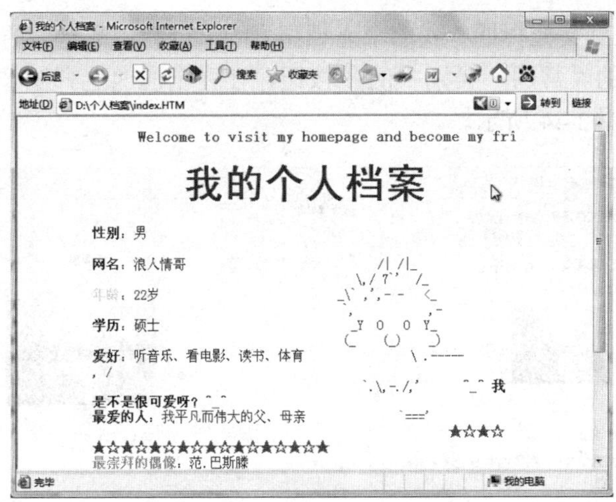

图 2-42　浏览效果

2.3　图像操作

与文本一样，图片也是网页中的一种重要的表现元素，合理地使用图片可以使网页美观生动，但图片会加大网页数据的传输量，从而影响网页的传输速率。

2.3.1　插入图像

网页中常用的图片格式包括 GIF、JPG 和 PNG。图片可以插入到文本段落中、表格以及层内，插入的图片既可以是本地硬盘中的图片，也可以是网络上的图片。

在插入本地图像之前，首先要确保该图像文件位于当前站点中，下面以个人档案中添加的个人照片为例说明插入图像的操作

（1）在站点中新建文件夹 images，将编辑好的图片放置于该文件夹下，如图 2-43 所示。

图 2-43　站点中的图片

（2）将光标定位到文档标题“我的个人档案”的下一行，选择“插入”→“图像”命令，或单击“插入”面板的“常用”类别中的按钮，在弹出的“选择图像源文件”对话框中选择要插入的图像，如图 2-44 所示。

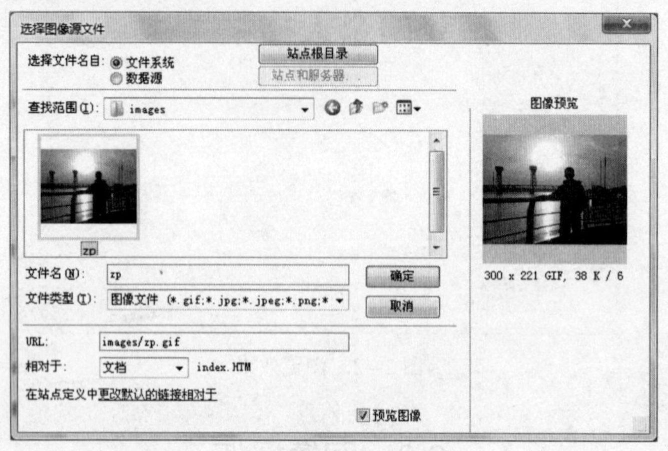

图 2-44　选择图像源文件

（3）单击“确定”按钮将弹出“图像标签辅助功能属性”对话框，如图 2-45 所示。该对话框主要用于为图像添加辅助功能，如替换文件、详细说明等。

（4）单击“确定”按钮并保存网页，浏览效果如图 2-46 所示。

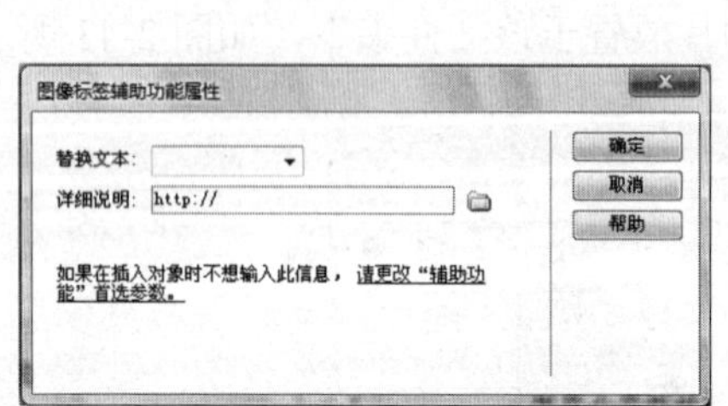

图 2-45　添加图片辅助属性

图 2-46　浏览效果

2.3.2　图像属性

插入图片后单击选择图片，在“属性”面板中可以设置图片的名项属性，如图 2-47 所示。

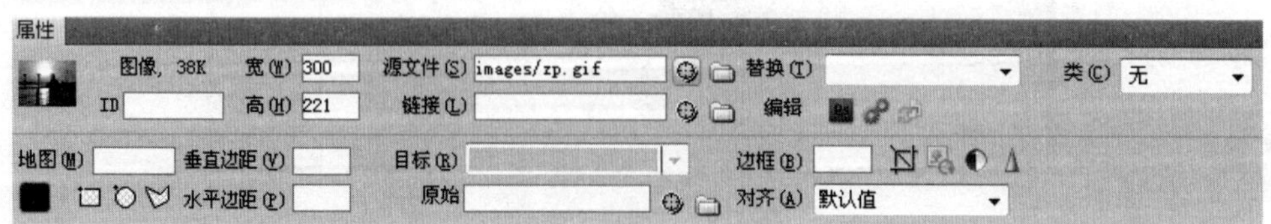

图 2-47　图片属性

图像的属性参数说明如下：

（1）ID：用于填写图像名称。

（2）宽和高：指设定图像的宽度和高度，单位是像素。

（3）源文件：单击文件夹图标指定图像的源文件路径。

（4）链接：指定图像的超级链接。

（5）替换：即当浏览器不能正常工作时，在图像的位置显示的文本。在某些浏览器中，当鼠标滑过图像时也会显示该文本。

（6）类：用于指定所选图像的 CSS 类样式。

（7）地图：使用名称、热点工具标注和创建客户端图像地图。

（8）垂直边距和水平边距：分别是指沿图像的顶部、底部添加边距和沿图像的左侧和右侧添加边距。

（9）目标：指加载链接的目标窗口。

（10）原始：可以从 PSD 文件或 Fireworks 文件中获取源文件。

（11）边框：图像边框的宽度。

（12）对齐：设置图像的对齐方式。

2.3.3　为网页设置背景图片

使用图片作为网页背景，可以提升网页的美感，明确网页的主题。设置网页背景图片时，需要控制图片文件的大小，如果文件过大，会延长图片的加载速度；另外，图片的拼接应无接缝，自然和谐。设置网页背景的操作步骤如下：

（1）将搜集到的背景图片放置于站点的 images 文件夹中，本例使用 4 张图片分别做为网页的背景，以比较其不同，如图 2-48 所示。

图 2-48　网页背景图片

（2）打开站点中需要添加网页背景的网页文件，本例以“个人档案”页面为例，打开 index.htm 页面，单击“属性”面板中的 页面属性... 按钮，打开“页面属性”对话框，单击“背景图像”后的 浏览(W)... 按钮，选择图像 1.jpg 文件，如图 2-49 所示。

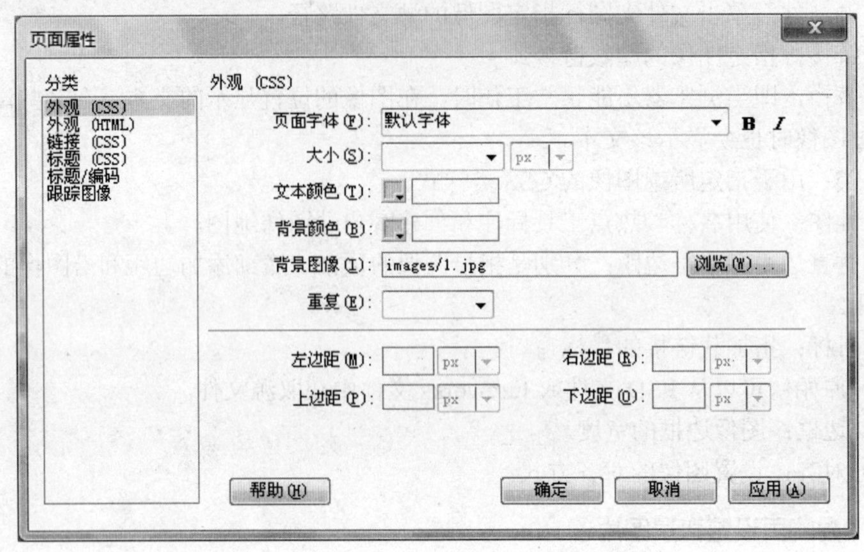

图 2-49　“页面属性”对话框

（3）保存网页后的效果如图 2-50 所示，可见图像 1.jpg 是以自动拼接的方式充满整个网页的。

图 2-50　浏览效果

（4）重新设置“页面属性”中的“背景图像”为 2.jpg，设置“背景颜色”为“黑色”，“重复”选项中设置为 repeat-y，如图 2-51 所示。

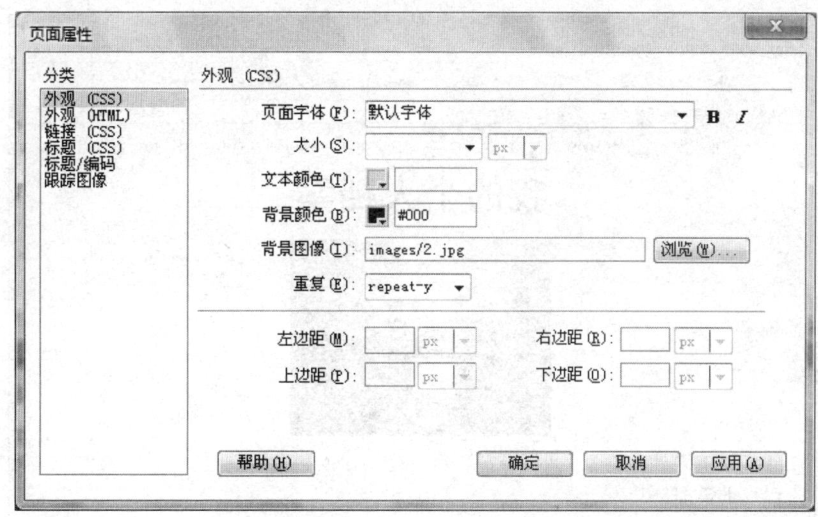

图 2-51　“页面属性”对话框

（5）保存网页后的效果如图 2-52 所示。可见，图像 2.jpg 是以 y 轴重复自动拼接的方式充满整个网页。

图 2-52　浏览效果（1）

（6）同样的方法，设置“页面属性”中的“背景图像”为 3.jpg，设置“背景颜色”为“白色”，“重复”选项中设置为 repeat-x，如图 2-53 所示。可见，图像 3.jpg 是以 x 轴重复自动拼接的方式充满整个网页。

（7）设置“页面属性”中的“背景图像”为 4.jpg，设置“背景颜色”为“白色”，“重复”选项中设置为 no-repeat，如图 2-54 所示，图像 3.jpg 作为背景在网页的左上角。

图 2-53 浏览效果（2）

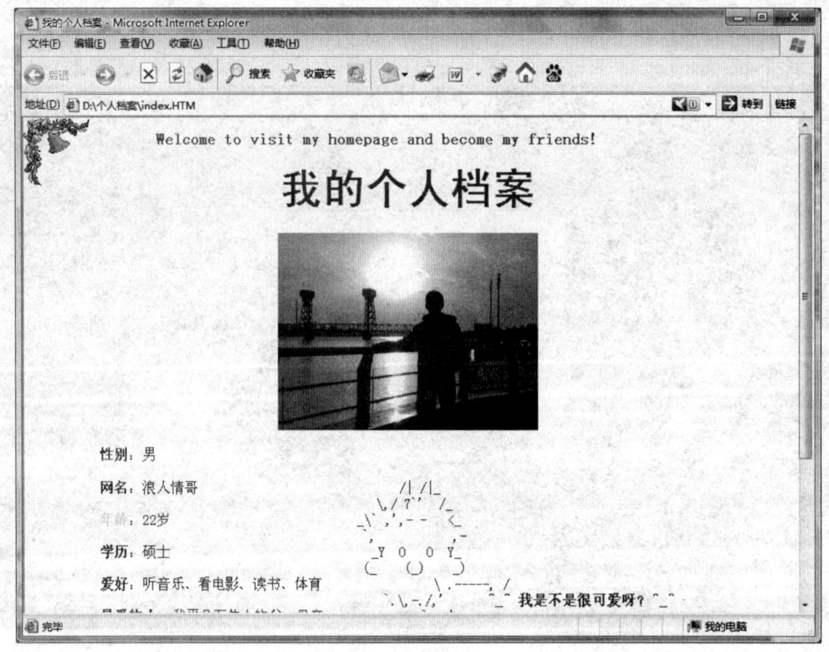

图 2-54 浏览效果（3）

2.4 超链接

超链接是网页制作的核心技术，超链接可以在网页之间建立连接，用户可以通过超链接访问各种资源。超链接可以分为文字链接、图片链接、锚点链接、电子邮件链接、脚本链接和空链接几种。

2.4.1　文本链接

文本链接是超链接最简单、最基本的方式，占有的网络带宽最少。文本链接分为绝对路径和相对路径两种。

绝对路径需要提供链接资源的完整 URL，常用于链接本站点外的外部文件，如 http://www.baidu.com，指向的是百度网站的主页面，绝对路径可以用来指向所有资源；而相对路径是相对于当前基础路径的位置，用来指向站内文件。

下面以“个人档案”网站的导航制作演示文本链接的操作步骤。

（1）在已经建立好的“个人档案”站点中打开首页 index.htm，在标题的下面添加一行文字，用于做本网站的主导航，如图 2-55 所示。

图 2-55　添加导航文本

（2）选中“我的简历”，在“属性”面板中的“链接”选项后单击按钮，打开“选择文件”对话框，选择 jianli.html 文件；或者使用按钮拖动到资源列表中需要链接的 jianli.html 文件，如图 2-56 所示。

图 2-56　设置文本链接

（3）保存浏览网页，效果如图 2-57 所示，可见，已经设置超链接的文本默认以蓝色并带有下划线的样式显示，当鼠标置于上面时变成手形。

默认情况下，当单击超链接后，新文档会出现在当前窗口，若要使所链接的文档出现在其他的位置，可从“属性”面板中的“目标”下拉列表中选择一个选项，如图 2-58 所示。

图 2-57　文本链接效果

图 2-58　“目标”选项

- _blank：在一个新的浏览器窗口中打开所链接的文档。
- _parent：在该链接所在框架的父框架或父窗口中打开所链接的文档，如果没有框架，则所链接的文档载入整个浏览器窗口。
- _self：在同一窗口中载入所链接的文档，此目标为默认值。
- _top：删除所有框架并在整个浏览器窗口中载入所链接的文档。

提示：图片链接与文字链接方法一致，只不过选择的链接对象不是文本而是图片。

2.4.2　空链接

空链接只设置链接样式，但不进行网页的跳转。在上例中选择“档案首页”，在“属性”面板中“链接”后面的文本框中输入“#”，就可以为“档案首页”设置空链接了，如图 2-59 所示。

图 2-59　空链接

2.4.3　锚链接

在网页内容较多的情况下，拖动滚动条来阅读越来越不方便。为解决这一问题，可以在文件中设置一些锚链接。所谓锚链接，就是为跳转到特定位置而设置的标记。

下面为个人档案中的“联系我”文本设置锚链接。

图 2-60　命名锚记

（1）将光标置于 QQ 前面，单击“常用”工具栏中的按钮，弹出“命名锚记”对话框，如图 2-60 所示，输入锚记名称 qq 后确定，锚记标记在插入点出现。

锚记名称不能含有空格，区分大小写，且不能置于层内。如果看不到锚记标记，可选择“查看”→“可视化助理”→“不可见元素”命令。

（2）选择“联系我”文本，在“属性”面板的“链接”中输入#qq，锚记链接设置成功。

提示：若要链接到同一文件夹下其他文档中的名为 qq 的锚记，可输入的链接为 filename.html#qq。

2.4.4　电子邮件链接

设置电子邮件链接可开一个新的空白邮件窗口，使用的是与用户浏览器相关联的邮件程序，在电子邮件消息窗口中，“收件人”自动更新为指定的电子邮件链接的地址。

下面以为个人档案中的邮件链接为例说明电子邮件链接的操作流程。

（1）选中文档中的邮箱文本，选择“插入”→“电子邮件链接”命令，或单击“常用”插入栏中的按钮，在弹出的“电子邮件链接”对话框中输入相关选项，如图 2-61 所示。

（2）保存并浏览网页，单击已经做好的邮件链接，弹出 Outlook Express 6 的新邮件窗口，如图 2-62 所示。

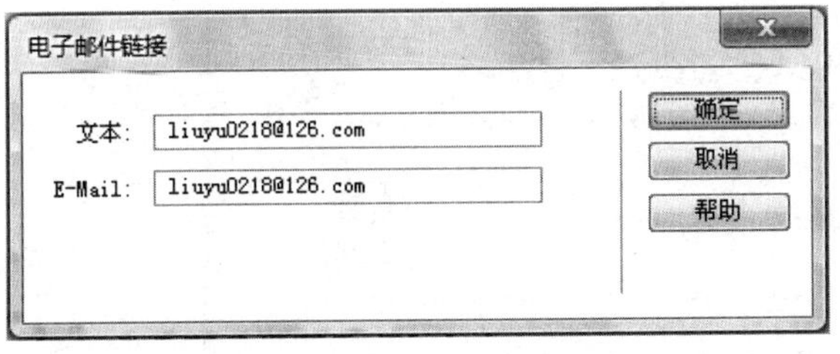

图 2-61　电子邮件链接

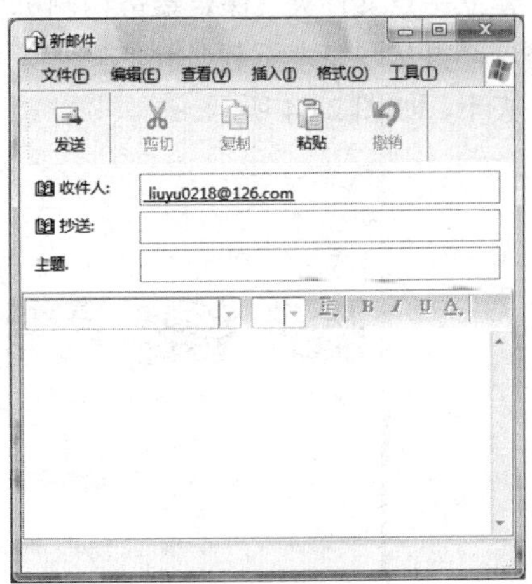

图 2-62　新邮件

2.5　实践与运用——保定秦奋切割机厂网站设计与制作

通过以上对表格、文字、图像与超链接的操作等内容的学习，我们对网站的布局与制作有了一个简单的认识。下面通过一个具体的实例，将表格的布局、文本的插入与编辑、图像的插入与编辑、超链接的设置等内容综合起来，完成保定秦奋切割机厂网站的设计与制作。

2.5.1　网页布局设计

在 Photoshop 或 Fireworks 等图像处理软件中设计网页的布局，如图 2-63 所示。

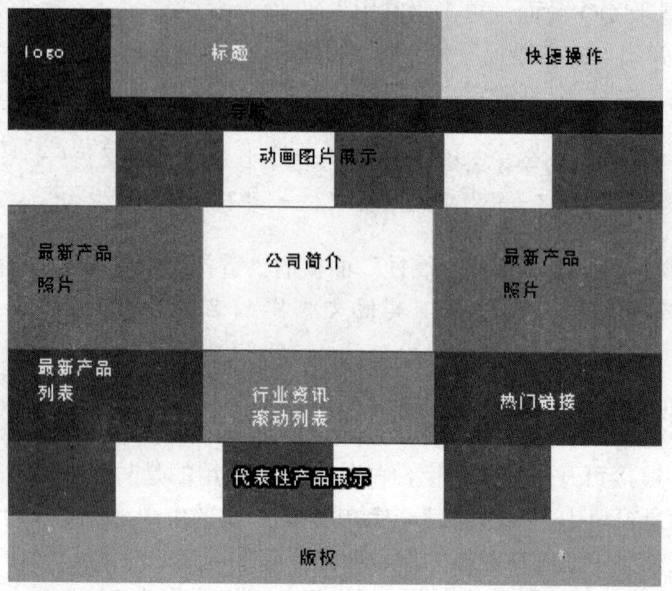

图 2-63　网页布局

2.5.2　素材搜集与编辑

建立站点文件夹“保定秦奋切割机厂”，在里面建立 images 文件夹，把公司提供的素材进行整理，再从网络上下载必要的图片，对公司的 Logo 和网站标题进行设计，保存在 images 文件夹下，如图 2-64 所示。

图 2-64　搜集与编辑的素材

2.5.3　建立站点

具体设置信息如图 2-65 所示。

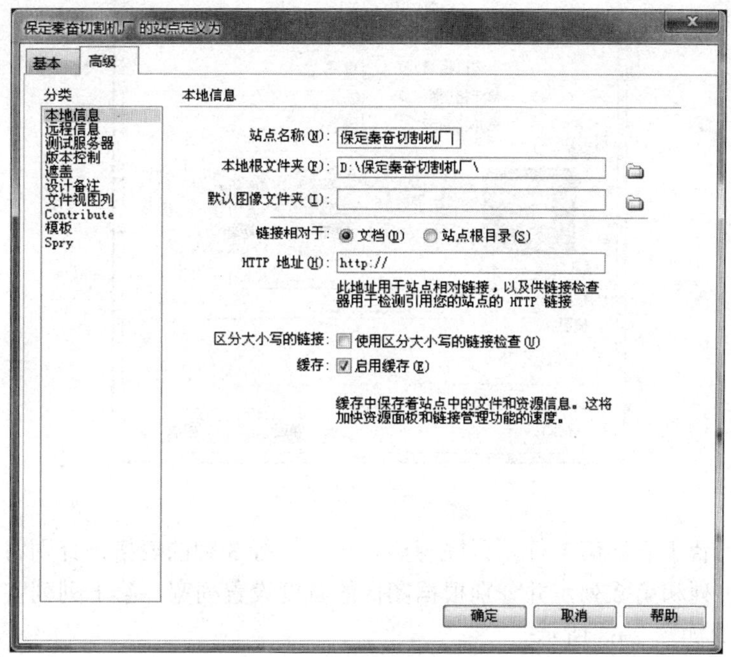

图 2-65　新建站点

2.5.4　网页制作

本步骤主要以制作保定秦奋切割机厂网站的主页面为例，具体制作步骤如下：

（1）新建文档，命名为 index.html，并在“页面属性”对话框中设置边距都为 0，如图 2-66 所示。

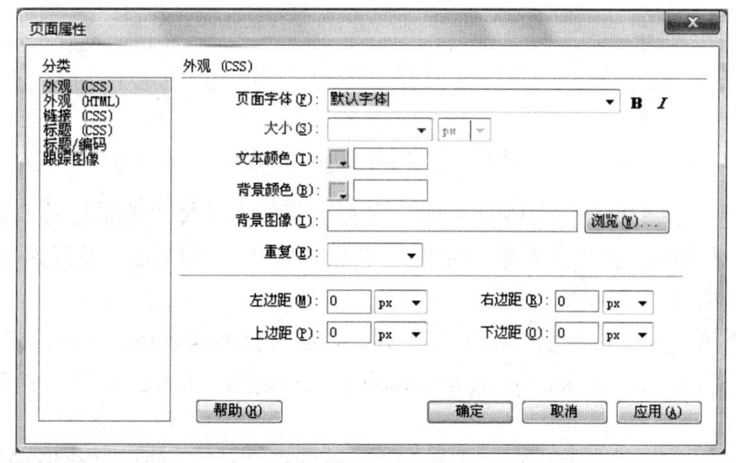

图 2-66　设置边距

（2）根据布局设计，添加一个 10 行 1 列的表格，如图 2-67 所示，选中添加的表格，在下方的“属性”面板中将“对齐”下拉菜单设置为“居中对齐”。

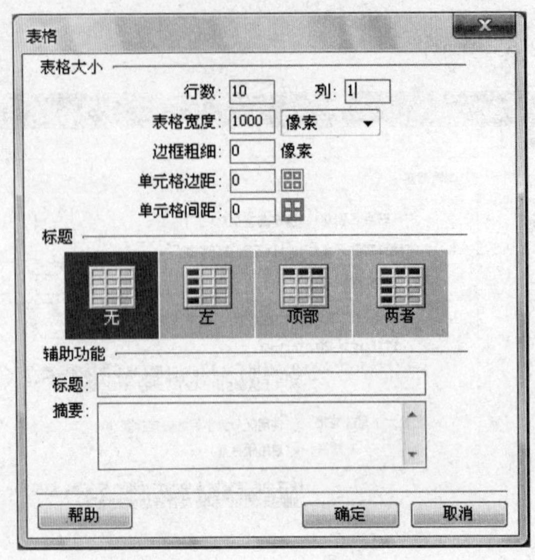

图 2-67　添加表格

（3）将光标置于表格第 1 行，再嵌套插入一个 1 行 3 列的表格，分别将图像 logo.jpg 和 title.jpg 插入第 1 列和第 2 列，并分别根据图像的宽度设置列宽，第 1 列列宽为 138，第 2 列列宽为 461，效果如图 2-68 所示。

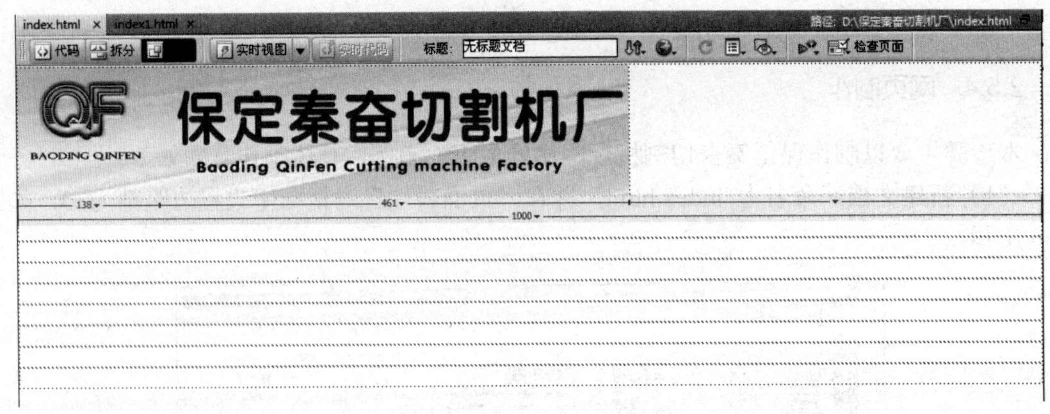

图 2-68　网页 Logo 与标题

（4）将光标置于上方嵌套表格第 3 列，在右键菜单中选择“编辑标签”命令，弹出“标签编辑器－td”对话框，在“浏览器特定的”选项中将“背景图像”设置为 images/topbg.jpg 文件，如图 2-69 所示。

（5）在表格第 3 列中再嵌套一个 1 行 3 列，宽度为 80%的表格，并设置其对齐方式为“居中对齐”。再分别将 home.gif、shoucang.gif、mail.gif 三张图片插入 3 列中，并输入相关的文字，如图 2-70 所示。

（6）制作网页导航。设置最外层表格第 2 行的行高为 33，使用“编辑标签”为其添加背景为 dhbg.jpg 文件。再嵌套一个 1 行 6 列，宽度为 1000 的表格。从第 2 列开始输入导航文字，并设置第一列列宽为 250，剩余列列宽为 150，效果如图 2-71 所示。

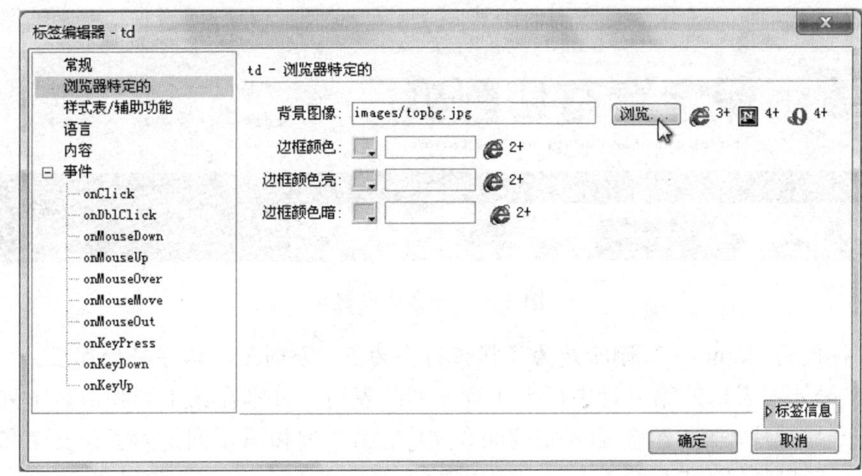

图 2-69　单元格背景图像

图 2-70　制作好的网页头部

图 2-71　导航

（7）在最外层表格的第 3 行中依次插入 top1_pro_01.gif、top1_pro_02.gif、top1_pro_03.gif、top1_pro_04.gif、top1_pro_05.gif、top1_pro_06.gif，效果如图 2-72 所示。

图 2-72　GIF 动画图片的导入

（8）最外层表格第 4 行的背景也使用“编辑标签”为其添加背景为 dhbg.jpg 的文件，在“属性”面板中将行高设置为 5，在代码视图下将本行中的空格代码“ ”删除，效果如图 2-73 所示。

图 2-73 横条的设置

提示：将代码“ ”删除是为了保证行高为 5，否则是默认字符的高度。

（9）在最外层表格的第五行中插入 1 行 5 列的表格，分别在第 1 列和最后 1 列插入企业提供的最新产品照片，第 3 列中输入企业简介文字，第 2 列和第 4 列是为了让文字和图片保持一定的间距，效果如图 2-74 所示。

图 2-74 企业简介和最新产品图片的添加

（10）最外层表格的第 6 行也是分割条，在“属性”面板中设置其背景颜色为#333333，行高为 5，并将本行中的空格代码“ ”删除，效果如图 2-75 所示。

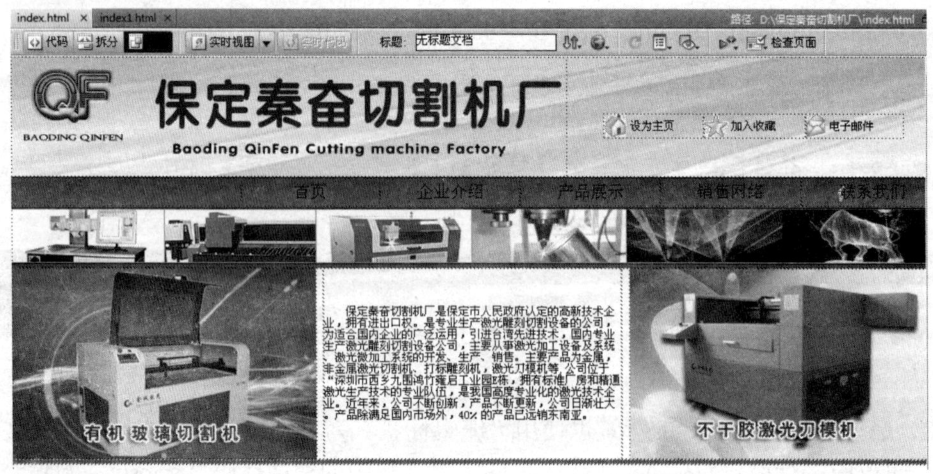

图 2-75 灰色分割条

（11）在最外层表格的第 7 行嵌套一个 2 行 3 列的表格，将第 3 列的两行进行合并，分别在其中加入相应图片和字，并给文字添加相关的链接，效果如图 2-76 所示。

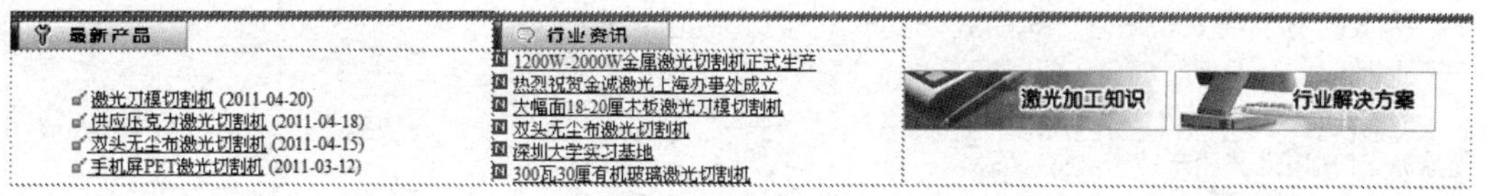

图 2-76　最新产品和行业资讯的制作

（12）与步骤（10）同样的方法将第 8 行也制作为一个灰色分割条，在最外层表格的第 9 行中依次插入 images/bot_01.jpg、images/bot_02.jpg、images/bot_03.jpg、images/bot_04.jpg、images/bot_05.jpg、images/bot_06.jpg，效果如图 2-77 所示。

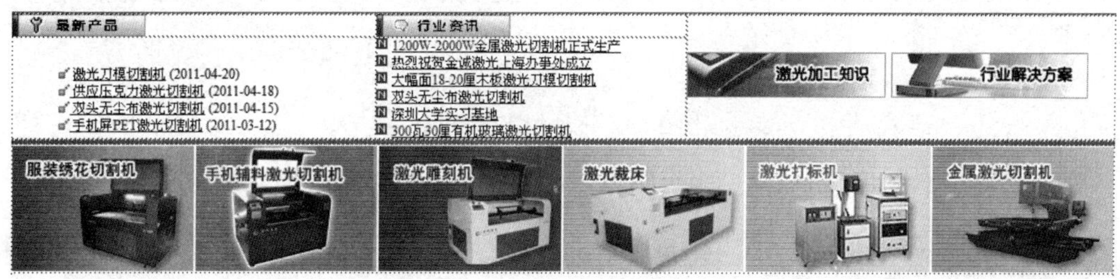

图 2-77　代表性产品展示部分

（13）将最后一行设置行高为 60，背景颜色为#CCCCCC，“对齐”方式为“居中对齐”，并输入版权相关文字，设置合理字号，效果如图 2-78 所示。

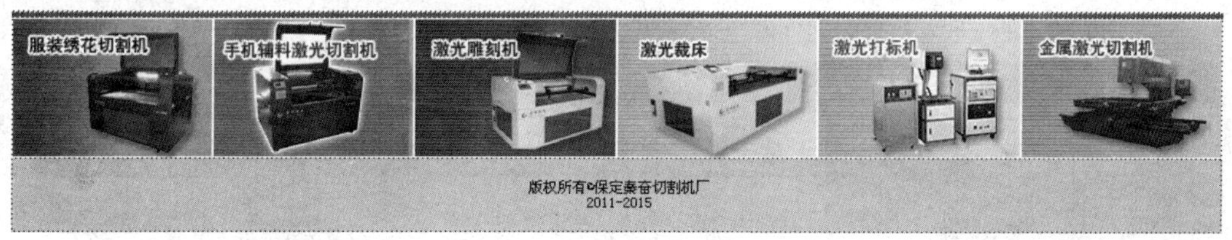

图 2-78　版权部分

（14）为导航添加超链接，因为其他页面还没有做，暂时将其链接设为空链接，另外将主导航栏中的文字颜色设置为白色，代码如图 2-79 所示。

```
<tr>
  <td width="250" height="30"> </td>
  <td width="150" align="center"><a href="#"><font color="#FFFFFF">首页</font></a></td>
  <td width="150" align="center"><a href="#"><font color="#FFFFFF">企业介绍</font></a></td>
  <td width="150" align="center"><a href="#"><font color="#FFFFFF">产品展示</font></a></td>
  <td width="150" align="center"><a href="#"><font color="#FFFFFF">销售网络</font></a></td>
  <td width="150" align="center"><a href="#"><font color="#FFFFFF">联系我们</font></a></td>
</tr>
```

图 2-79　文字颜色修改

（15）为“行业资讯”中的内容部分设置滚动文本，当鼠标置于文字上面时停止滚动，鼠标离开时继续滚动。选择“行业资讯”下面单元格的所有内容，切换到“代码”视图下，添加如图 2-80 所示的代码。

提示： marquee 的属性很多，本例用到的 direction 表示滚动的方向，height 表示滚动的高度，scrollamount 表示滚动的速度，onmouseover 表示当鼠标在上面时的行为，onmouseout 表示当鼠标离开时的行为。

```
<marquee direction="up" height="80" scrollamount="2"
onmouseover="this.stop()" onmouseout="this.start()">  <!--滚动的代码-->

    <img src="images/arrow02.gif" width="11" height="11" /> <a href="#">1200W-2000W
金属激光切割机正式生产</a><br />
    <img src="images/arrow02.gif" width="11" height="11" /> <a href="#">热烈祝贺金诚
激光上海办事处成立</a><br />
    <img src="images/arrow02.gif" width="11" height="11" /> <a href="#">大幅面18-20
厘木板激光刀模切割机</a><br />
    <img src="images/arrow02.gif" width="11" height="11" /> <a href="#">双头无尘布激
光切割机</a><br />
    <img src="images/arrow02.gif" width="11" height="11" /> <a href="#">深圳大学实习基地
</a><br />
    <img src="images/arrow02.gif" width="11" height="11" /> <a href="#">300瓦30厘有
机玻璃激光切割机</a><!--滚动的内容-->

</marquee>
```

图 2-80　滚动的行业资讯

（16）保定秦奋切割机厂网站主页制作完成，在浏览器中浏览的效果如图 2-81 所示。

图 2-81　完成的网页效果

复习思考题

一、选择题

1．在 Dreamweaver 中，下面操作不能通过鼠标选择整个表格是（　）。
   A．当光标在表格中时，在 Dreamweaver 界面窗口左下角的标签选择器中单击标签
   B．将鼠标移动到表格的底部或者右部的边框，单击鼠标
   C．将鼠标移到任何的表格框上，单击鼠标
   D．把鼠标指针移到单元格里，再双击鼠标
2．在 Dreamweaver 中，下面关于删除行和列的说法错误的是（　）。
   A．在行和列中单击鼠标右键打开快捷菜单，选择 table 子菜单中的 delete row 命令，可以删除光标所在的整行
   B．在行和列中单击鼠标右键打开快捷菜单，选择 table 子菜单中的 delete column 命令，可以删除光标所在的整行
   C．在删除行和列时，行会从表格左侧开始删除，列会从表格的上部开始删除
   D．快速删除行和列，在表格中选中一整行或一整列，然后按 Delete 键
3．在 Dreamweaver 中，下面关于排版表格属性的说法错误的是（　）。
   A．可以设置宽度
   B．可以设置高度
   C．可以设置表格的背景颜色
   D．可以设置单元格之间的距离，但是不能设置单元格内部的内容和单元格边框之间的距离

二、判断题

1．对于网页内容元素的定位不可以使用表格。　（　）
2．在 Dreamweaver 中，可以一次插入的表格只能是 1 行 1 列。　（　）

第3章　CSS样式

【学习目标】

- 掌握CSS样式的概念。
- 学会CSS样式的创建与编辑方法。
- 学会使用CSS样式的常用操作。

【引导案例】

旅游门户网站所包含的信息量大，需要有多个子页，要求整个站点保持视觉的一致性，即每个网页的样式要一致；另外该网站还需要定时更新显示样式，以便防止旅友们对网站产生视觉疲劳。CSS 是专门用于定义各种各样的样式的一套规范，通过它可以非常灵活方便地统一网页样式。

【任务分析】

这是一个中型的网站，需要通过CSS网页风格样式的设计与制作，主要采用CSS对网页中的文本、超链接等元素进行统一设置，使整个站点保持视觉的一致性。在网页风格更换时，通过修改CSS文件而统一修改网页中的文字及超链接等对象。

【相关知识】

3.1　CSS样式的概念

3.1.1　CSS样式简介

CSS（Cascading Style Sheet，层叠样式表或级联样式表）是一组网页元素的格式设置规则，用于控制网页的外观。通过使用 CSS 样式设置网页页面的格式，可将网页中的内容与表现形式分离。网页中的内容使用HTML文档描述，网页内容的表现形式使用CSS规则来定义。CSS规则可以存放在另一个文件中或插入于HTML文档中（通常为文件头部分）。将网页的内容与表现形式分离，不仅可使维护站点的外观更加容易，而且还可以使HTML文档代码更加简练，缩短浏览器的加载时间。

3.1.2　CSS规则

在说明 CSS 规则前，可以举一个生活中的例子。当我们想描述一个轿车时可以采用以下这种方式：

```
上海大众{
        型号:Polo;
```

```
    颜色:白色;
    售价:10 万;
   }
```

以上这种描述对象的方式其实包含了三个要素，即对象名称、属性和属性值。通过这种方式就可以把一个对象的基本情况描述出来了。

CSS 的功能就是设置网页的各个组成部分元素的表现形式。将上面的案例元素替换成描述网页页面属性表，大致如下：

```
页面{
    宽:800 像素;
    高:1000 像素;
    字体:宋体;
    大小:12 像素;
    背景色:灰色;
   }
```

再进一步，如果把上面对网页页面的描述用英语表现出来，即为如下形式：

```
Body{
    width:800px;
    height:1000px;
    font-family:宋体;
    font-size: 12px;
    background-color: gray;
   }
```

这就是 CSS 代码。可见，CSS 的原理很简单，对于母语是英语的人来说，写 CSS 代码是和平时说话一样简单的事。对于我们，只要熟悉了这些属性，就可以掌握它。

3.2　Dreamweaver 中使用 CSS

在 Dreamweaver 中使用 CSS，可以使用可视化的方式来编辑。

3.2.1 创建 CSS

（1）打开“新建 CSS 规则”对话框。

在 Dreamweaver 中，有 3 种方式可以设置 CSS 样式。

- 在打开的 HTML 文档中，选择菜单栏中“格式”→“CSS 样式”→“新建”命令。
- 选择菜单“窗口”→“CSS 样式”命令，确认打开“样式”面板。单击“CSS 样式”面板底部的“新建 CSS 规则”按钮，如图 3-1（a）所示。
- 在“CSS 面板”中，单击面板标题栏右端的图标，然后在弹出的菜单中选择“新建”命令，如图 3-1（b）所示。

使用以上三种方法中的任意一种，都会打开“新建 CSS 规则”对话框，如图 3-2 所示。

在前面提到的 CSS 组成部分中，“对象名称”是很重要的，它指明了对网页中的哪个元素进行设置。因此，在 CSS 样式中有一个专用的名称：“选择器”。

在“新建 CSS 规则”对话框中有 4 种“选择器类型”可供选择，分别为“类（可应用于任何 HTML 元素）”、“ID（仅应用于一个 HTML 元素）”、“标签（重定义 HTML 元素）”和“复合内容（基于选择的内容）”。

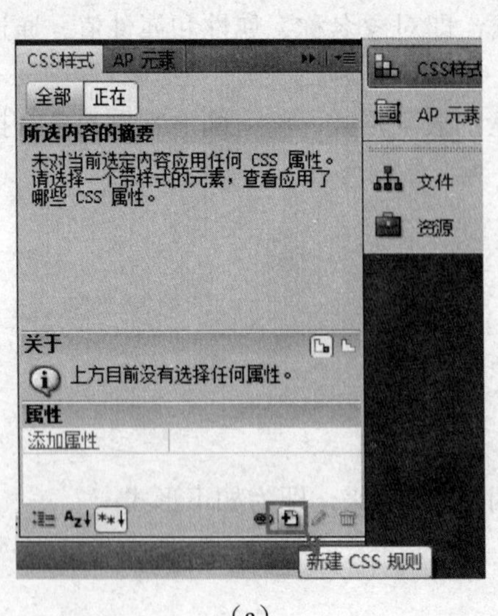

（a）

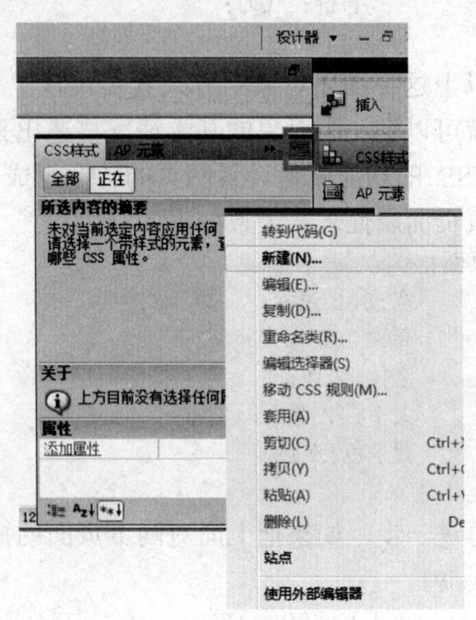

（b）

图 3-1 新建 CSS 样式的方法

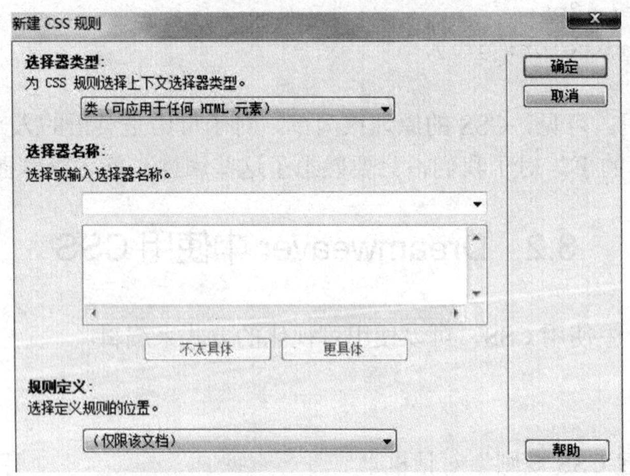

图 3-2 “新建 CSS 规则”对话框

- 类(可应用于任何 HTML 元素)：用于创建自定义样式。即创建一个可以作为 Class 属性应用于文本区域或文本块的样式。
- ID（仅应用于一个 HTML 元素）：与类选择器很相似，但是 ID 选择器只能在 HTML 页面中使用一次，针对性更强。
- 标签（重定义 HTML 元素）。对指定的 HTML 标签的默认格式进行重新定义（注意：使用重定义标签，会改变许多页面的布局）。
- 复合内容（基于选择的内容）：用于对特定的标签组合进行格式定义。

（2）在对话框中为新样式输入名字、选择标签或者选择标签组合。

- 样式的名字前边必须要有一个句点。如果没有输入这个句点，Dreamweaver 会自动输入。名字可以是任何字母和数字的组合，例如：.test。

- 要重新定义 HTML 标签样式，可以键入一个 HTML 标签或者从弹出菜单中选择一个。
- 选择“高级”后，可以输入任何一个有效的表达式（例如，td 或#textStyle），或者从弹出菜单中选择。可供选择的有：a:active（激活超链接），a:hover（光标位于超链接上），a:link（超链接没有任何动作时）和 a:visited（访问过的超链接）。

若选择第一项，即使用类选择器，要在“名称”输入框中输入一个名称，注意在名称前面一定要放置一个点，例如.test，加点的作用是让浏览器知道这是一个样式类（Class），而不是 HTML 的标签符，如图 3-3 所示。

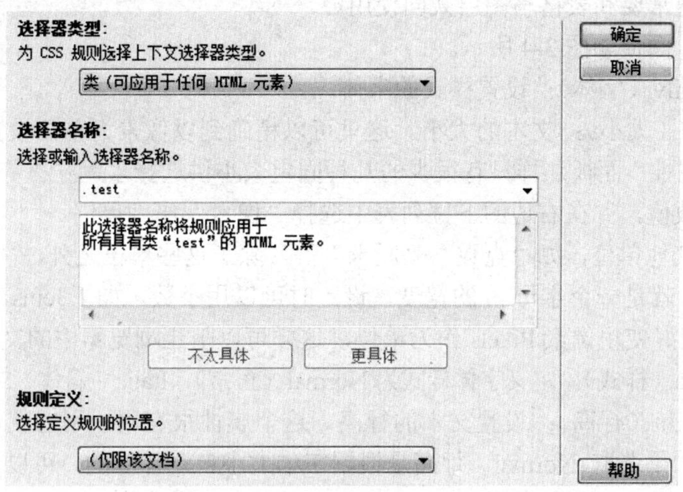

图 3-3　设置选择器名称

（3）选取要定义的样式出现的位置：定义在某个文件中或仅对本文档。在此，选择“仅限该文档”。

（4）单击“确定”按钮，出现样式定义对话框，如图 3-4 所示。

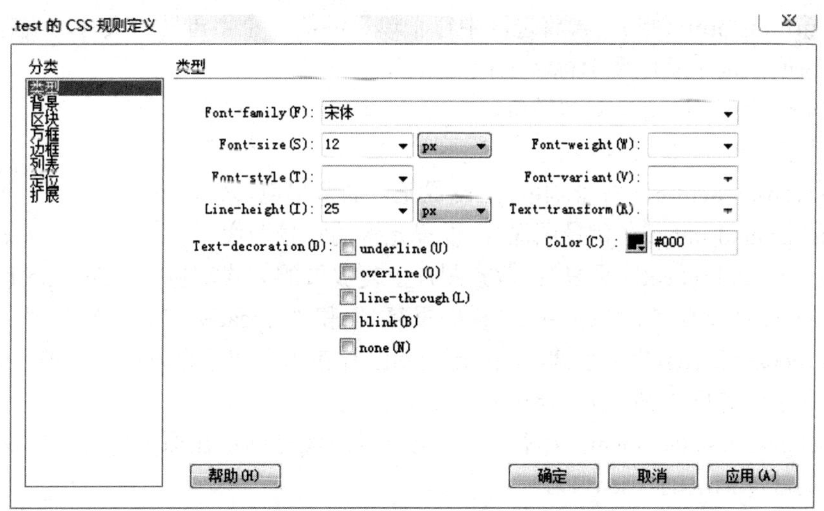

图 3-4　“CSS 规则定义”对话框

在这个对话框中可以定义样式的属性。Dreamweaver 把这些属性分成了 8 类，在对话框左侧的“分类”栏中可以选择某一类属性，然后在右侧对这一类属性进行设置。对于文本样式，设定前 3 类属性，即“类型”、“背景”和“区块”就足够了。

要注意的是，虽然有很多属性可以设置，但并不是每一个属性设置后就一定有效。例如有的属性与字体有关，事实上，同一种字体都有不同的样式，如倾斜、加粗等，如果系统的字库缺少相应的版本，即便设定了某种属性也没有效果。另外，如果访问者的系统没有相应的字体，也会看不到设定的效果，因此在设定各种属性时应该尽量使用最普通、最常见的属性。

这里简单介绍一些属性的作用，这些属性都在“类型”、“背景”页中。“区块”页里的属性也很有用，但通常要和表格与图层共同使用。

（5）“类型”面板如图 3-4 所示。

- Font-family（字体）：设置样式的字体。
- Font-size（大小）：文本的大小。这里可以精确到以像素为单位设置文本大小，就不像用“属性”面板那样只有很少的几种固定大小供选择了，方法是在“大小”输入框中输入数值，并在右边的下拉列表中选择“像素”作为单位。

还可以选择其他单位，如“点数”、“厘米”等。除了这些单位之外，“字母高”（ems）也很有用，1 个 ems 就是一个字母 m 的宽度，设定时可以用小数，如 1.3ems，即一个字母 m 的宽度的 1.3 倍。最好使用像素 Pixels 作为单位，这样可以阻止浏览器中的文本变形。

- Font-style（样式）：定义字体样式为 Normal（正常）、Italic（斜体）或 Oblique（倾斜）。
- Line-height（行高）：设置文本的行高。这个属性很有用，用它就可以设定文本的行间距。如果选取 Normal，行高是根据字体大小自动计算的，可以自己键入一个精确的数值并选取一个计量单位。
- Text-decoration（修饰）：添加 underline（下划线），overline（上划线），line-through（整行划线），blink（命令文本闪烁）。
- Font-weight 粗细：给字体指定粗体字的磅值。Normal 等同于 400；Bold 等同于 700。
- Font-variant（变形）：选取字体的变种，例如 small caps（小型大写字母）。
- Font-transform（形式）：将选区中每个单词的第一个字母转为大写，或者令单词全部大写或全部小写以及上标、下标显示。
- Color（颜色）：定义文本颜色。

（6）“背景”面板如图 3-5 所示。

- Background-color（背景颜色）：设置元素的背景色。
- Background-image（背景图像）：设置元素的背景图像。
- Background-repeat（重复）：背景图片重复放置的方式，包括“no-repeat（不重复）”、“repeat（重复）”、“repeat-x（横向重复）”和“repeat-y （纵向重复）”这 4 种方式。no-repeat 表示图片不平铺，repeat 表示图片在水平和垂直方向均平铺，repeat-x 表示仅在水平方向平铺，repeat-y 表示仅在垂直方向平铺。
- Background-attachment（附件）：确定背景图像是固定在原来位置（fixed）还是随内容的滚动而滚动（scroll）。
- Background-position(X)水平位置和 Background-position(Y)垂直位置：指定背景图像相对于元素的初始位置。如果这两个选项都选择居中，那么背景图像将在页面中居中对齐。

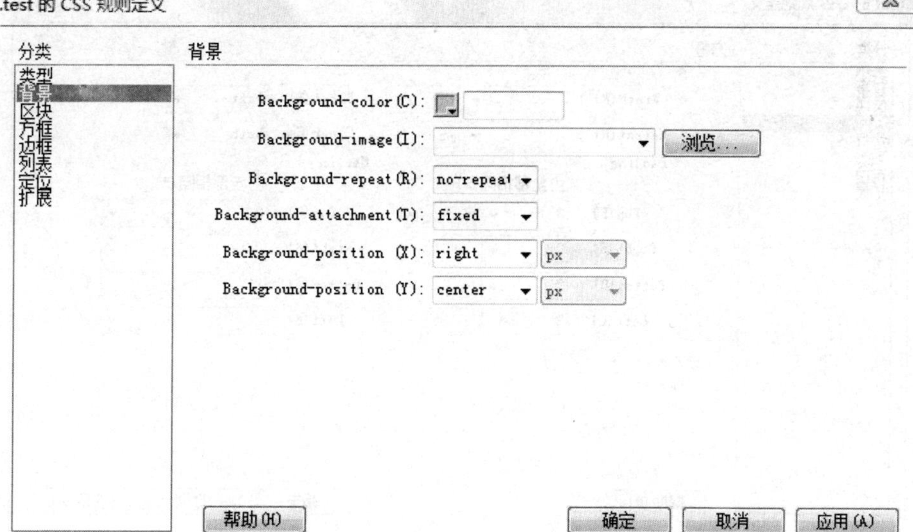

图 3-5　“CSS 规则定义”对话框中的“背景”面板

（7）“区块”面板如图 3-6 所示。

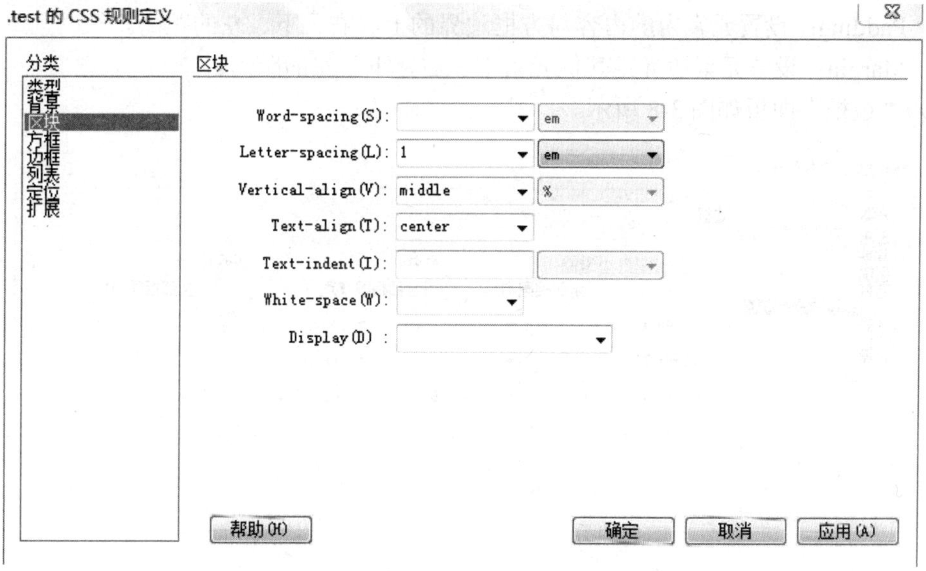

.test 的 CSS 规则定义

分类：类型　背景　区块　方框　边框　列表　定位　扩展

区块

Word-spacing (S):　em

Letter-spacing (L): 1　em

Vertical-align (V): middle　%

Text-align (T): center

Text-indent (I):

White-space (W):

Display (D) :

帮助 (H)　确定　取消　应用 (A)

图 3-6　“CSS 规则定义”对话框中的“区块”面板

- Word-spacing（单词间距）：设置单词间的距离。
- Letter-spacing（字母间距）：设置字符间的距离。
- Vertical-align（垂直对齐）：指定元素的垂直对齐属性，通常是与它的母元素相比较而言。
- Text-align（文本对齐）：确定文本在元素内如何排列对齐。
- Text-indent（文本缩进）：确定段落第一行的缩进值。负值用于将段落第一行向外拉.
- White-space（空白间距）：确定如何处理元素内的空白间距。

（8）“方框”面板如图 3-7 所示。

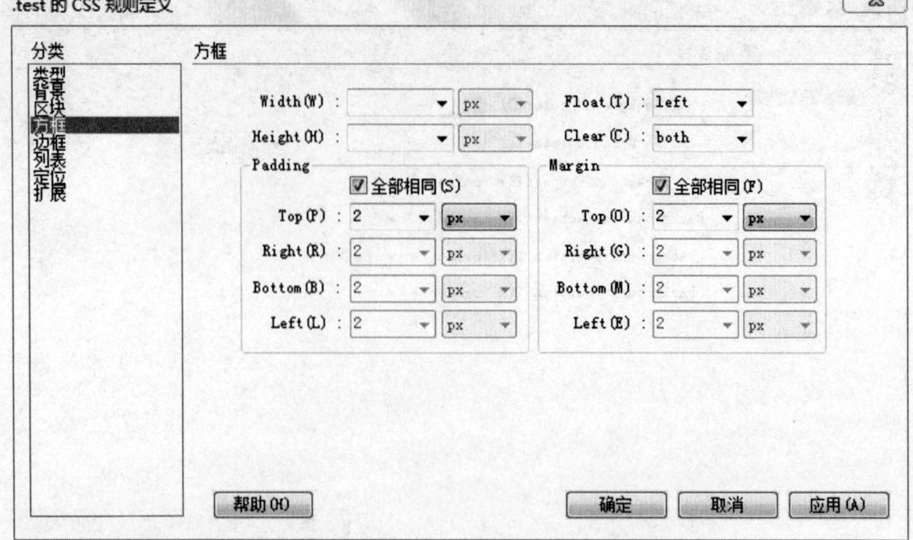

图 3-7 “CSS 规则定义”对话框中的“方框”面板

- Width/Height（宽度/高度）：设置元素边界宽度与高度。
- Float（浮动）：设置元素的对齐方式。
- Padding：设置元素内的内容与方框边界的上、右、下、左的距离。
- Margin：设置元素边界距其他元素上、右、下、左的距离。

（9）“边框”面板如图 3-8 所示。

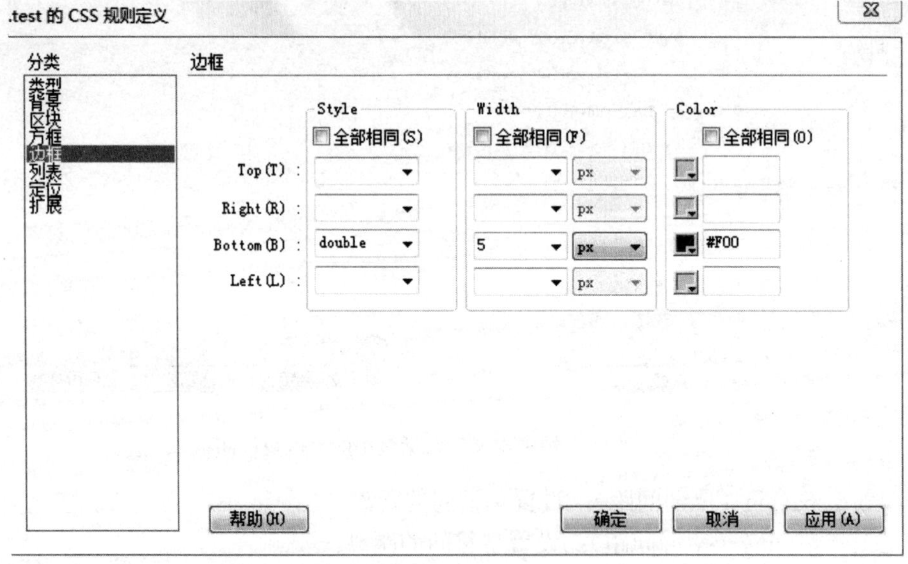

图 3-8 “CSS 规则定义”对话框中的“边框”面板

- Style（样式）：确定边界框样式。
- Width（宽度）：设置边框宽度。
- Color（颜色）：设置边界框的颜色。可以分别对每条边界设置颜色。

（10）“列表”面板如图 3-9 所示。

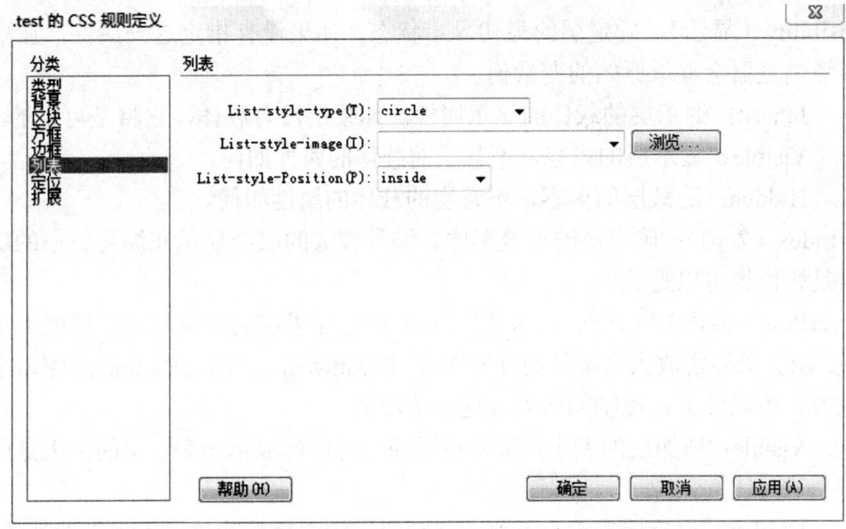

图 3-9　“CSS 规则定义”对话框中的“列表”面板

- List-style-type（类型）：确定无序列表或有序列表的外观。
- List-style-image（项目图像）：为无序列表指定一幅自定义图像。单击“浏览”按钮查找图像，或直接输入图像的路径。
- List-style-Position（位置）：确定列表项排列是根据缩进量换行（outside），还是根据页边距换行（inside）。

（11）“定位”面板如图 3-10 所示。

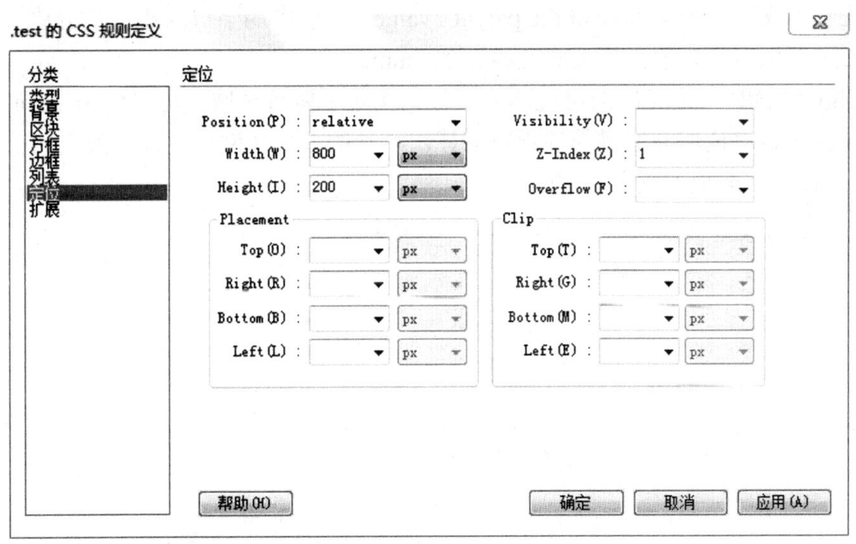

图 3-10　“CSS 规则定义”对话框中的“定位”面板

“定位”面板用于将被选文本的标签或块转到一个使用了默认标签的新层上去。

- Position（类型）：确定浏览器定位层的方法：
  - absolute：根据在定位框中所输入的相对于页面左上角的坐标来放置层。
  - relative：根据在定位框中所输入的相对于文档中对象位置的坐标来放置层。
  - static：将层置于文本流程中自己的位置。

- Visibility（显示）：确定层的最初显示状态。如果没有指定这一属性，在默认情况下多数浏览器会继承原始的变量值。
  - Inherit：继承层的载体的显示属性。如果层没有载体，它将是可视的。
  - Visible：显示层的内容，不管层的载体的属性如何。
  - Hidden：隐藏层的内容，不管层的载体的属性如何。
- Z-Index（Z 轴）：确定层的堆叠顺序。编号较大的层会显示在编号较小的层上边，可以是正值也可以是负值。
- Overflow（溢出）：（仅对 CSS 层有效）确定如果层的内容超出了层的大小时如何处理。浏览器经常放大文本从而使它与在 Dreamweaver 的 Document 窗口中相比更占地方。该属性就是控制如何处理这种情况的。
  - Visible：增加层的大小，从而将层的所有内容显示出来。层的扩大是向下和向右进行。
  - Hidden：保持层的大小不变，将超出层的内容剪裁掉。不提供滚动条。
  - Scroll：不管层的内容是否超出了层，都强制给层添加一个滚动条。
  - Auto：只有在内容超出层的边界时才显示滚动条。
- Placement（定位）：指定层的位置和大小。浏览器如何解释层的位置取决于 Type 的设置。如果内容超出层的范围，尺寸大小的值就不予考虑了。层的位置和大小的默认单位是像素。对 CSS 层而言，可以指定下列计算单位：pc（picas，十二点活字），pt（points，磅值），in（inches，英寸），mm（millimeters，毫米），cm（centimeters，厘米），ems（与当前字体中的 m 字母宽度比较），exs（与当前字体中的 x 字母高度比较）或%（percentage of the parent's value，与层中的字母大小的百分比）。单位缩写必须紧跟着设定值而不能有空格，如 3mm。
- Clip（剪辑）：定义层的可视部分。如果指定了剪辑区域，可以使用 JavaScript 之类的脚本语言读取并通过属性设置创建出特殊的效果（例如：擦去效果）。

（12）“扩展”面板如图 3-11 所示。

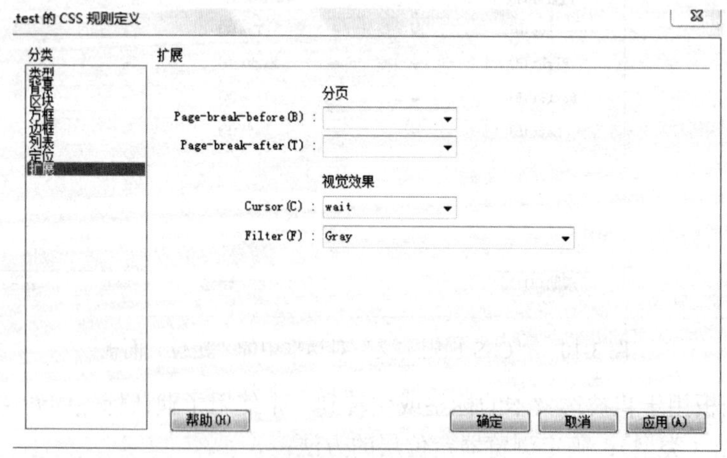

图 3-11 “CSS 规则定义”对话框中的“扩展”面板

“扩展”面板是用来控制某些扩展的功能。

- 分页：在打印的时候强迫在样式控制的对象前后换页。

- 视觉效果：
  - ➢ Cursor（光标）：当光标滑过样式控制的对象时改变光标的图像。
  - ➢ Filter（滤镜）：给由样式控制的对象应用特效，包括模糊和倒置等。

  滤镜效果各参数说明如下：
  - ➢ Alpha：设置不同的透明度变化效果。
  - ➢ Blur：建立模糊效果。
  - ➢ DropShadow：建立一种偏移的影像轮廓，即投射阴影。
  - ➢ FlipH：水平翻转。
  - ➢ FlipV：垂直翻转。
  - ➢ Glow：为对象的边界增加色彩光效。
  - ➢ Gray：将图片以灰度形式显示。
  - ➢ Invert：将色彩、饱和度以及亮度值完全反转，类似底片效果。
  - ➢ Light：在一个对象上进行灯光投影。
  - ➢ Mask：为一个对象建立彩色透明遮罩。
  - ➢ Shadow：为对象建立轮廓的倒影效果。
  - ➢ Wave：在 X 轴和 Y 轴方向利用正弦波打乱图片。
  - ➢ Xray：只显示对象的轮廓。

3.2.2　应用 CSS

（1）在文档中，选择要应用 CSS 样式的文本或其他网页元素。可以执行下列操作之一：

- 在“CSS 样式”面板中，右击要应用的样式的名称，然后从上下文菜单选择“套用”，如图 3-12（a）所示。
- 在属性栏中，从“类”下拉菜单中选择要应用的样式。

在编辑网页时可以给文档附加或链接一个 CSS 样式表来应用样式。当对一个 CSS 样式表进行了编辑后，所有使用该 CSS 样式表链接的文档都会根据修改进行更新。

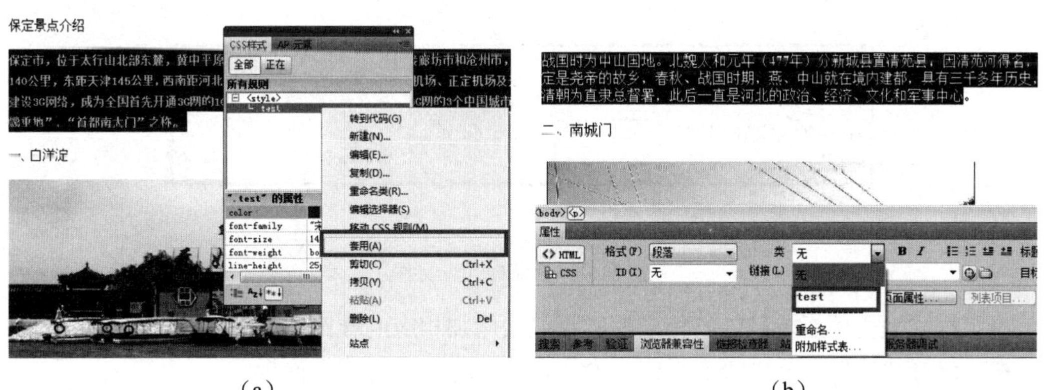

（a）　　　　　　　　　　　　　　（b）

图 3-12　应用 CSS

（2）附加外部 CSS 样式表文件。

要附加样式表文件，就要有建立好的样式表文件。建立样式表文件，就是在新建样式时，选择规则定义的位置，不是“当前文档”而是“新建样式表文件”，如图 3-13 所示。并将样式作为一个单独的文件保存在网页所在的相应文件夹中，如图 3-14 所示。

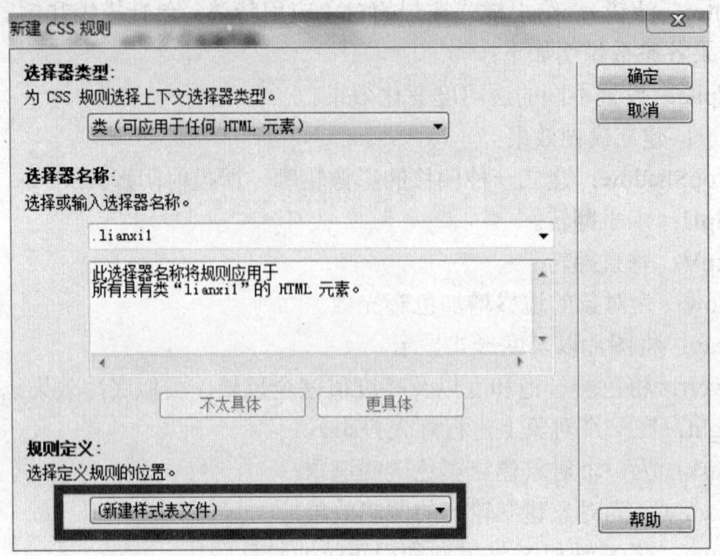

图 3-13　新建样式表文件

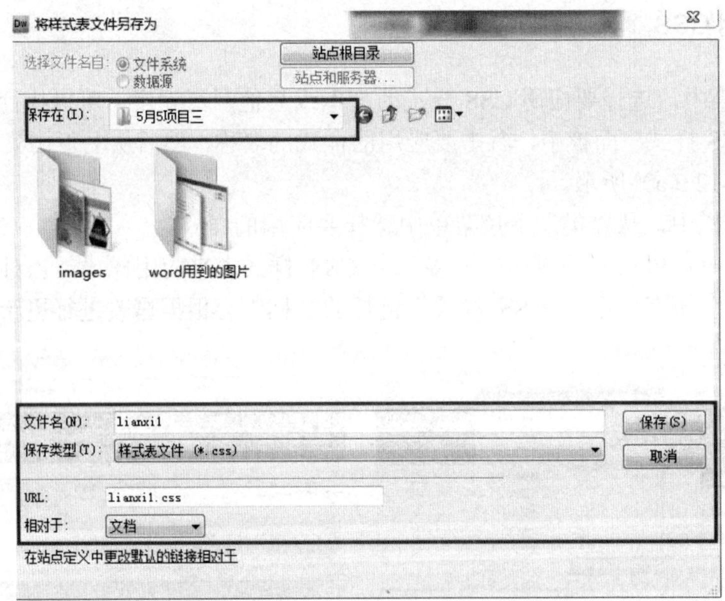

图 3-14　存储样式表文件

有了样式表文件后就可以给相应的网页元素附加相应的样式表文件了。

- 选择“窗口”→“CSS 样式”命令，打开“CSS 样式”面板。
- 在“CSS 样式”面板中，右击窗口，从弹出的菜单中选择“附加样式表”命令。也可以单击“CSS 样式”面板底部的“附加样式表”图标，如图 3-15 所示。
- 在弹出的对话框中，选择附加样式标的方式“链接”或“导入”。输入文件名或通过浏览查找需要附加的样式表文件，如图 3-16 所示。单击“确定”按钮。

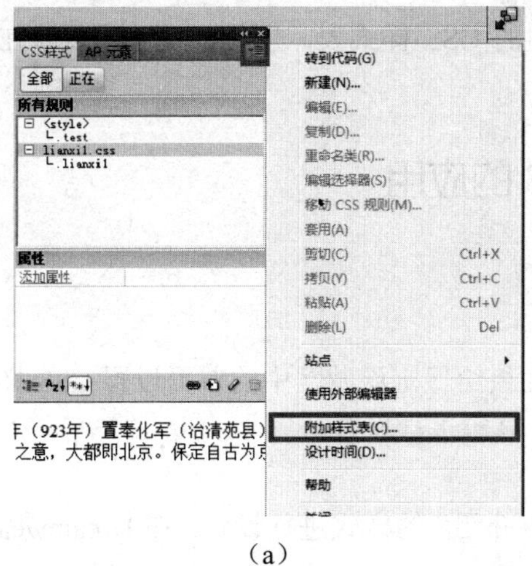

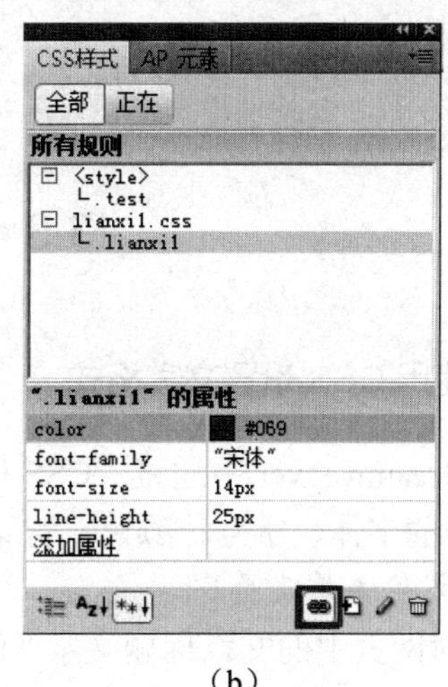

（a）　　　　　　　　（b）

图 3-15　附加样式表

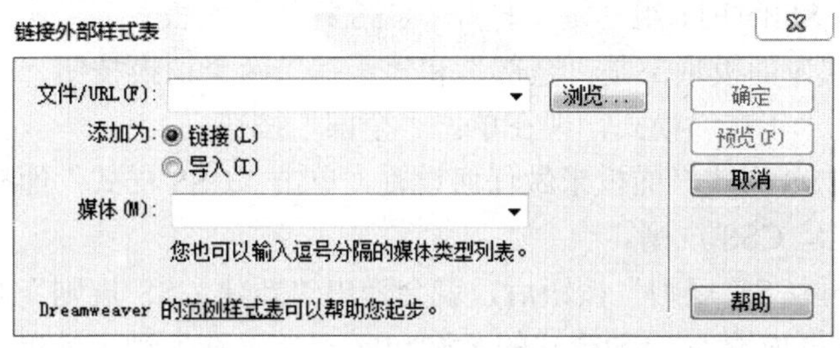

图 3-16　“链接外部样式表”对话框

注意　附加的样式表中不包含仅适用于本文档的样式。

3.2.3　编辑 CSS

1. 编辑网页中的样式

（1）打开“CSS 样式”面板。

（2）单击要编辑的样式以选中它。

（3）单击位于“CSS 样式”面板底部的“编辑样式表”按钮。

（4）打开“CSS 样式定义”对话框，进行修改。

（5）修改完毕后，单击“确定”按钮。

所作的更改将立即应用于当前文档。

2. 修改 CSS 样式表文件

（1）在“CSS 样式”面板中，单击要编辑的样式表文件，选中要修改的样式的名称。

（2）单击位于“CSS 样式”面板底部的“编辑样式表”按钮，所选 CSS 样式表的样式随即出现在对话框中。

（3）在对话框中选择要编辑的样式，然后单击“编辑”按钮，出现“CSS 样式定义”对话框。

（4）根据需要修改样式，然后单击“确定”按钮。

如果修改的样式表文件为多个网页文档使用的 CSS 样式表，所作的更改将反映在相应的页面中。

3.3 CSS 的应用

3.3.1 使用 CSS 设置文字格式

下面在 Dreamweaver 中通过“CSS 样式”面板给保定旅游网中的首页设置 CSS 样式，主要是对网页中的字体、字号、颜色、背景色、行高等进行设置。

1. 标题文字样式设置

（1）先对网页中的文章标题文字“保定景点介绍”的样式进行设置。在 Dreamweaver 中，选中“保定景点介绍”标题文字。

（2）选择菜单栏中的“窗口”→“CSS 样式”命令，或单击“属性”面板中的“打开 CSS 面板”按钮，或者按 Shift+F11 组合键，打开“CSS 样式”面板。

（3）“CSS 样式”面板顶部是“全部”和“正在”两个切换按钮，可以在两种模式之间切换。这里默认的是“正在”模式，现在单击“全部”按钮。

（4）此时的“CSS 样式”面板未做任何设置，单击“CSS 样式”面板底部的“新建 CSS 规则”按钮，准备创建 CSS 规则。

（5）单击“新建 CSS 规则”按钮后，就会弹出“新建 CSS 规则”对话框，在该对话框中“名称”右边的方框内输入 CSS 样式的名称.title，“定义在”列表处单击“仅对该文档”单选按钮，如图 3-17 所示。

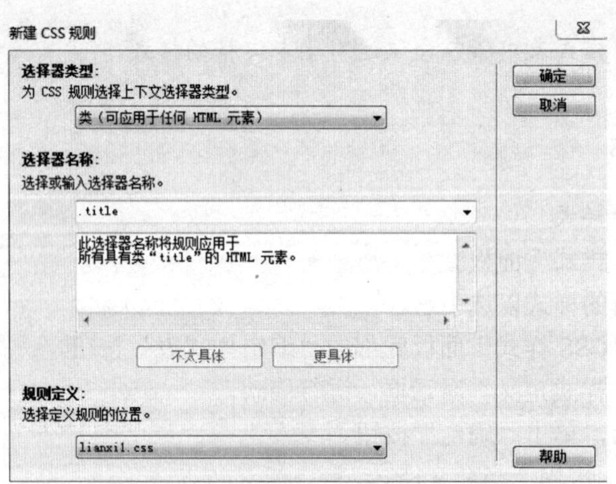

图 3-17　为文档标题新建 CSS 规则

（6）单击“确定”按钮，弹出“.title 的 CSS 规则定义”对话框。

（7）在“分类选项”列表中默认的是“类型”，这里保持默认，在右边设置区的“字体”列表中选择要定义的某种字体。

（8）如果“字体”列表中没有所需要的字体，单击“字体”列表中的“编辑字体列表”选项，就会弹出“编辑字体列表”对话框，从右边的“可选字体”列表中选择字体，单击“向左”按钮添加到左边的“选择的字体”列表中。

（9）把所有需要的字体都添加到左边的“选择的字体”列表中，如果左边有些字体不需要，可以将其选中后单击“向右”按钮，从列表中删除。

（10）字体添加到“选择的字体”列表后，单击“确定”按钮，添加的字体出现在“字体”列表中。选择了需要的字体后，设置 Font-family 为“黑体”、Font-size 为 24、Line-height 为：26、Color 为#F33（橘红），如图 3-18 所示。

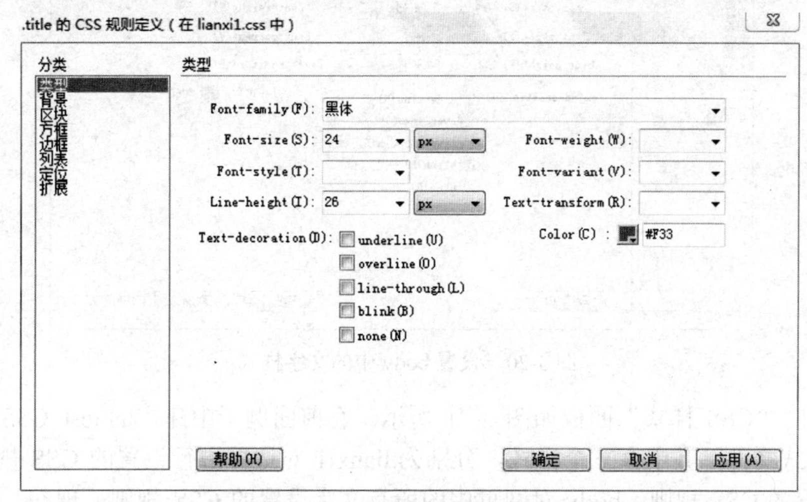

图 3-18　标题文字样式设置

（11）单击“确定”按钮，至此对文本标题的样式.title 的设置就完成了。

2. 网页中标题以外文字样式的设置

现在来设置内容文本样式，设置的方法与设置标题文本样式一样。只是样式名称要另取一个以便与标题样式区分。例如可以设置为.text。这里可以通过对页面样式设置，设置网页中除了标题以外的其他文字样式。

（1）新建 CSS 规则，“选择器类型”为“标签（重新定义 HTML 元素）”；“选择器名称”为 body（对整个页面样式进行设置）；“规则定义”的位置为 lianxi1.css 样式文件中。如图 3-19 所示。

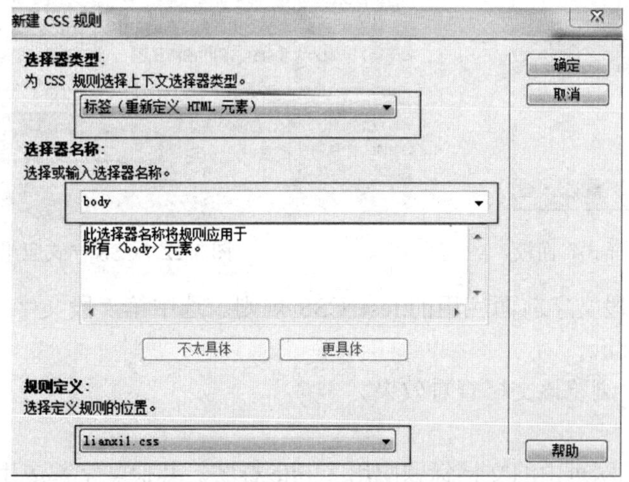

图 3-19　通过 body 样式设置页面文字样式

（2）对 body 中的文字进行设置，如图 3-20 所示。Font-family 为“宋体”；Font-size 为 14px；Line-height 为 25px；color 为“#060（绿色）”。

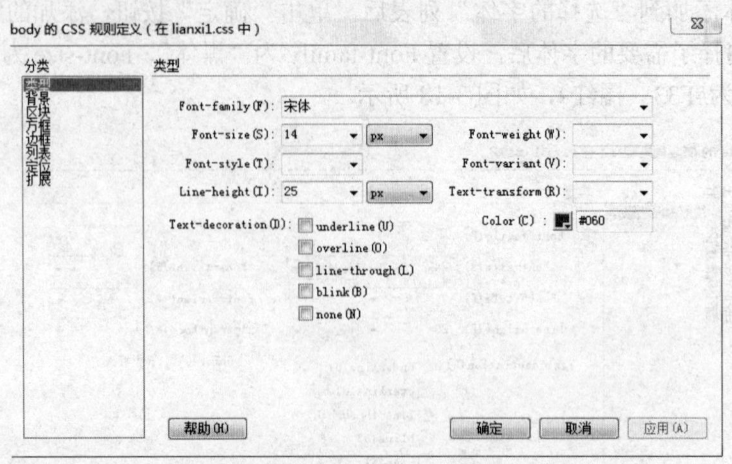

图 3-20　设置 body 中的文字样式

（3）此时“CSS 样式”面板如图 3-21 所示。有前面例子中建立的.test CSS 规则，还有 lianxi1.css 样式文件，其中有三个样式，分别为.lianxi1 对边框进行设置的 CSS 规则、.title 对文字标题设置的 CSS 规则、body 对网页中的所有文字设置的 CSS 规则。现在，body 中的对文字的 CSS 规则已经起了作用。除了使用前面例子中.test 所修饰的文字以外，其他文字均应用了 body 中的样式。

（4）接着在网页中文档标题使用.title 样式。首先，选中标题，在对应的属性栏中设置“类”为 title，如图 3-22 所示。

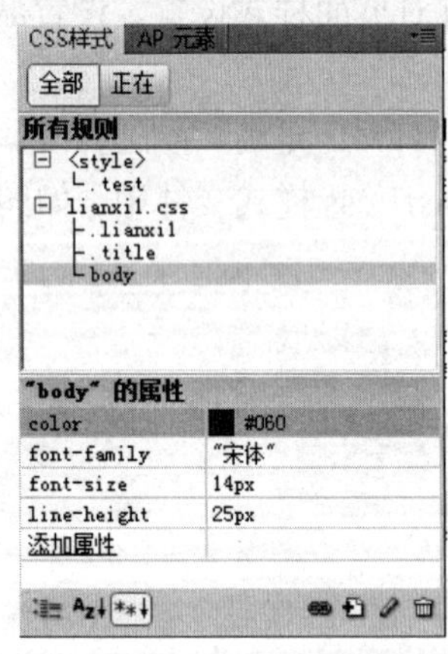

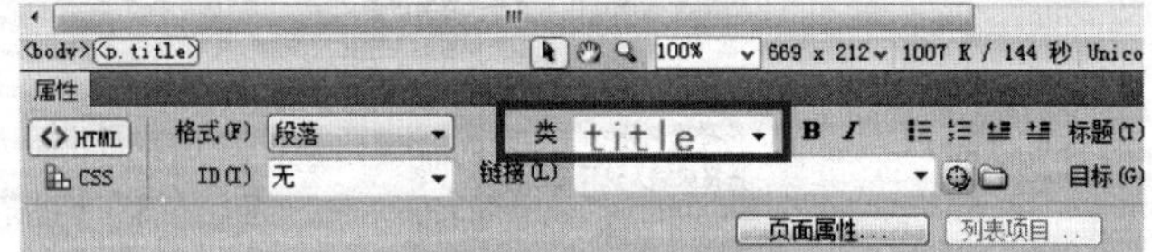

图 3-21　“CSS 样式”面板　　　　图 3-22　CSS 样式应用

（5）删除第一段文字前面应用的.test CSS 规则。选中第一段文字，在属性栏类中选择“无”，如图 3-23 所示。

最后保存文档，浏览该文档查看效果。

3. 编辑样式

通过浏览发现，网页中的文档标题应用了.title 样式。其他文字都应用了 body 样式中定义的样式。文档中大标题没有居中对齐，每个段落都没有进行首行缩进，而且整个网页靠左显示

（希望居中）。为此要对上面创建的样式文件进行修改。

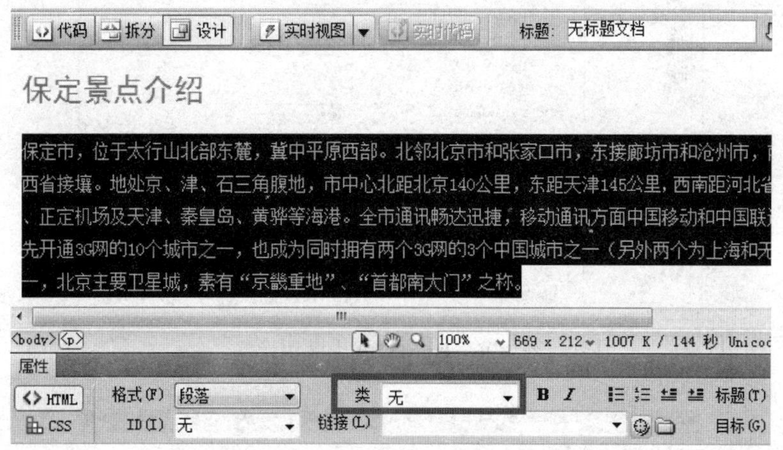

图 3-23　取消类 CSS 规则应用

（1）在样式面板中选中需要修改的 CSS 样式规则.title，双击或单击“CSS 样式”面板下方的“修改”按钮，如图 3-24 所示。弹出“CSS 规则定义”面板，选择分类中的“区块”，设置 Text-align 为 center，如图 3-25 所示。

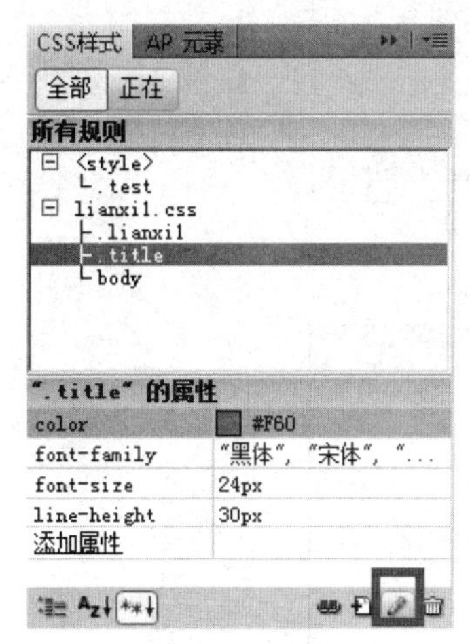

图 3-24　编辑已有样式

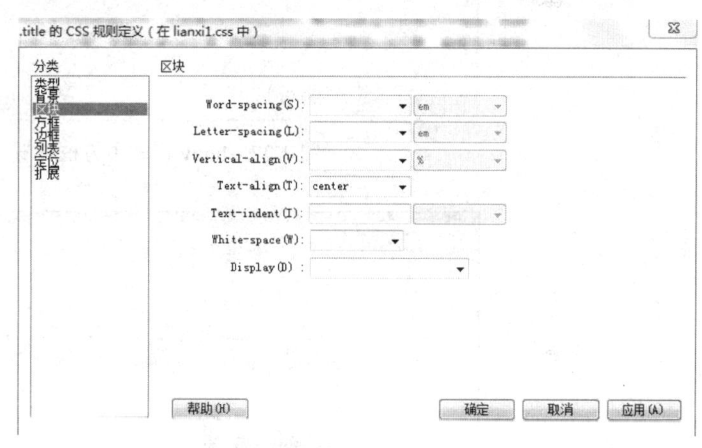

图 3-25　编辑 title 的“区块”面板

（2）双击 body 样式，打开 body 的“CSS 规则定义”面板，编辑“区块”面板中的 Text-indent 为 2ems，即首行缩进 2 字符的宽度，如图 3-26 所示。单击“方框”，打开“方框”面板，设置 Width 为 800px；Padding 项勾选“全部相同”复选框，将 top、right、bottom、left 设置为 5px，即网页中的元素距离 body 区域边框的距离上、右、下、左均为 5 个像素。设置 Margin 项中 Top 与 Bottom 的值为 0px，Right 与 Left 的值为 auto，即使 body 区域与浏览器上下没有距离，并水平居中，如图 3-27 所示。

此时网页中应用样式的相应元素外观发生了变化，按 F12 键预览，可以看到大标题居中显示，同时每个段落首行缩进了两个字符，网页内容居中显示，如图 3-28 所示。对 body 样式的定义也可以同过属性面板中的“页面设置”按钮打开“页面设置”对话框进行设置和编辑网页中的字体等元素的 CSS 规则，这里不再叙述。

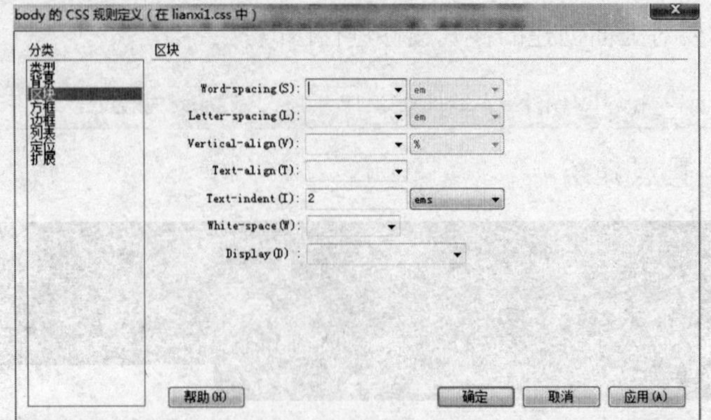

图 3-26　body 样式中区块设置

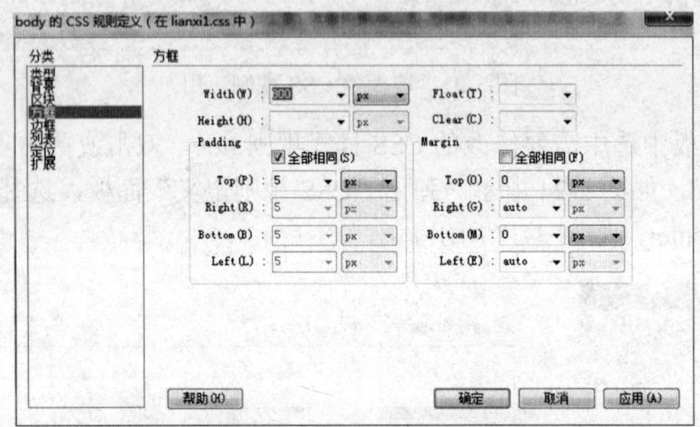

图 3-27　body 样式中方框设置

图 3-28　文字设置效果

3.3.2　使用 CSS 设置图片格式

1. 创建图片样式.p1

接着为首页中的图片设置样式。打开“CSS 样式”面板，新建样式.p1，如图 3-29（a）所示。在“方框”面板中设置图片的宽和高 Width：300px，Height：100px，设置图片的对齐方式为左对齐 Float：left；Margin：Top 为 5px；Margin：right 为 20px；Margin：bottom 为 5px，

即设置图片边框与上、下和右边网页元素的距离。设置 Padding 的 Top、Right、Bottom、Left 的值都相同，为 2px，即使得图片边框与图片内容有 2px 的间隔。如图 3-29（b）所示。在“边框”面板中设置图片上、下、左、右的边框为实线 Style：solid；线条为两个像素宽 Width：4px；线条颜色设为橘色 Color：#F63，如图 3-29（c）所示。

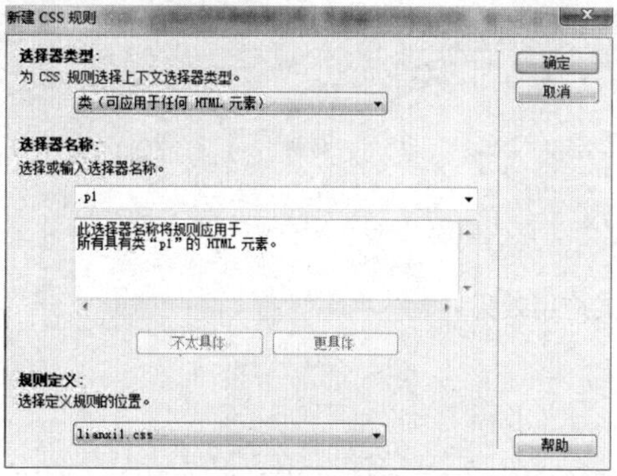

（a） 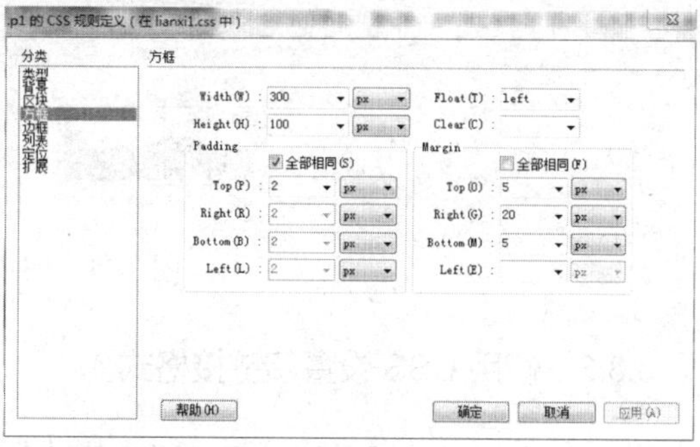　　　　（b）

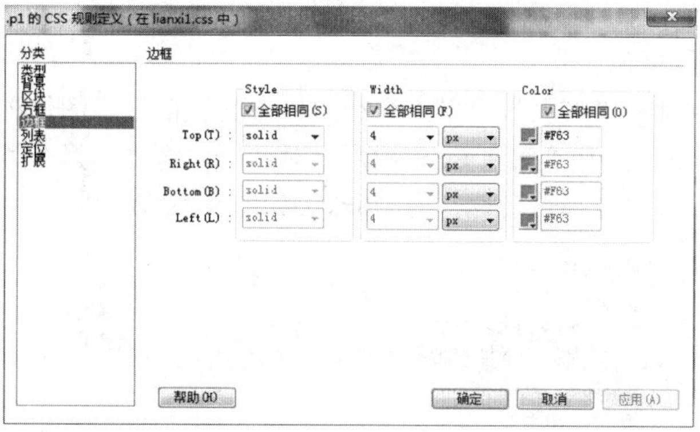

（c）

图 3-29　.p1 的 CSS 规则设置

2. 应用.p1 样式

在 Dreamweaver 中选中要应用样式的图片，在属性栏的“类”中选择要使用的样式，如图 3-30 所示，网页整体效果如图 3-31 所示。

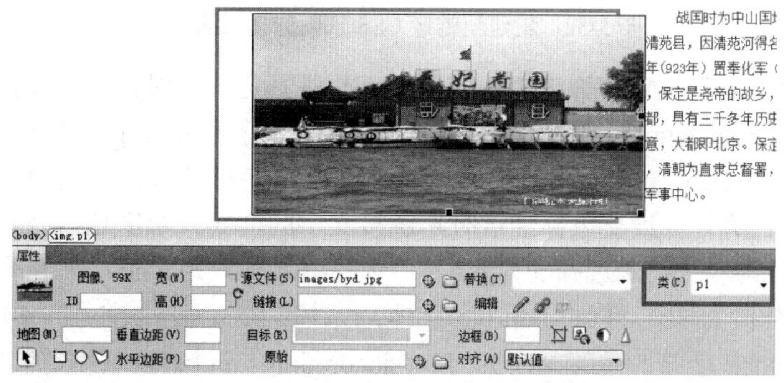

图 3-30　图片样式应用

图 3-31 图片样式应用效果

3.3.3 使用 CSS 设置超链接格式

下面在 Dreamweaver 中通过“CSS 样式”面板给网页中顶部的“首页”、“景点介绍”、“人文风情”、“图片浏览”四个超链接设置 CSS 样式。使超链接文字在正常浏览状态下不加下划线、文字颜色为深绿色、加粗；鼠标经过超链接时文字颜色变为橘色加下划线；单击后使超链接文字去掉下划线保持橘色。

（1）选中网页顶部的“首页”、“景点介绍”、“人文风情”、“图片浏览”四个文字导航。打开“CSS 样式”面板。打开“新建 CSS 规则”对话框，将“选择器类型”设置为“复合内容（基于选择的内容）”，“选择器名称”为 a:link，如图 3-32 所示。

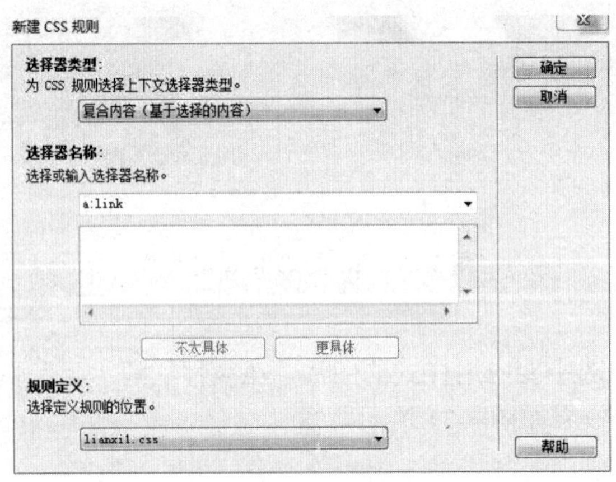

图 3-32 新建超链接 CSS 规则选择器的选择

（2）单击“确定”按钮，弹出“a:link 的 CSS 规则定义”对话框。设置超链接在正常状态下的文字样式。Font-family（字体）：宋体；Font-size（字号）：14px；Font-weight：bold（粗体）；Color（字符颜色）：#06f；Text-decoration：none（字符装饰为“无”），如图 3-33 所示。

（3）用同样的方法，设置鼠标经过时超链接文字的样式。新建 CSS 规则，将“选择器类型”设置为“复合内容（基于选择的内容）”，“选择器名称”为 a:hover，在弹出的对话框中设置鼠标经过时超链接的样式。Font-family（字体）:宋体；Font-size（字号）：14px；Font-weight：bold（粗体）；Color（字符颜色）：#F63；Text-decoration：underline（字符装饰为“下划线”），如图 3-34 所示。

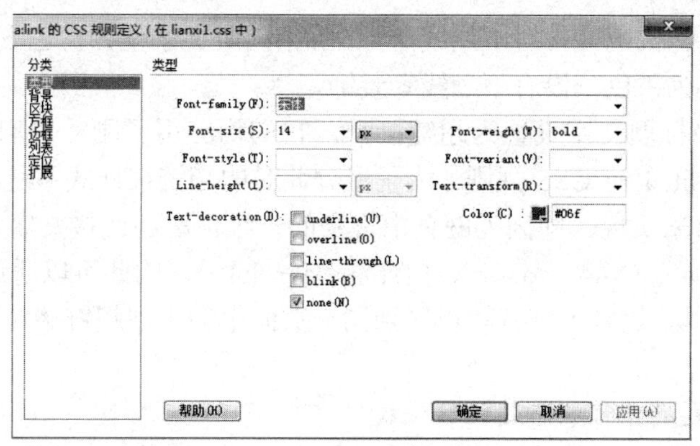

图 3-33　“a:link 类型”面板设置超链接正常状态样式

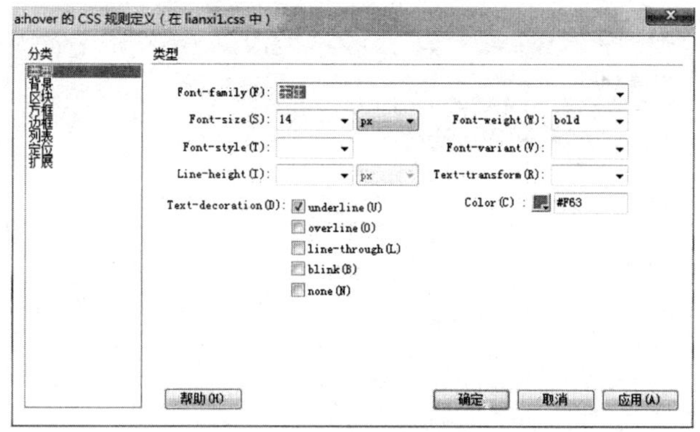

图 3-34　“a:hover 类型”面板设置鼠标指向超链接文字样式

（4）用同样的方法设置访问后的超链接文字样式。新建 CSS 规则，将“选择器类型”设置为“复合内容（基于选择的内容）”，“选择器名称”为 a:visited，在弹出的对话框中设置鼠标经过时超链接的样式。Font-family（字体）：宋体；Font-size（字号）：14px；Font-weight：bold（粗体）；Color（字符颜色）：#F63；Text-decoration：none（字符装饰为“无”），如图 3-35 所示。

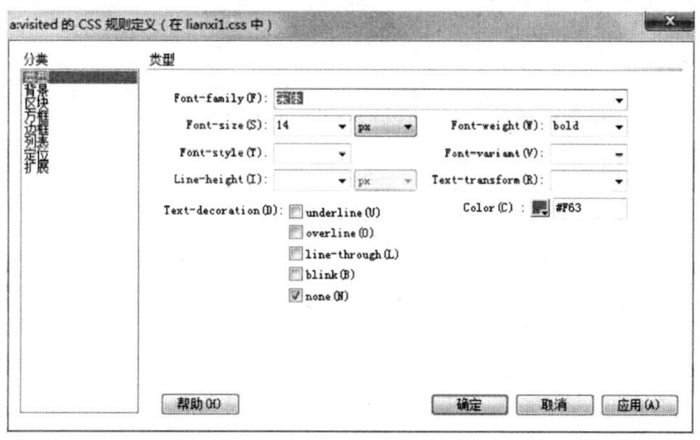

图 3-35　“a:visited 类型”面板设置超链接访问过后的样式

3.3.4　同一页内设置不同的超链接

另外，还要给网页文档中的一级标题文字加上超链接，并设置与导航不同的超链接样式。

要求在正常状态文字为橘色并带有下划线，当鼠标指向时文字变为蓝色没有下划线等装饰。当超链接访问过后文字为黑色，没有下划线等装饰。

此时，当把一级标题文字设置为超链接时，它们均应用了刚才我们针对<a>标记设计的a:link，a:hover，a:visited 的 CSS 规则。为了区分此时的超链接样式不是刚才的超链接样式，可以利用复合选择器来实现。即因为网页中文档的一级标题超链接文字对应的标签是包含在<h4></h4>中的<a></a>,（<h4> <a >一、白洋淀</a></h4>），因此可以通过使用复合选择器 h4 a:link 来区别于 a:link，这种方式就可以区别同一页面中的不同超链接对象，为超链接设计应用不同的 CSS 样式。

1. 设置一级标题的正常状态超链接样式

（1）新建 CSS 规则，将“选择器类型”设置为“复合内容（基于选择的内容)”，“选择器名称”为“h4 a:link”，如图 3-36 所示。

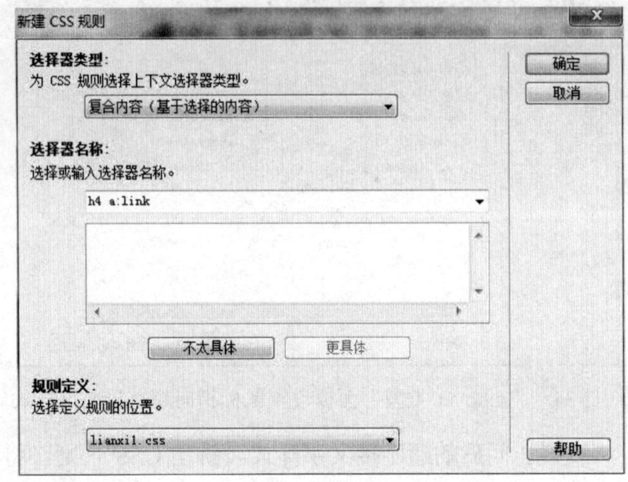

图 3-36　复合选择器

（2）在弹出的对话框中设置鼠标经过时超链接的样式。Font-family（字体）：宋体；Font-size（字号）：14px；Color（字符颜色）：#F63（橘色）；Text-decoration：underline（加下划线），如图 3-36 所示。

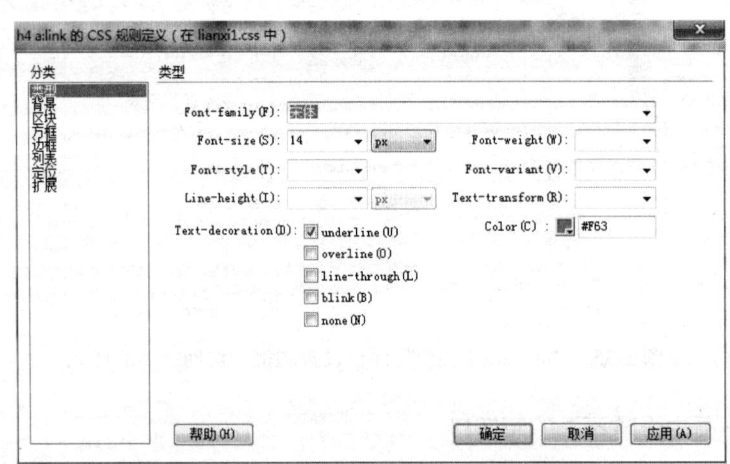

图 3-37　设置一级标题的正常状态超链接样式

2. 设置一级标题的鼠标指向状态的超链接样式

（1）新建 CSS 规则，将“选择器类型”设置为“复合内容（基于选择的内容）”，“选择器名称”为“h4 a:hover”。

（2）在弹出的对话框中设置鼠标经过时超链接的样式。Font-family（字体）：宋体；Font-size（字号）：14px；Color（字符颜色）：#06F（蓝色）；Text-decoration：none（字符装饰为“无”），如图 3-37 所示。

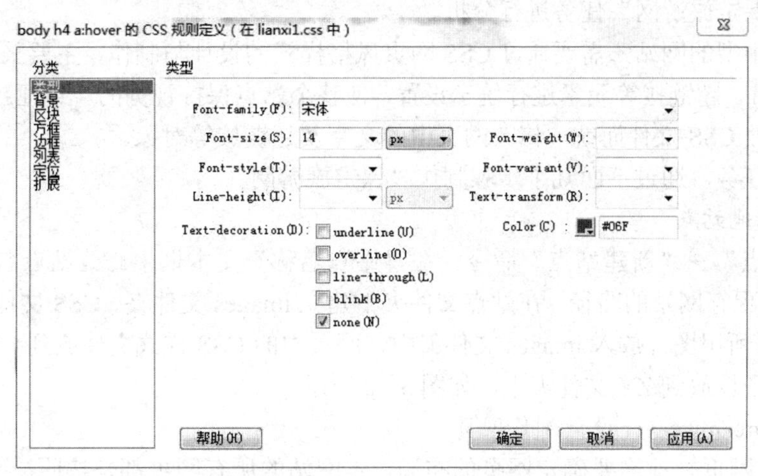

图 3-38　设置一级标题的鼠标指向状态超链接样式

3. 设置一级标题的访问过状态的超链接样式

（1）新建 CSS 规则，将“选择器类型”设置为“复合内容（基于选择的内容）”，“选择器名称”为“h4 a:visited”。

（2）在弹出的对话框中设置鼠标经过时超链接的样式。Font-family（字体）：宋体；Font-size（字号）：14px；Color（字符颜色）：#000（黑色）；Text-decoration：none（字符装饰为“无”）。

按 F12 键可以预览网页效果，如图 3-39 所示。

图 3-39　超链接效果预览

3.4 实践与运用——“保定旅游网”的设计与制作

通过以上对CSS基本概念、CSS样式的创建、CSS样式的应用等内容的学习，我们对CSS样式的设置与应用有了一个简单的认识。下面通过一个具体的实例，将网页内容设计（html）与网页表现设置（CSS）等内容综合起来，完成“保定旅游网”的设计与制作。在制作网站之前，首先对“保定旅游网”任务进行分析。

这是一个中型的网站，需要通过CSS网页风格样式的设计与制作，主要采用CSS对网页中的文本、图片、超链接等元素进行统一设置，使整个站点保持视觉的一致性。在网页风格更换时，通过修改CSS文件而统一修改网页中的文字及超链接等对象。

根据以上任务，通过下面几个步骤制作“保定旅游网”。

1. 创建本地站点

选择“站点”→“新建站点”命令，在“站点名称”文本框中修改站点名称为“保定旅游网站”，选择保存网站的路径。在站点文件夹下建立images文件夹、CSS文件夹和子页文件夹ZY，将网页所用图片放入images文件夹中，网页中的CSS样式文件放到CSS文件夹中，网页中的所有子页放到ZY文件夹中，如图3-40所示。

2. 使用Dreamweaver设计制作网页

（1）制作网页之前需要确定网页的布局，本网站的所有网页都是按照一种方式布局的，如图3-41所示。主要banner（使用做好的图片）将网页的主旨显示出来；导航由文字超链接构成，方便浏览；网页内容区域由图片和文字构成；网页的最下面是版权信息，如图3-41所示。

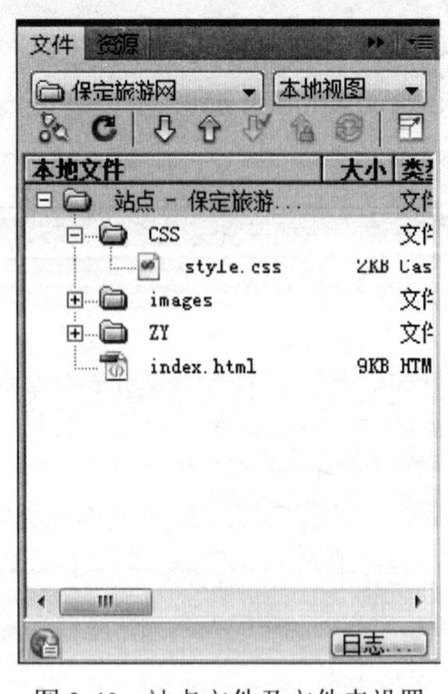

图3-40 站点文件及文件夹设置

图3-41 页面布局设置

（2）网页使用表格布局。选择“插入”→“表格”命令。在弹出的“表格”的对话框中，设置表格为4行1列、表格宽为800像素、边框粗细设为0，如图3-42所示（第1行放置banner图片，第2行放置导航文字，第3行放置网页主要内容，第4行放置版权信息）。

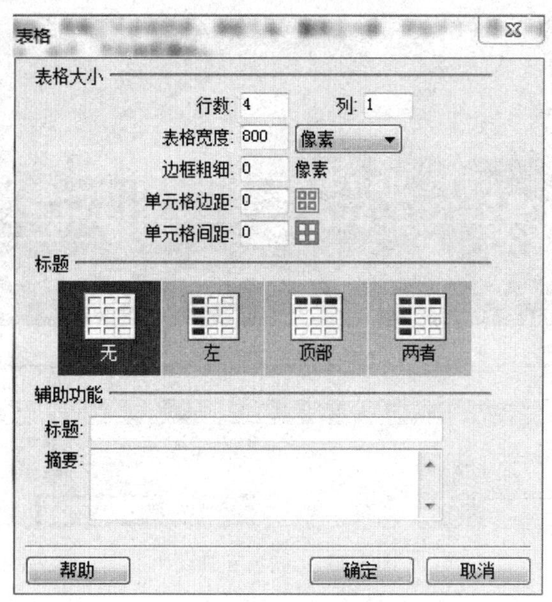

图 3-42　使用表格布局

（3）插入 banner 图片。在表格中第 1 个单元格内插入图片。单击表格内部的第 1 个单元格，选择“插入”→“图像”命令，先后选择 images 文件中的 banner.jpg。选中图片，在对应的属性栏中修改图片的大小，设置 banner.jpg 的宽为 800，高为 200，如图 3-43 所示。

图 3-43　网页页头设计

（4）在第 2 个单元格内写入导航文字“首页”、“景点介绍”、“人文风情”、“图片浏览”并给它们加上超链接。单击第 2 个单元格，在属性栏中设置单元格背景颜色为#333333，如图 3-43 所示。

（5）编辑正文内容，单击第 3 个单元格将正文文字及图片导入，选中正文中的大标题文字，在属性栏中设置“格式”为标题 1；分别选中正文中的二级标题，在属性栏中设置“格式”为“标题 4”，并分别给它们设置超链接，使其链接到不同的子页中。另外再给第 3 个单元格加上背景颜色为#FFFFFF（白色），如图 3-44 所示。

保定旅游
Baoding
Travel
现为大北京经济圈中的两翼之一，北京主要卫星城"首都南大门"之称。
<body><table><tr><td>
100%
793 x 445
1101 K / 158 秒 Unicode (UTF-8)
属性
HTML
CSS
格式(F) 无
类 无
ID(I) 无
链接(L)
标题(T)
目标(G)
单元格
水平(Z) 默认
宽(W)
不换行(O)
背景颜色(G) #333333
页面属性...

图 3-43　网页导航设计

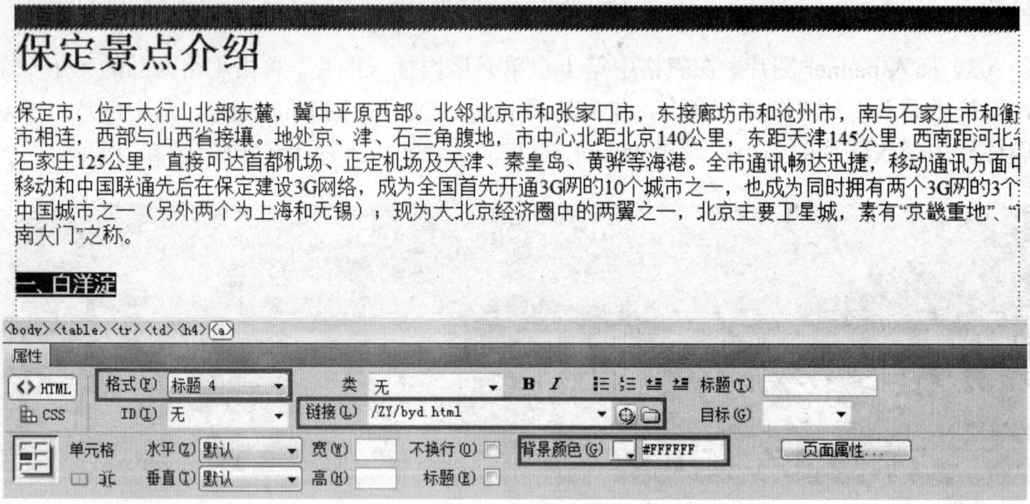
保定景点介绍
保定市，位于太行山北部东麓，冀中平原西部。北邻北京市和张家口市，东接廊坊市和沧州市，南与石家庄市和衡
市相连，西部与山西省接壤。地处京、津、石三角腹地，市中心北距北京140公里，东距天津145公里，西南距河北
石家庄125公里，直接可达首都机场、正定机场及天津、秦皇岛、黄骅等海港。全市通讯畅达迅捷，移动通讯方面中
移动和中国联通先后在保定建设3G网络，成为全国首先开通3G网的10个城市之一，也成为同时拥有两个3G网的3个
中国城市之一（另外两个为上海和无锡）；现为大北京经济圈中的两翼之一，北京主要卫星城，素有"京畿重地"、"
南大门"之称。
一、白洋淀
<body><table><tr><td><h4><a>
属性
HTML
CSS
格式(F) 标题 4
类 无
ID(I) 无
链接(L) /ZY/byd.html
标题(T)
目标(G)
单元格
水平(Z) 默认
垂直(T) 默认
宽(W)
高(H)
不换行(O)
标题(E)
背景颜色(G) #FFFFFF
页面属性...

图 3-44　设置标题及单元格背景色

（6）在表格的第 4 个单元格中插入版权和联系方式等信息，并设置单元背景颜色为深灰色（#333333），如图 3-45 所示。

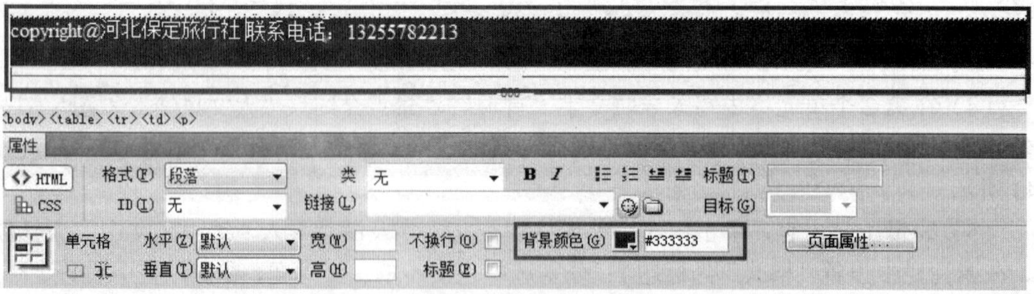
copyright@河北保定旅行社 联系电话：13255782213
<body><table><tr><td><p>
属性
HTML
CSS
格式(F) 段落
类 无
ID(I) 无
链接(L)
标题(T)
目标(G)
单元格
水平(Z) 默认
垂直(T) 默认
宽(W)
高(H)
不换行(O)
标题(E)
背景颜色(G) #333333
页面属性...

图 3-45　网页页脚设计

使用相同的方法创建首页中提到的八个景点相应的子页，在此不再详细叙述。

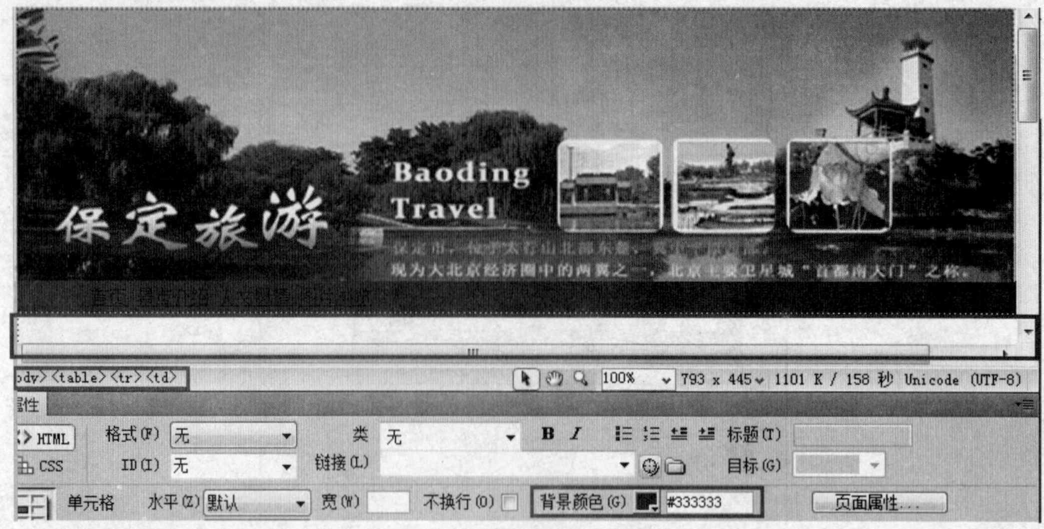

3. 使用 CSS 格式化网页外观

（1）为网页整体设置样式。打开“CSS 样式”面板，单击“新建样式”按钮，打开“新建 CSS 规则”对话框。“选择器类型”选择“标签（重新定义 HTML 元素）”；“选择器名称”选择 body；“规则定义”选择“新建样式表文件”；如图 3-46 所示，单击“确定”按钮。

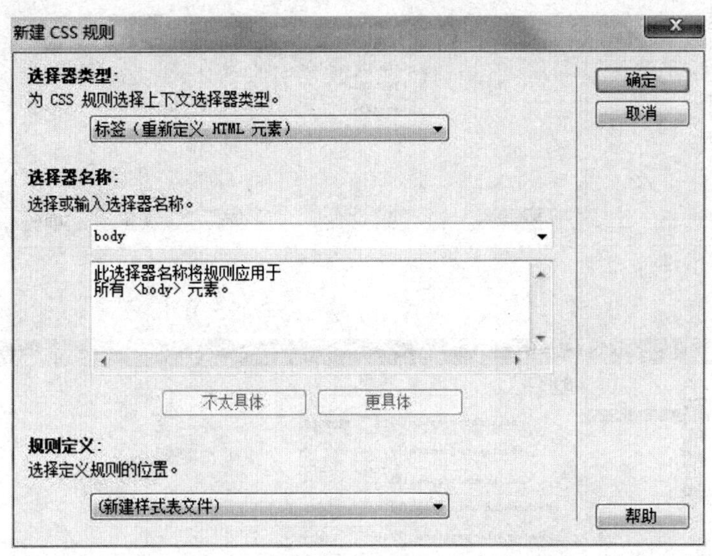

图 3-46　选择 body 标记为样式选择器

（2）打开“将样式表文件另存为”对话框，将其存放在站点根目录下的 CSS 文件夹中，文件名为 Style.css，如图 3-47 所示，单击“保存”按钮。

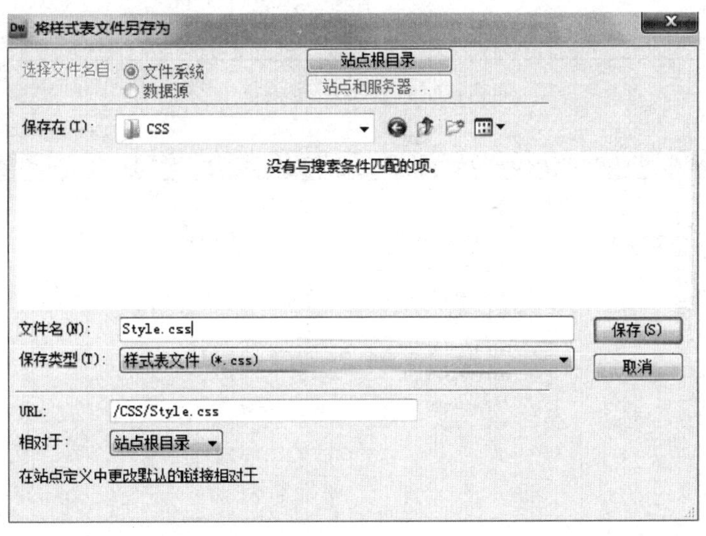

图 3-47　“将样式表文件另存为”对话框

（3）在弹出的 body 的“CSS 规则定义”对话框中设置页面样式。在“类型”选项卡中设置字体 Font-family：宋体；字号 Font-size：14px；字体颜色 Color：#000，如图 3-47（a）所示。选择“背景”选项卡，设置背景颜色 Background-color 为浅灰色：E8E8E8，如图 3-47（b）所示。在“区块”选项卡中设置首行缩进 Text-indent 为 2em，如图 3-47（c）所示。

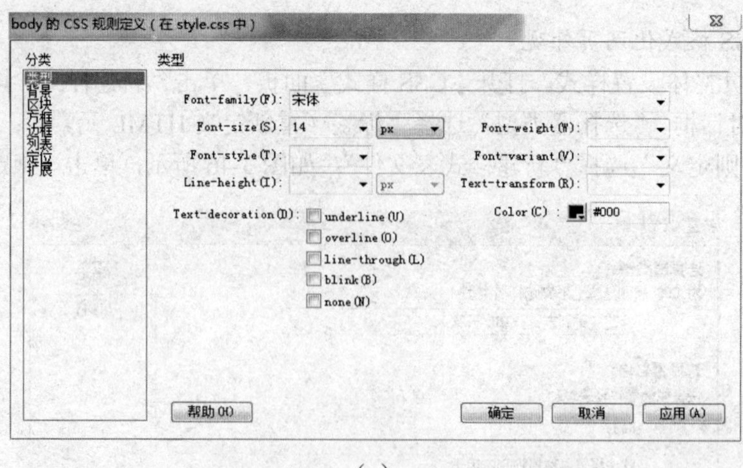

（a）

（b）

（c）

图 3-47　body 样式设置

（4）给表格的第 1 个单元格设置样式 TD1，将首航缩进 text-indent 的值设置为 0，margin 和 padding 的值设置为 0，使之结合紧密，过渡自然，如图 3-48 所示。

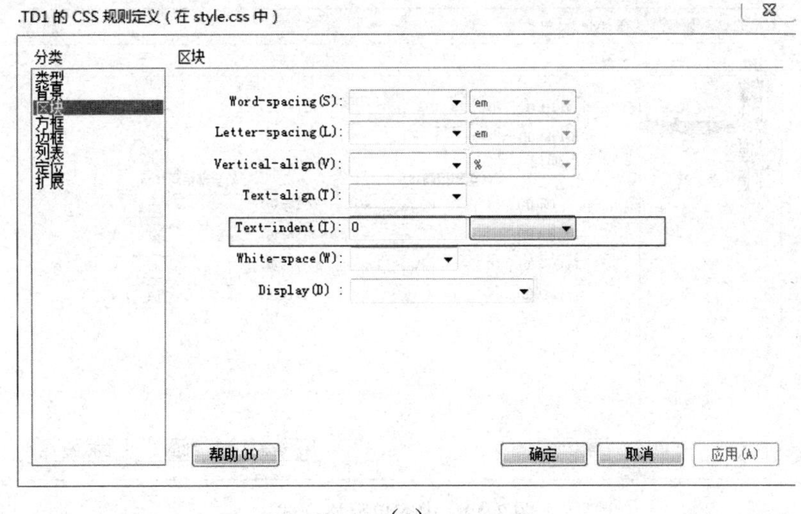

（a）

（b）

图 3-48　TD1 第 1 个单元格样式设置

（5）新建正文图片的样式.p1。按照 3.3.2 节中所述的方式，设置图片格式，在此不再详细介绍。

（6）新建超链接的样式。按照 3.3.3 节和 3.3.4 节中所述的方式分别设计网页中导航文字超链接样式和正文中一级标题的超链接样式，使其正常状态为黄色，鼠标经过时为橙色加下划线，访问过后文字颜色为白色；正文中一级标题的超链接正常状态为蓝色并加有下划线，鼠标经过时为橙色，访问过后为绿色，在此不再详细介绍。

（7）新建网页正文中大标题样式.title 和页脚文字样式.footer。按照 3.3.1 节叙述的方法将标题样式.title 设置为宋体，24 号，加粗，橙色，居中。将页脚文字样式.footer 设置为宋体，12 号，白色，居中，在此不再详细叙述。

（8）新建单元格的样式 TD2。使第 2、第 3、第 4 个单元格中的内容与单元格边框上、下、左、右均保持 5 个像素的距离。打开“新建 CSS 规则”对话框，选择“方框”，如图 3-49 所示。

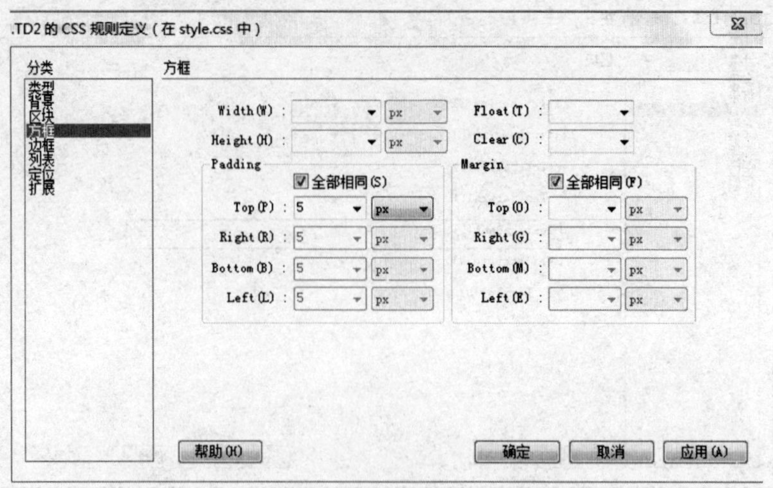

图 3-49　内容单元格样式

（9）设置子页应用 Style.css 样式文件，统一网页外观。打开相应子页，在“CSS 样式”面板中单击“附加样式表”按钮，弹出“链接外部样式表”对话框，选择文件路径，添加为“链接”。如图 3-50 所示，使子页中对应的元素应用 Style.css 中的样式。

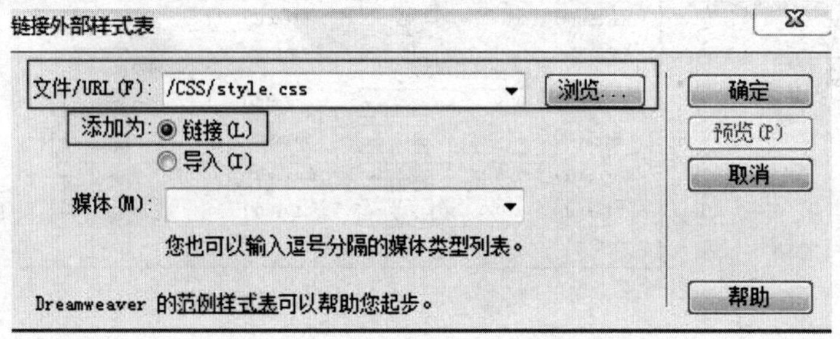

图 3-50　“链接外部样式表”对话框

4. 保存网页

分别保存子页和首页，此时，单击 F12 键就可以预览网站效果了。

复习思考题

一、选择题

1. 在“新建 CSS 规则”对话框中，有（　）种选择器类型可供选择。

A．3　　B．4　　C．5　　D．2

2. 在 CSS 中 margin：2px 4px 4px 2px，请问这 4 个值分别属于（　）方位的。

A．上 右 左 下　　B．上 左 下 右

C．左 上 右 下　　D．上 右 下 左

3. 在 CSS 中，通过（　）在同一页面上设置不同的超链接。

A．伪类　　B．类

C．行内元素　　D．对象

4．通过 Dreamweaver 设置页面属性窗口可以设置的页面链接属性是（　）。

A．活动链接的颜色　　B．链接的下划线样式

C．图片的颜色　　D．默认文本的字体

5．在 Dreamweaver 中，不可对已有的样式进行的操作是（　）。

A．链接外部样式表　　B．修改样式表

C．无　　D．删除样式表

二、判断题

1．CSS 样式可以保存为 CSS 样式表，其后缀名为.css。（　）

2．CSS 样式表修改后所有应用样式表的网页都会自动更新。（　）

第 4 章　网页特效设计

【学习目标】

- 深入理解网页特效在网站中的点睛作用。
- 学会 Spry 菜单栏构件、Spry 折叠式构件和 Spry 选项卡构件的操作方法。
- 学会使用“行为”面板设置网页特效。
- 学会在网页中插入 Flash 等媒体对象。
- 学会在网上下载常用的网页特效代码并插入到网页中。
- 学会在网页中使用 AP Div 元素。

【引导案例】

为了使某旅游景点的网站吸引更多的访问者，使网站访问者能够在网站上驻留更长的时间，加深对网站的印象，在网页设计时，需要设计一款拼图游戏。该拼图游戏以旅游景点的特色图片为素材，访问者在拼接过程中，加长驻留时间，激发旅游兴趣。

【任务分析】

本任务需要将分割后的图像，按照图像的大小设置相应的 AP Div 元素，并将图像加入到对应的 AP Div 元素中；通过“行为”面板，为 AP Div 元素加上拖动的动作，即可完成拼图游戏的制作。

在切割图像时，需要用到图像处理软件 Photoshop。由于本实例中 Photoshop 操作比较简单，在读者尚未系统学习 Photoshop 时，按照示例即可完成有关操作。同时，提前使用 Photoshop 可以激发学生进一步学习 Photoshop 的兴趣。

4.1　使用 Spry 框架构件

Spry 在英语中是“充满生气的、活泼的、敏捷的”意思，Spry 框架是一个 JavaScript 和 CSS 库，网页设计者使用 Spry 框架构建能够向站点访问者提供更丰富体验的网页。Spry 框架中的每个构件都与唯一的 CSS 和 JavaScript 文件相关联。通过在网页中插入 Spry 框架，网页设计者可以使用 HTML、CSS 和 JavaScript 将数据合并到 HTML 文档中，向各种不同页面元素添加不同的效果。在 Dreamweaver 中使用 Spry 框架，Dreamweaver 会自动将这些文件进行关联，通过 Dreamweaver 属性栏设置 Spry 的相关参数，实现可视化编程。

4.1.1　使用 Spry 菜单栏构件

菜单栏构件是一组可导航的菜单按钮，在网站制作中具有十分广泛的应用。当访问者将光标停在其中的某个按钮上时，会自动弹出相应的子菜单。使用菜单栏构件可在较少的空间中显示大量的可导航信息，避免网页层层跳转带来的麻烦，提高网站的访问效率。

Dreamweaver CS4 提供了垂直和水平两种菜单栏构件，两种构件的操作方法大体类似，下面通过实例仅对水平构件的菜单栏进行讲解。

（1）插入菜单栏构件。新建站点后，新建一个网页文件，将光标放在文件窗口中，在“插入面板”的“布局”或 Spry 类别中单击“Spry 菜单栏”按钮，在弹出的对话框中选择“水平”布局，即可插入水平的菜单栏构件，如图 4-1 所示。

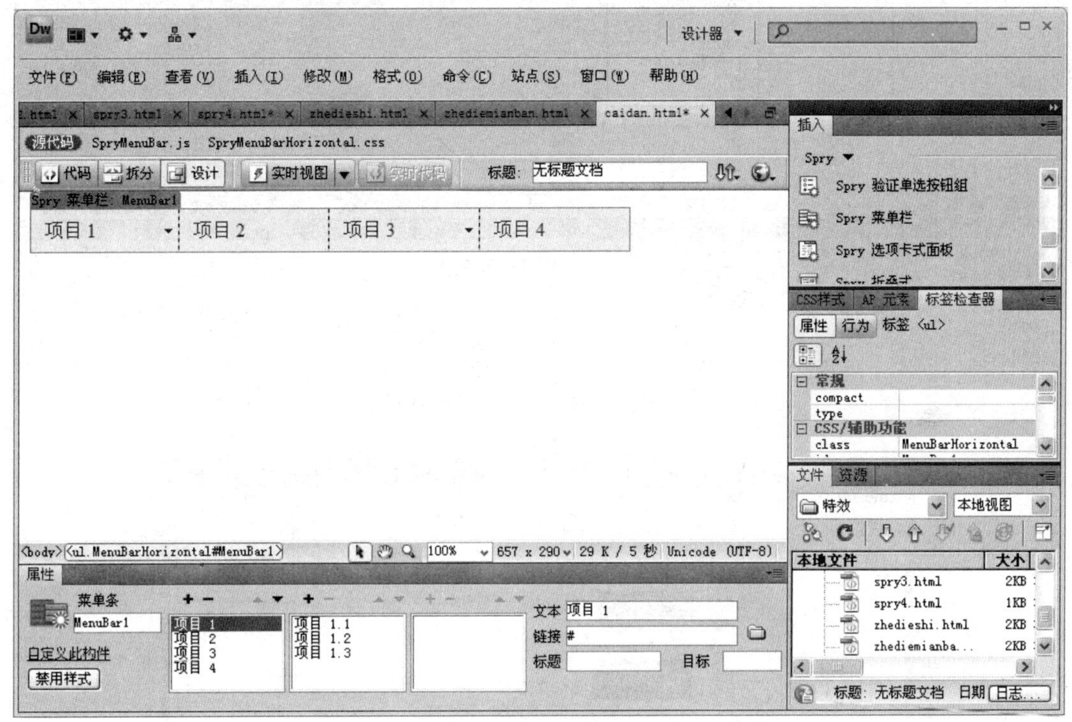

图 4-1　插入菜单栏构件

（2）编辑菜单栏构件。在文件窗口中单击“Spry 菜单”构件上方的蓝色选择柄，就可以选中该菜单栏构件。此时在 Dreamweaver 的属性面板中可以设置菜单栏构件的属性（参数），如图 4-1 所示。单击面板右侧的“+”和“-”可以增加或删除标签；选中相应的标签，单击面板右侧的箭头可以设置各标签的顺序。在属性面板右侧的“文本”中设置选中项目的文本，在“链接”中设置对应的链接地址。

在属性面板中单击左侧的“+”将标签的数量增加到 7 个，并在文件窗口中修改标签分别分：“软件工程系”、“网络工程系”、“数字传媒系”、“智能工程系”、“信息工程系”、“经济管理系”、“社会科学系”。在选中“数字传媒系”的情况下，单击属性面板中右侧的“+”，加入三个子项目，分别设置其文本内容为“动漫设计与制作专业”、“图形图像制作专业”、“计算机多媒体专业”，如图 4-2 所示。

（3）用同样的方法，设置其他项目（如软件工程系、网络工程系）对应的子项目及内容。

（4）保存网页，系统会自动将关联的 JavaScript 等文件拷贝到站点根目录。预览网页的结果如图 4-3 所示，当鼠标悬停在“数字传媒系”上时，会弹出子菜单。

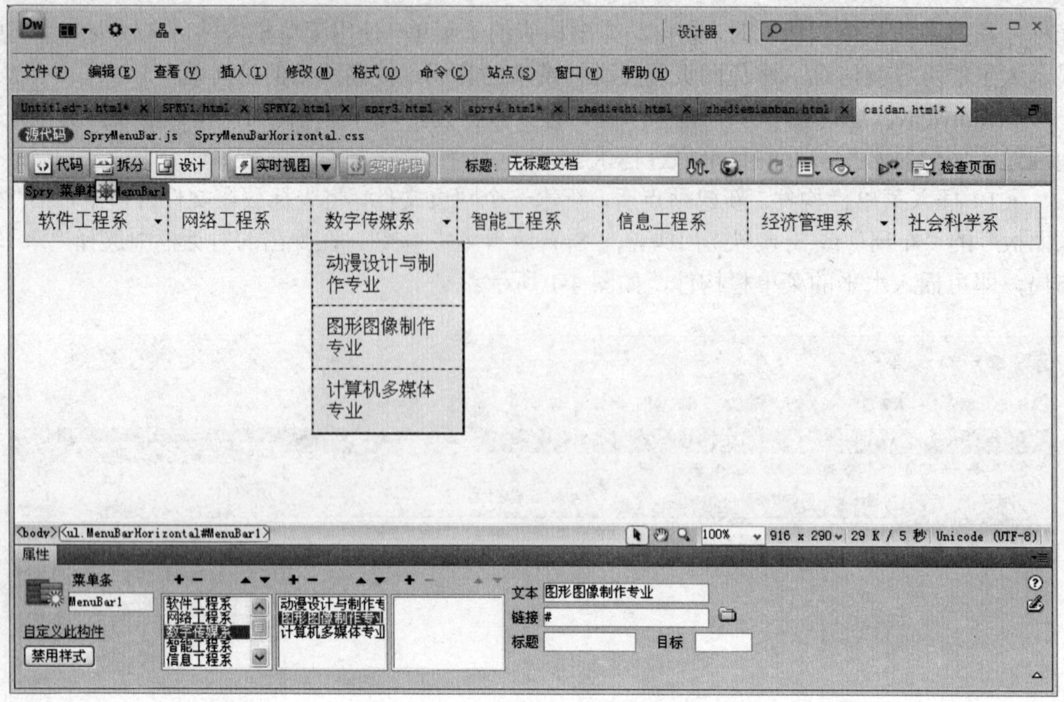

图 4-2 设置菜单栏构件的属性

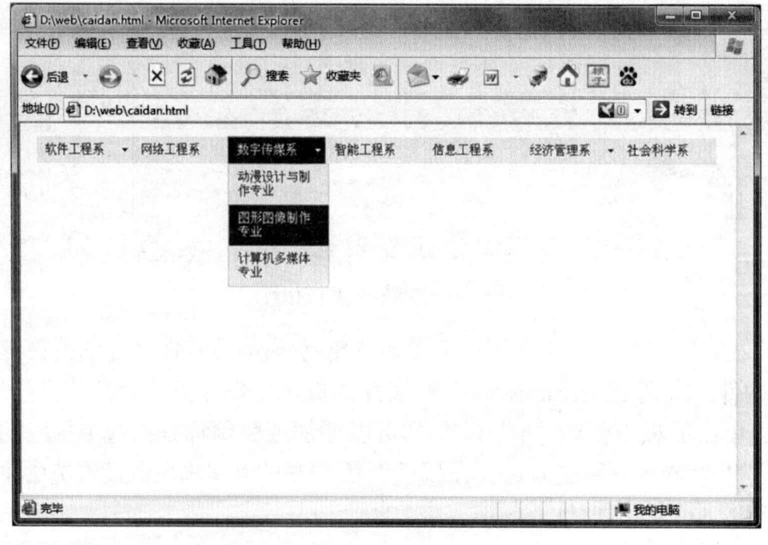

图 4-3 菜单栏构件的显示效果

4.1.2 使用 Spry 折叠式构件

折叠式构件是一组可折叠的面板，可以将大量的内容（包括文本信息、图片、表格等）存储在一个被折叠的空间中。当访问者单击该面板上的选项卡时，就可以显示被隐藏的内容。再次单击选项卡时，该信息就被隐藏起来，折叠式构件的面板会相应地展开或收缩。在折叠式构件的面板中，每次都只能有一个面板处于打开、可见的状态。

下面用一个实例来说明折叠式构件的使用方法：

（1）插入折叠式构件。新建站点后，新建一个网页文件，将光标放在文件窗口中，在“插入面板”的“布局”或 Spry 类别中单击“Spry 折叠式”按钮，即可插入折叠式构件，如图 4-4 所示。

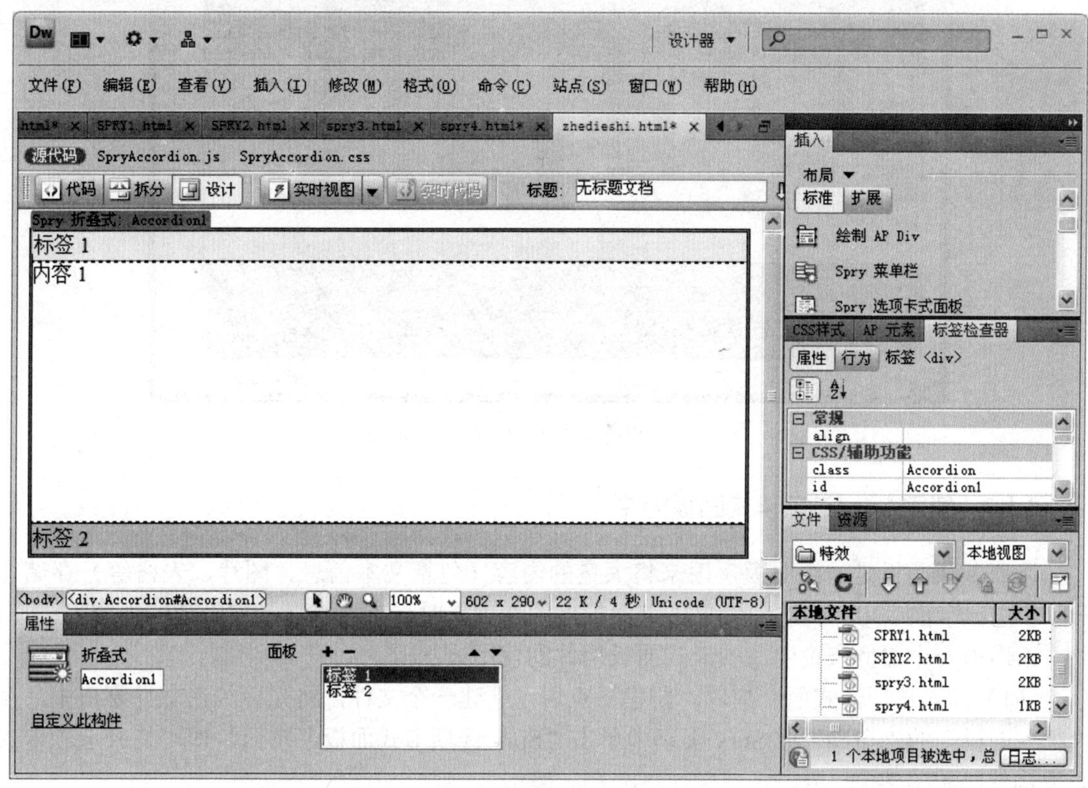

图 4-4　插入折叠式构建

（2）编辑折叠式构件。在文件窗口中单击“Spry 折叠式”构件上方的蓝色选择柄，就可以选中该折叠式构件。此时在 Dreamweaver 的属性面板中可以设置折叠式构件的属性（参数），如图 4-4 所示。单击面板右侧的“+”和“ ”可以增加或删除标签；选中相应的标签，单击面板右侧的箭头可以设置各标签的顺序。在属性面板中单击“+”将标签的数量增加到 7 个，并在文件窗口中修改标签分别分：“软件工程系”、“网络工程系”、“数字传媒系”、“智能工程系”、“信息工程系”、“经济管理系”、“社会科学系”。

（3）输入标签对应的内容。在图 4-4 中，可以在“标签 1”对应的“内容 1”中输入文本、图像、表格、超链接等网页元素。当光标移到“标签 2”左侧时，会出现一个大眼睛的图标，单击即显示“标签 2”对应的“内容 2”，同时隐藏“标签 1”对应的“内容 1”。在步骤（2）的基础上，在标签“软件工程系”对应的内容中输入“软件开发专业、对日软件专业、移动软件专业”，在标签“数字传媒系”对应的内容中输入“动漫设计与制作专业、图形图像制作专业、计算机多媒体专业”，依此类推，在其他选项卡中也输入相应的专业名称。

（4）保存网页，系统会自动将关联的 JavaScript 等文件拷贝到站点根目录。显示结果如图 4-5 所示。单击“数字传媒系”标签，则隐藏其他标签内容，显示“数字传媒系”对应的内容。

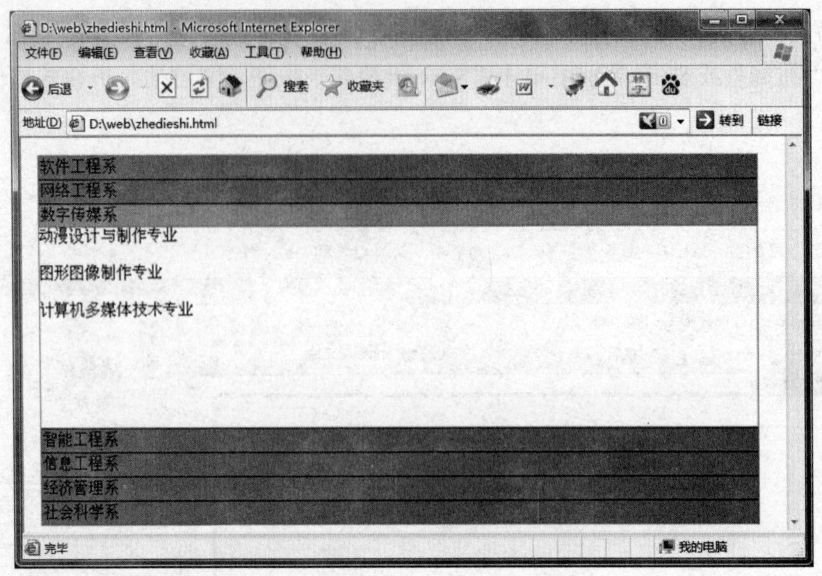

图 4-5　折叠式框架构件的显示效果

4.1.3　使用 Spry 选项卡式面板构件

选项卡式面板是一组面板，用来将大量的内容（包括文本信息、图片、表格等）存储在一个个选项卡面板中。当访问者单击该面板上的选项卡时，就可以显示被隐藏的内容。

下面用一个实例来说明选项卡式面板构件的使用方法：

（1）插入选项卡式面板构件。新建站点后，新建一个文件，将光标放在文件窗口中，在“插入面板”的“布局”或 Spry 类别中单击“Spry 选项卡式面板”按钮，即可打开选项卡式面板构件，如图 4-6 所示。

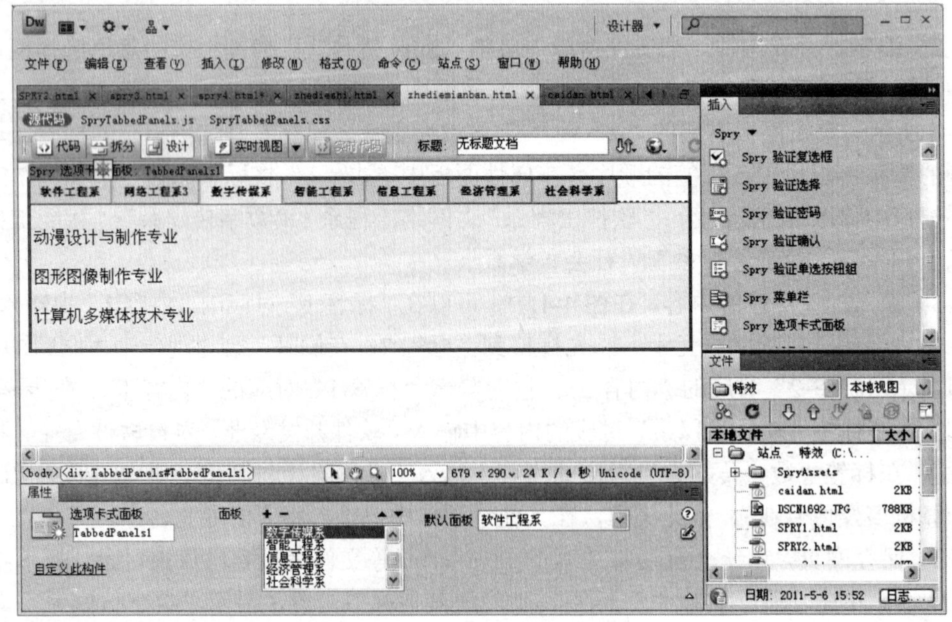

图 4-6　插入选项卡式面板构件

（2）编辑选项卡式面板构件。在文件窗口中单击“Spry 选项卡式面板”构件上方的蓝色选择柄，就可以选中该构件。此时在 Dreamweaver 的属性面板中可设置折叠式构件的属性（参数），如图 4-6 所示。单击面板右侧的“+”和“-”可以增加或删除标签；选中相应的标签，单击面板右侧的箭头可以设置各标签的顺序。在属性面板中单击“+”将标签的数量增加到 7 个，并在文件窗口中修改标签分别为：“软件工程系”、“网络工程系”、“数字传媒系”、“智能工程系”、“信息工程系”、“经济管理系”、“社会科学系”。

（3）输入标签对应的内容。在图 4-6 中，我们可以在“数字传媒系”中输入文本、图像、表格、超链接等网页元素。在步骤（2）的基础上，在标签“软件工程系”对应的内容中输入“软件开发专业、对日软件专业、移动软件专业”，在标签“数字传媒系”对应的内容中输入“动漫设计与制作专业、图形图像制作专业、计算机多媒体专业”，依此类推，在其他选项卡中也输入相应的专业名称。

（4）保存网页，系统会自动将关联的 JavaScript 等文件拷贝到站点根目录。显示结果如图 4-7 所示。单击“数字传媒系”标签，则隐藏其他标签内容，显示“数字传媒系”对应的内容。

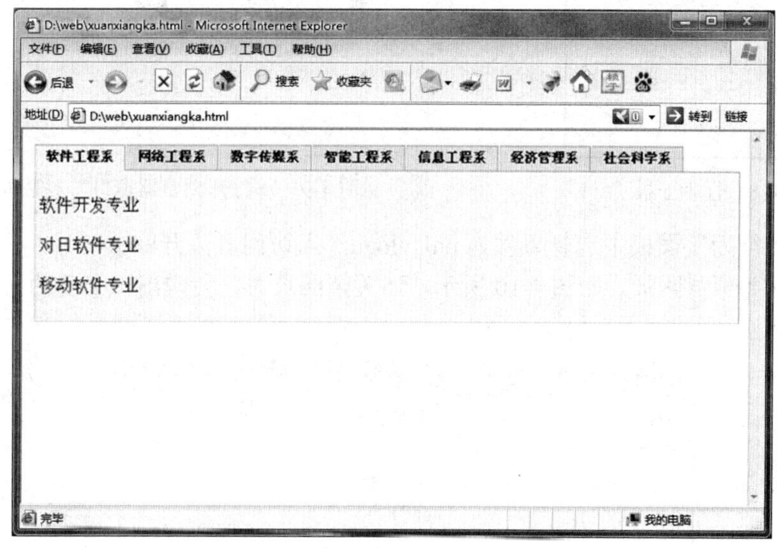

图 4-7　选项卡式面板构件的显示效果

4.2　行为

行为是为响应某一事件而采取的一个或多个动作，通过这些动作可以实现用户与网页的交互。Dreamweaver CS4 中集成了一些常用的行为，可用来自动实现网页的动态效果。一个完整的行为由事件和该事件触发的动作组成。事件是触发动作的原因，动作是事件触发的结果，例如“当鼠标移动到图像上，可以打开一个新的网页”，则“鼠标移动到图像上”就是事件，而“打开一个新的网页”就是动作，是事件触发的结果；再例如，有一些网页被关闭时，会弹出一个对话框，则“网页被关闭”是事件，而“弹出对话框”是动作。实际上，动作是预先编制好的一段 JavaScript 代码，用于完成某一特定的任务，在 Dreamweaver 中集成有一些常用的行为代码，可以让用户直接调用，而不用去编写代码。

4.2.1 设置行为

在 Dreamweaver 中，行为的设置可以通过“行为”面板来完成，如图 4-8 所示。图中是针对标签<body>的 onUnload 事件所触发的动作——“打开浏览器窗口”。下面通过本实例的制作过程学习如何在网页中添加行为。在本章最后一节通过拼图游戏的制作，再一次学习行为的设置。

（1）在工作窗口中选择<body>标签（实际上不选择任何网页元素就是选择了<body>标签），这一步选择了行为的对象。

（2）在“行为”面板中单击“+”号右侧的箭头，在出现的下拉菜单中选择动作——“打开浏览器窗口”，弹出“打开浏览器窗口对话框”，如图 4-9 所示；在“要显示的 URL”中选择要打开的网页的地址，单击“确定”按钮。

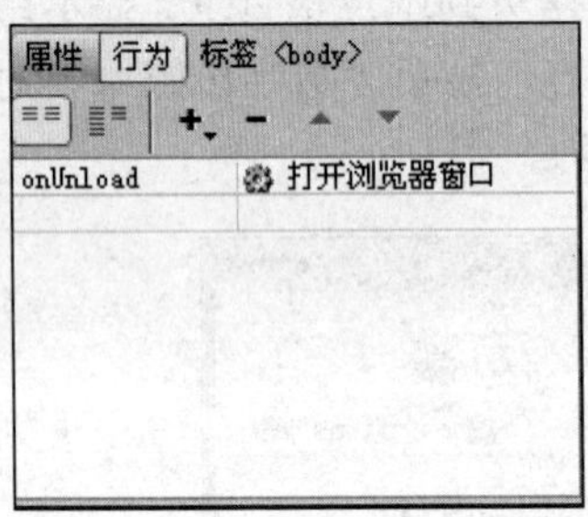

图 4-8 行为面板

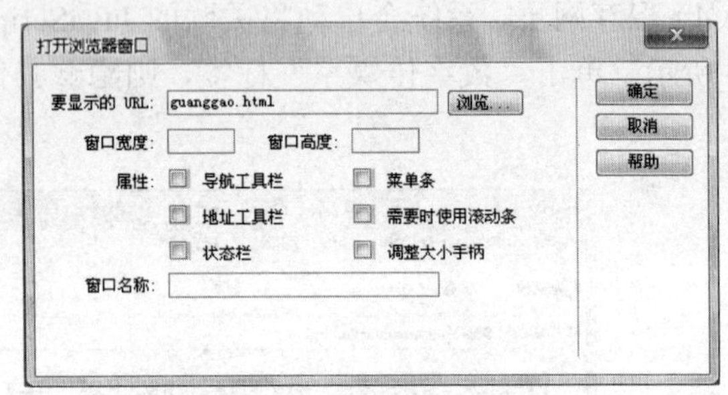

图 4-9 “打开浏览器窗口”对话框

（3）在“行为”面板中选择事件为 unUnload（当访问者离开网页时）。

（4）保存并预览网页。如图 4-10 所示，当关闭网页时，会弹出一个新的窗口，如图 4-11 所示。

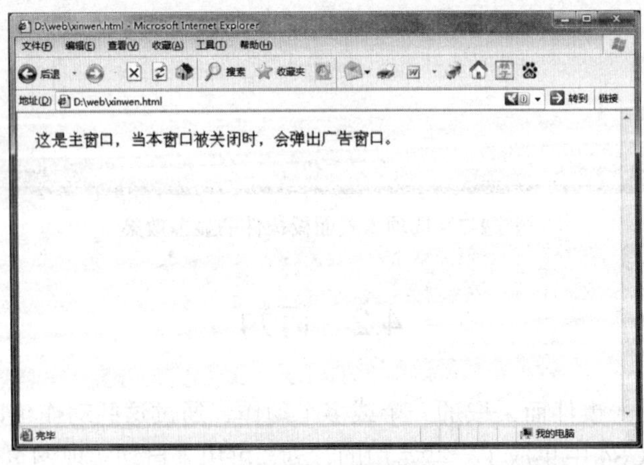

图 4-10 主窗口

通过以上实例可以看出，设置行为包括三个要素：第一个要素是针对网页中的什么元素进行设置，如本例中是对整个网页（标签<body>）进行设置；第二个要素是产生什么样的动作，本实例中是“打开新的浏览器窗口”；第三个要素是如何触发，即什么事件，本例中是关闭窗口（事件 unUnload）。通过三个要素的设置，产生的效果是当关闭网页时，打开一个新的浏览器窗口，如图 4-11 所示。

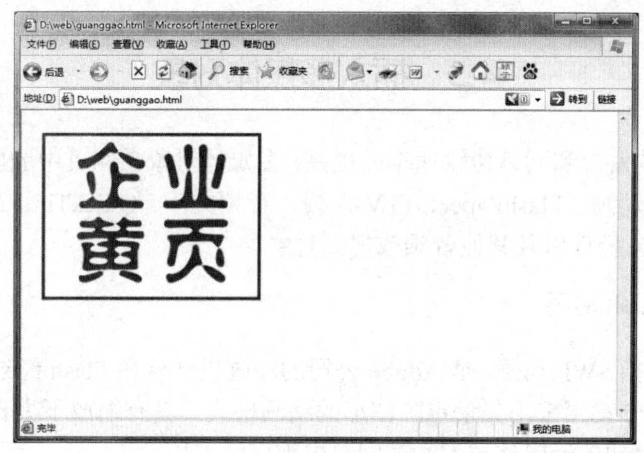

图 4-11　新打开的浏览器窗口

4.2.2　常用的事件及行为

常用的事件及其描述如下：

- onClick：当访问者在指定的元素上单击时。
- onDblClick：当访问者在指定的元素上双击时。
- onError：当浏览器在网页或图像载入产生错误时。
- onKeyDown：当在键盘上按任意键时。
- onKeyUp：当按下的键松开时。
- onKeyPress：当按下和松开任意键时。
- onLoad：当一图像或网页载入完成时。
- onUnload：当访问者离开网页时。
- onMouseDown：当访问者按下鼠标时。
- onMouseUp：当按下的鼠标弹起时。
- onMouseMove：当访问者移动鼠标时。
- onMouseOver：当鼠标移动到指定元素时。
- onMouseOut：当鼠标离开某一元素时。
- onScroll：当访问者拖动浏览器的滚动条时。
- onSelect：当访问者选择指定元素时。

常用的行为及其描述如下：

- 调用 JavaScript：指定当事件发生时，执行自定义的函数或 JavaScript 代码。
- 拖动 AP 元素：允许用户拖动 AP 元素（绝对定位元素），以实现某种特殊效果。使用此行为可以创建拼图游戏等可移动的界面元素。
- 转到 URL：可在当前窗口中打开一个新页面，此行为适用于通过一次单击更改两个或多个框架的内容。
- 播放声音：控制声音的播放，如每次光标滑过某个链接时播放声音效果，或为页面加上背景音乐。
- 弹出消息：弹出一个包含指定消息的窗口（如警告信息），可起到提示作用。
- 打开浏览器窗口：打开一个新的网页，经常用来制作广告。

4.3 插入多媒体对象

随着网络技术的发展和网络传输速率的提高，多媒体对象在网页中的应用越来越广泛。多媒体对象包括 SWF 动画、FlashPaper、FLV 视频、音频文件、QuickTime 或 Shockwave 影片、Java Applet、ActiveX 控件以及其他音频或视频对象。

4.3.1 插入 Flash 动画

Flash 动画一般指 SWF 动画，是 Adobe 公司的动画设计软件 Flash 经过编译后生成的专用文件格式。由于 SWF 动画采用矢量点阵图形的动画格式，具有缩放不失真、文件体积小等特点，采用边下载边播放的流媒体技术，在网页中被广泛采用。

在网页中插入 Flash 动画的方法如下：

（1）将光标放在要插入 Flash 动画的位置。

（2）在“插入”面板中选择“常用”类别，在“媒体”右侧的小箭头的下拉菜单中选择 SWF 按钮，在弹出的对话框中选择要插入的 Flash 文件（扩展名为.swf），单击“确定”按钮完成插入操作，如图 4-12 所示。

图 4-12 插入 Flash 动画

（3）在图 4-12 下方的属性面板中设置 Flash 动画的属性。

- SWF，446K：表示此动画的大小为 446KB，在其下方的文本框内可以输入此动画的 ID 号，以便编写程序时调用。
- 宽和高：以像素为单位指定动画影片的宽度和高度。
- 文件：指定或显示 SWF 文件的路径。
- 源文件：指定源文件的路径（如果计算机上安装了 Flash），若要编辑 SWF 文件，可更新影片的源文件，实现实时更新。
- 背景颜色：指定影片区域的背景颜色，在不播放动画时显示此颜色。
- “编辑”按钮：对 SWF 的源文件（一般为 FLA 格式）进行编辑，如果计算机上没有安装 Flash 软件，此功能不可用。

- 类：为 SWF 文件指定 CSS 样式。
- 循环：使影片连续播放。
- 自动播放：在加载页面时自动播放。
- 垂直边距和水平边距：指定影片上、下、左、右空白的像素数。
- 品质：设置播放动画对象的质量。
- 比例：确定影片播放时的缩放比例。
- 对齐：指定对齐方式。
- Wmode：为 SWF 文件设置 Wmode 参数以避免与其他元素冲突。
- 播放：在文件窗口播放影片。
- “参数”按钮：设置影片的参数。

（4）保存网页，预览网页。

4.3.2　插入 FlashPaper 文件

考虑到网页中版权的保护，可采用 FlashPaper 文件将网页中的内容进行编译生成 SWF 文件，在网页中直接插入 SWF 文件，这是目前网页中针对需要版权保护而采用的方法，如在百度文库中被广泛采用。同时，采用 FlashPaper 文件可以避免对网页格式反复修改的麻烦，且符合用户的阅读习惯。

（1）采用 Word 软件编辑要在网页中发布的内容。

（2）从网上下载一个能够将 Word 转 Flash 的软件，如 FlashPaper。安装并打开后，将 Word 文件直接拖放到 FlashPaper 软件中，保存生成 SWF 文件。

（3）在“插入”面板中选择“常用”类别，在“媒体”右侧的小箭头的下拉菜单中选择 FlashPaper，在弹出的对话框中选择要插入的 Flash 文件（扩展名为.swf），单击“确定”按钮完成插入操作，其属性设置与插入 SWF 动画完全相同。

（4）保存网页、预览网页，如图 4-13 所示。

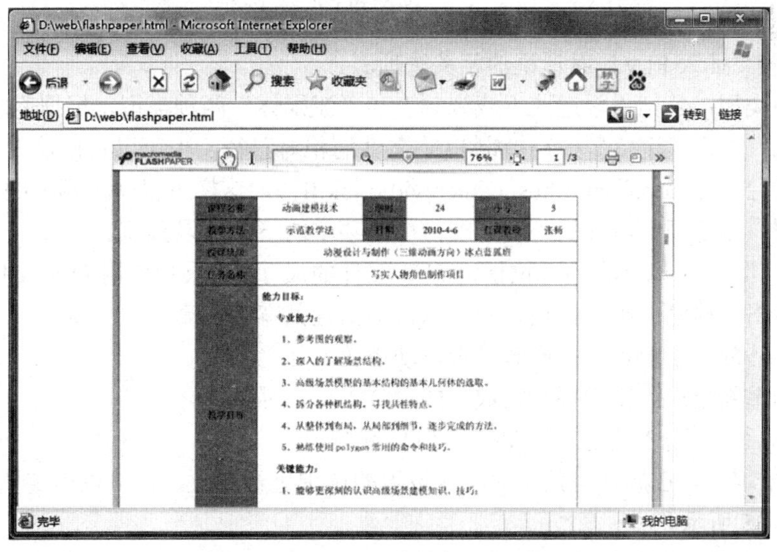

图 4-13　插入 FlashPaper 的显示效果

4.3.3 插入 FLV 视频

FLV 视频是 Flash Video 的简称，它是一种新的流媒体格式，由于其具有体积少、下载速度快，使得通过网络观看视频文件成为可能。目前，各大在线视频网站均采用此视频格式，FLV 视频也成为应用最广泛的视频传播格式。

下面通过实例讲解插入 FLA 视频的方法：

（1）将光标放在要插入 FLV 文件的位置。

（2）在“插入”面板中选择“常用”类别，在“媒体”右侧的小箭头的下拉菜单中选择 FLV，弹出如图 4-14 所示的对话框。

图 4-14 “插入 FLV”对话框

（3）设置“插入 FLV”对话框的相关选项。

- 视频类型：包括“累进式下载视频”和“流媒体”两种类型，根据需求进行选择。
- URL：单击“浏览”按钮指定 FLV 文件的相对路径，也可以直接输入 FLV 文件的绝对路径（如 http://www.hbsi.edu.cn/vidio/jpk.flv），这样可以使用网上的视频。
- 外观：指定视频组件的外观，在弹出的菜单的下方可以预览。
- 宽度和高度：以像素为单位指定 FLV 文件的尺寸。如果想使用 FLV 文件的原始尺寸，则单击“检测大小”按钮，则可以自动指定其宽度和高度。
- 自动播放：指定页面打开时是否自动播放。
- 自动重新播放：指定视频播放完成后是否重新播放。

设置完成后，单击“确定”按钮插入 FLV 视频。

（4）根据需求，在属性面板中对刚才设置的选项进行修改，也可以指定插入视频的 CSS 样式，如图 4-15 所示。

（5）保存网页，预览效果如图 4-16 所示。

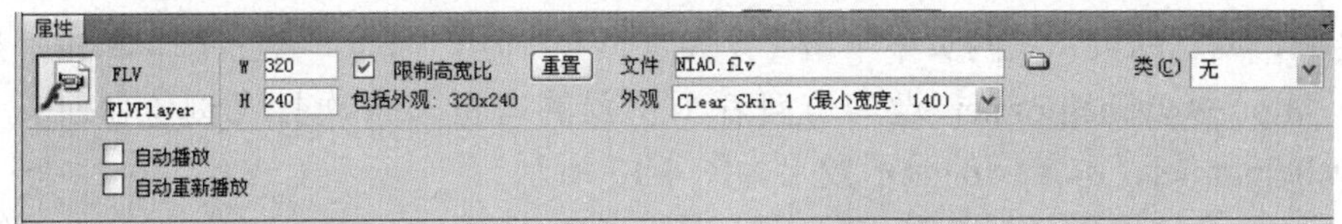

图 4-15　FLV 视频的属性面板

图 4-16　FLV 视频的显示效果

4.4　从网上下载网页特效代码

除了使用前面的方法制作一些网页特效外，在网页制作过程中，经常需要下载一些特效代码以满足用户提出的需求。本节介绍几种常用的网页特效代码，以使读者掌握下载代码和对代码进行简单修改的方法。

在百度等搜索引擎中输入“网页特效”，应可以找到许多提供网页特效的网站，在这些网站中，提供了丰富的网页特效代码，按照有关说明，将这些代码复制到网页中，可以实现网页特效的制作。

4.4.1　设为首页与加入收藏

1．设为首页

在网页设计与制作过程中，客户经常要求添加一个“设为首页”的链接，当访问者单击时，就可以将该页设为访问者的首页，每次打开浏览器时就自动打开该页。我们在网上搜集到的代码如下：

```
<span onclick="var strHref=window.location.href;
this.style.behavior='url(#default#homepage)';
this.setHomePage('http://www.helpor.net');"
style="CURSOR: hand">设为首页</span>
```

以上代码中，http://www.helpor.net 指定了设为首页的地址，“设为首页”是在网页中显示的文字。在 Dreamweaver CS4 新建网页后，打开“代码”视图，将上述代码复制到<body>和

</body>之间，浏览网页，在网页中单击“设为首页”，弹出“主页”对话框，单击“是”按钮，就可以将 http://www.helpor.net 设为访问者浏览器的首页，每次打开浏览器时就自动打开 http://www.helpor.net。本实例的显示效果如图 4-17 所示。

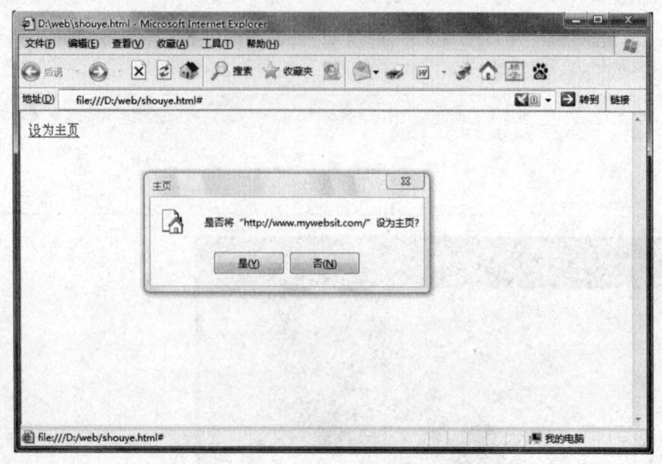

图 4-17　设为首页代码的显示效果

2. 加入收藏

在网页设计与制作过程中，客户有时要求添加一个“加入收藏”的链接，当访问者单击时，就可以将该页加入到收藏夹，加入到收藏夹后，在浏览器的“收藏”菜单中记录该网页。我们在网上搜集到的代码如下：

```
<span style="CURSOR: hand"
onClick="window.external.addFavorite('http://www.helpor.net','网页特效集锦')"
title="网页特效集锦">加入收藏</span>
```

以上代码中，http://www.helpor.net 指定了加入收藏的地址，“加入收藏”是在网页中显示的文字。在 Dreamweaver CS4 中新建网页后，打开“代码”视图，将上述代码复制到<body>和</body>之间，浏览网页，在网页中单击“加入收藏”，弹出“添加到收藏夹”对话框，单击“确定”按钮，就可以将 http://www.helpor.net 加入到访问者的收藏夹。本实例的显示效果如图 4-18 所示。

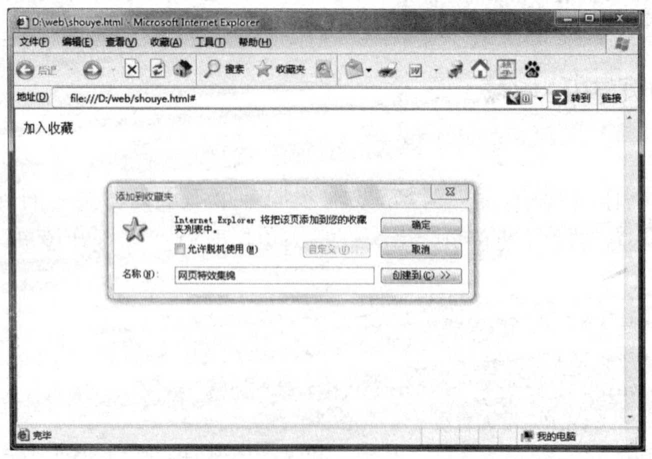

图 4-18　加入收藏代码的显示效果

4.4.2　滚动文字代码

在网页设计与制作过程中经常使用一些滚动的文字制作类似公告栏的效果，其代码如下：

```
<marquee style="color:#414141;font-size:12px;line-height:17px;"
direction="up" height="200" scrollamount="1" scrolldelay="100"
 onMouseOver="this.scrollDelay=500" onMouseOut="this.scrollDelay=1" width="500">
白雪歌送武判官归京<br />
忽如一夜春风来，千树万树梨花开。<br />
散入珠帘湿罗幕，狐裘不暖锦衾薄。<br />
将军角弓不得控，都护铁衣冷犹著。<br />
瀚海阑干百丈冰，愁云黪淡万里凝。<br />
中军置酒饮归客，胡琴琵琶与羌笛。<br />
纷纷暮雪下辕门，风掣红旗冻不翻。<br />
轮台东门送君去，去时雪满天山路。<br />
山回路转不见君，雪上空留马行处。<br />
</marquee>
```

显示效果如图 4-19 所示，读者可以修改<marquee>中的各项参数并查看效果。

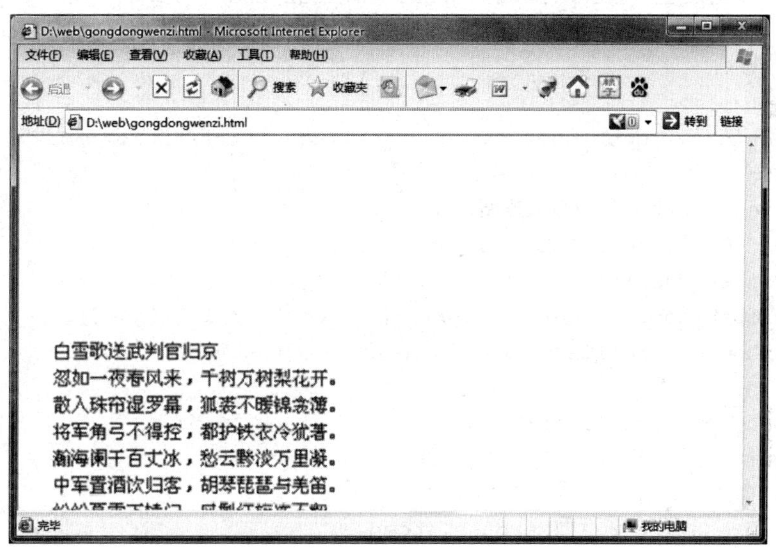

图 4-19　滚动文字的显示效果

4.4.3　横向滚动的图片代码

横向滚动的图片代码如下：

```
<table width=700 border=0 cellpadding=0 cellspacing=0><tr><td>
  <div id=www_qpsh_com style=overflow:hidden;height:120px;
width:700px;color:#ff0000>
<table align=left cellpadding=0 cellspace=0 border=0><tr>
<td id=www_qpsh_com1 valign=top>
  <table border=0 cellpadding=0 cellspacing=0><tr>

  <td><a href=http://www.fankelipinka.com target=_blank>
```

```
 <img border=0 src="http://www.qpsh.com/icon/BS9097.jpg"
width=150 height=100 hspace=22></a><br><center><b>说明一</b></center></td>

  <td><a href=http://www.wangtx.com target=_blank>
  <img border=0 src="http://www.qpsh.com/icon/BS9092.jpg"
width=150  height=100   hspace=22></a><br><center><b> 说 明 二 </b></center></td>
</td>

  <td><a href=http://www.yamaxun.org target=_blank>
<img border=0 src="http://www.qpsh.com/icon/BS9084.jpg"
width=150 height=100  hspace=22></a><br><center><b>说明三</b></center></td>

  <td><a href=http://www.cnwenger.com target=_blank>
<img border=0 src="http://www.qpsh.com/icon/BS9079.jpg"
width=150 height=100  hspace=22></a><br><center><b>说明四</b></center></td>

  <td><a href=http://www.pc555.com target=_blank>
<img border=0 src="http://www.qpsh.com/icon/BS9070.jpg"
width=150 height=100  hspace=22></a><br><center><b>说明五</b></center></td>

 </tr> </table>
 </td><td id=www_qpsh_com2 valign=top></td></tr></table></div>
  <script>
  var speed=10//速度数值越大速度越慢
  www_qpsh_com2.innerHTML=www_qpsh_com1.innerHTML
  function Marquee(){
  if(www_qpsh_com2.offsetWidth-www_qpsh_com.scrollLeft<=0)
  www_qpsh_com.scrollLeft-=www_qpsh_com1.offsetWidth
  else{
  www_qpsh_com.scrollLeft++
  }
  }
  var MyMar=setInterval(Marquee,speed)
  www_qpsh_com.onmouseover=function() {clearInterval(MyMar)}
  www_qpsh_com.onmouseout=function() {MyMar=setInterval(Marquee,speed)}
  </script>
  </td></tr>
 </table>
```

将上述代码复制到网页的<body>、</body>之间，或者插入网页中的其他位置，按以下方法修改代码：

```
<td><a href=http://www.fankelipinka.com target=_blank>
 <img border=0 src="http://www.qpsh.com/icon/BS9097.jpg"
width=150 height=100 hspace=22></a><br><center><b>说明一</b></center></td>
```

此段代码中，http://www.qpsh.com/icon/BS9097.jpg 为第一张图片的位置，“说明一”为第一张图片的说明，http://www.fankelipinka.com 为第一张图片的链接，依此类推。

保存网页，其显示效果如图 4-20 所示。

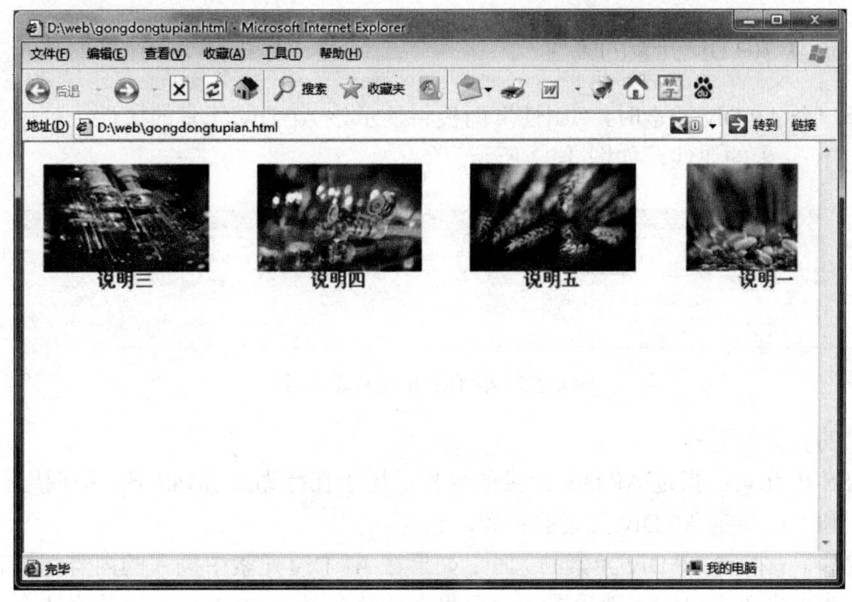

图 4-20　滚动图片的显示效果

4.5　AP Div 元素

AP Div 元素即绝对定位元素，是分配有绝对位置的 HTML 页面元素。在 AP Div 元素中可以插入文本、图像、表格或其他任何可放在 HTML 文件中的内容。由于 AP Div 元素可以放在网页中的任何位置，并且可以与其他元素重叠，所以 AP Div 元素是网页布局的重要手段，也是制作网页特效的常用元素。

4.5.1　AP Div 元素的创建

创建 AP Div 元素的方法如下：

（1）在"插入"面板的"布局"类别中，单击"绘制 AP Div"按钮。

（2）在文件窗口的"设计视图"中拖动鼠标可以绘制一个 AP Div 元素；绘制完成后的 AP Div 元素如图 4-21 所示。

创建 AP Div 元素时，默认情况下将在"设计"视图中显示 AP Div 元素的外框，当光标移到 AP Div 边框上时会高亮显示该 AP Div 元素的相关信息。图 4-21 中显示该元素的名称为 apDiv1，其位置在（99px,40px），即距离左边距为 99 个像素，距离上边距为 40 个像素，该 AP Div 元素的宽度和高度分别为 248 像素和 231 像素。

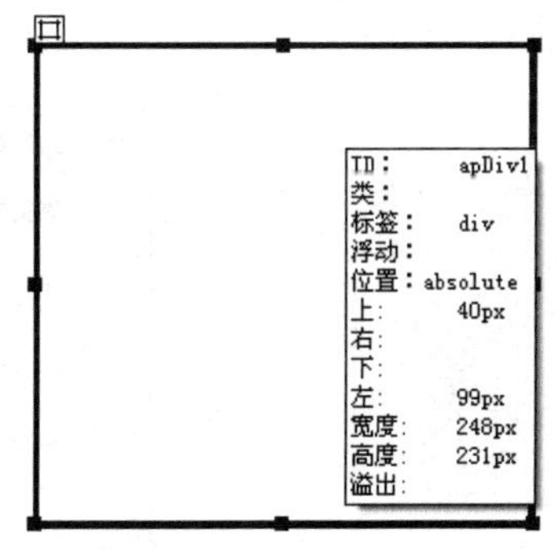

图 4-21　AP Div 元素

创建 AP Div 元素后，只需要将光标放在该 AP Div 元素中，就可以像在页面中添加内容一样，将文字、图片、表格等网页元素添加到 AP Div 元素中，并且可以设置其格式。我们甚至可以在 AP Div 元素中插入另一个 AP Div 元素，实现 AP Div 元素的嵌套。

4.5.2 设置 AP Div 元素的属性

当选择一个 AP Div 元素时，“属性”面板将显示该 AP Div 元素的属性，可以根据需要重新设置 AP Div 元素的属性，如图 4-22 所示。

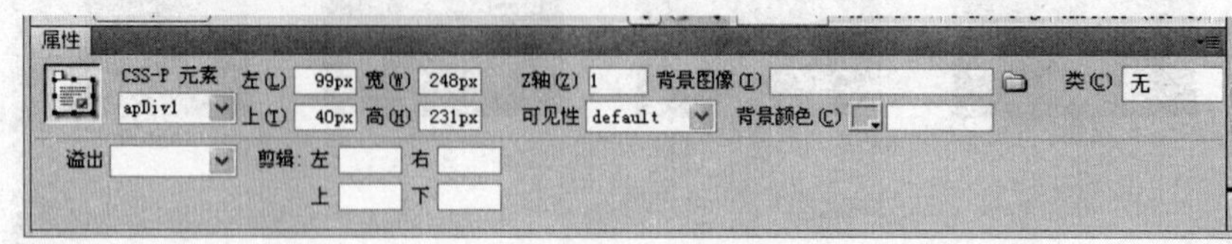

图 4-22　AP Div 元素的属性面板

各参数的含义如下：

- CSS-P 元素：指定 AP Div 元素的名称，用于在行为或 JavaScript 中调用。
- 左和上：指定 AP Div 元素的位置。
- 宽和高：指定 AP Div 元素的大小；如果在 AP Div 元素中插入的内容超过和其指定的大小，则“溢出”属性设置为“可见”的情况下，AP Div 元素的底边会自动延伸以显示这些内容。
- Z 轴：确定 AP Div 元素的堆叠次序。
- 可见性：确定最初是否显示 AP Div 元素。
- 背景颜色和背景图像：为 AP Div 元素指定背景颜色或背景图像。
- 类：为 AP Div 元素指定 CSS 样式。
- 剪辑：定义 AP Div 元素的可见区域。通过指定左、上、右、下坐标，在 AP Div 元素的坐标空间中定义一个可见的矩形区域。

4.5.3 AP Div 元素与表格的相互转换

在 Dreamweaver CS4 中，可以使用 AP Div 元素来创建网页布局，考虑到有一些低版本的浏览器不支持 AP Div 功能，Dreamweaver CS4 提供了将 AP Div 元素转换成表格的功能。在转换之前，应确保 AP Div 元素不存在相互重叠的情况，其转换方法如下：

（1）选择“修改”→“转换”→“将 AP Div 元素转换为表格”命令，弹出如图 4-23 所示的对话框。

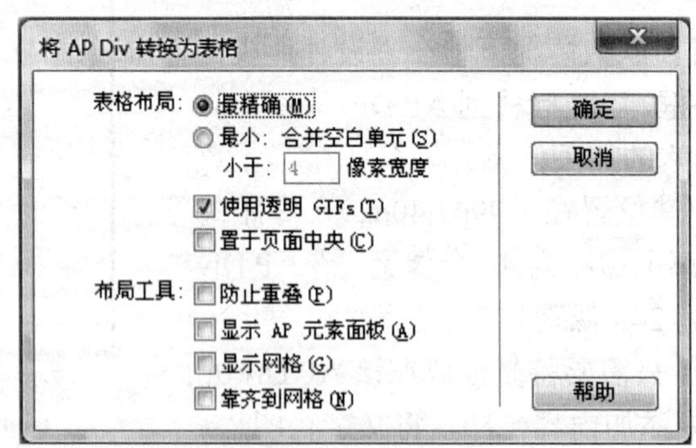

图 4-23　“将 AP Div 转换为表格”对话框

（2）设置对话框选项，然后单击“确定”按钮。

各选项的含义如下：

- 最精确：为每个 AP Div 元素创建一个单元格，在 AP Div 元素之间的空间附加空白单元格。
- 最小：合并空白单元，选择此项，结果表格中将包含较少的空行和空列。
- 使用透明 GIFs：使用透明的 GIF 文件填充表格的最后一行，以确保所有浏览器中显示相同列宽的表格。
- 置于页面中央：将结果设为表格居中对齐。
- 布局工具：可根据需要自行选择转换后需启用的功能。

除了将 AP Div 元素转换成表格外，也可以将表格转换成 AP Div 元素，其转换方法如下：

（1）选择“修改”→“转换”→“将表格转换为 AP Div”命令，弹出如图 4-24 所示的对话框。

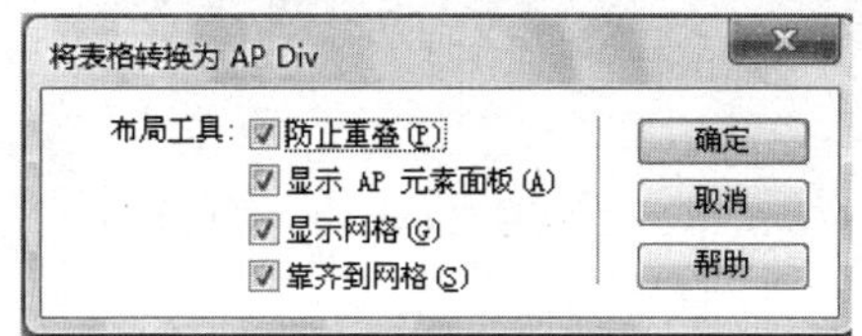

图 4-24　“将表格转换为 AP Div”对话框

（2）设置对话框选项，然后单击“确定”按钮。

- 防止重叠：约束转换后的 AP Div 元素的移动、调整和定位，使 AP Div 元素不会重叠。
- 显示 AP 元素面板：转换后将展开“AP 元素”面板。
- 显示网格：在转换后的文件中显示网格。
- 靠齐到网格：在转换后的文件中显示网格，并使 AP Div 元素边框靠齐网格线。

说明　如果表格中既无内容，也无背景颜色，则对应的单元格就不被转换，而表格外的页面元素也会被转换。

4.6　制作一个简单的网页拼图游戏

在为某旅游景点制作网站时，为了使访问者在访问网站时能够停留更长的时间，并在潜意识中激发访问者到该景点旅游，特制作了一个拼图游戏。该拼图游戏以该景点最具特色的荷花为素材，在访问者对图片的拼接过程中，激发到该景点游览的兴趣。

在 Dreamweaver CS4 中提供了 AP Div 元素，在 AP Div 元素中可以插入文本、图片等网页元素。通过“行为”面板可以添加“拖动 AP 元素”动作。本实例首先将图片进行分割后，分别添加到不同的 AP Div 元素中，然后分别为各 AP Div 元素添加“拖动 AP 元素”动作，实现对图片的拼接。

4.6.1　图片的准备

（1）利用 Photoshop 切割图片。打开 Photoshop 软件，将准备好的图片拖动到该软件上以打开图片，如图 4-25 所示。

（2）在 Photoshop 操作界面左侧的工具箱中单击“切片工具”，如图 4-26 所示。

图 4-25 利用 Photoshop 切割图片

图 4-26 选择“切片工具”

（3）在图片上拖动鼠标，将图片切割成不规则的矩形框，如图 4-27 所示。

图 4-27 切割图片

（4）选择“文件”→“存储为 Web 和设备所用格式”命令，弹出“存储为 Web 和设备所用格式”对话框，如图 4-28 所示。

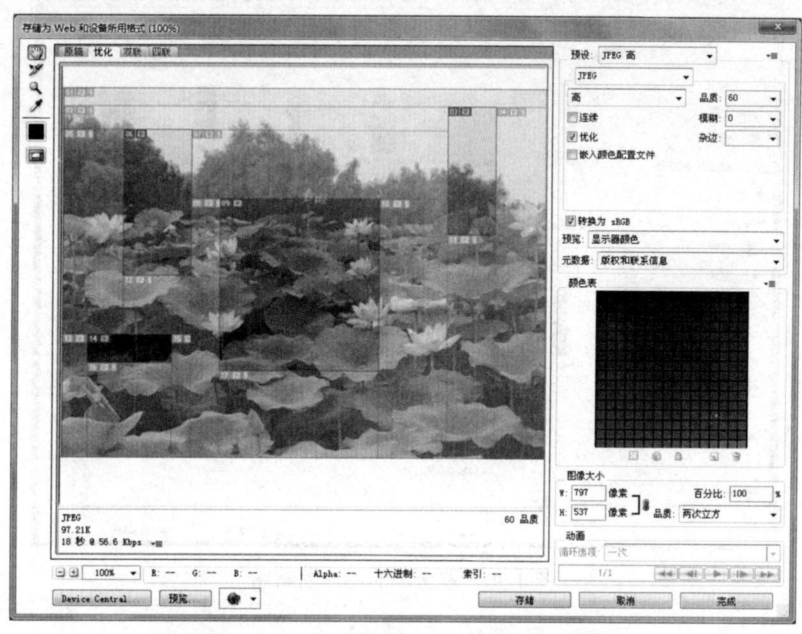

图 4-28　“存储为 Web 和设备所用格式”对话框

（5）打开 Windows 资源管理器，在 D 盘新建一个文件夹，名称为 youxi。单击“存储为 Web 和设备所用格式”对话框中的 Save 按钮，将生成的文件保存在 D 盘的 youxi 文件夹中，文件名称为 index.html，如图 4-29 所示。

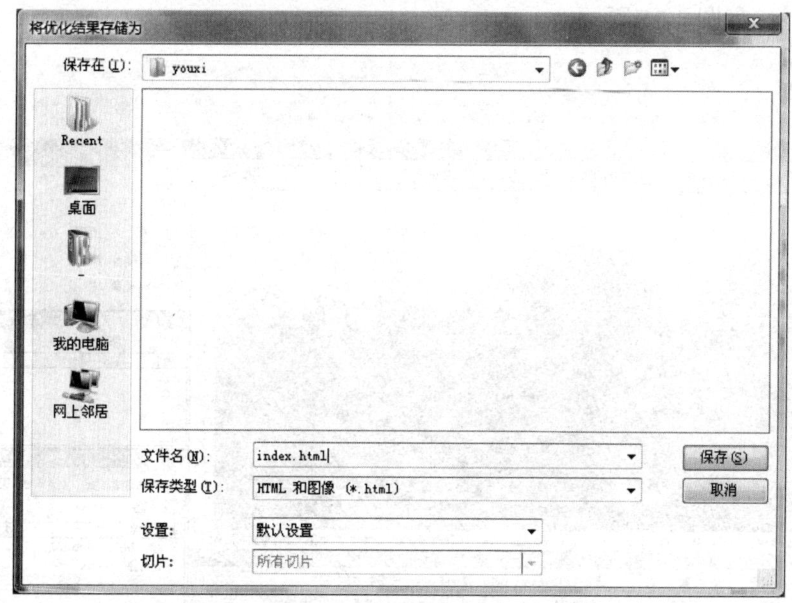

图 4-29　保存网页文件

（6）在 Windows 资源管理器中打开 youxi 文件夹，其中已生成一个网页文件，名称为 index.html。在 youxi 文件夹下还生成了一个 images 文件夹，其中生成若干个被切割的图片（本例中生成了 18 个），如图 4-30 所示。

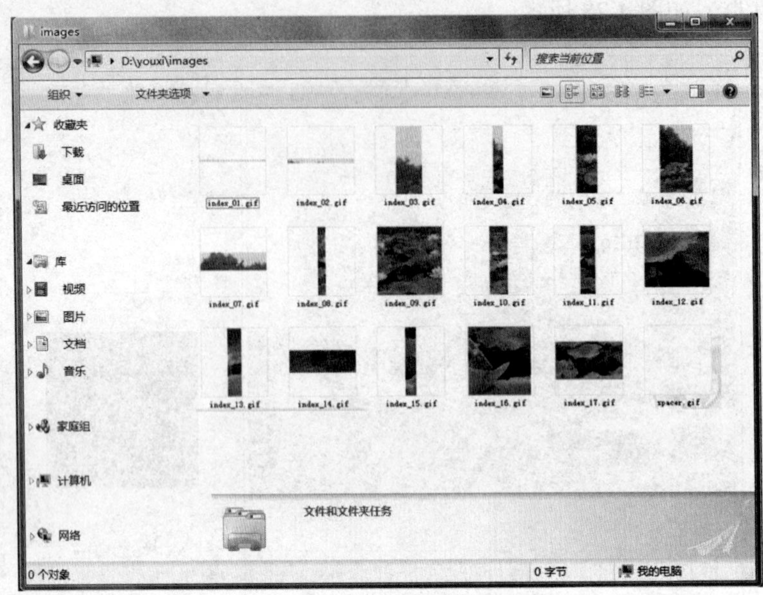

图 4-30　被切割的图片缩略图

4.6.2　制作拼图游戏

（1）打开 Dreamweaver CS4，新建站点，将本地根文件夹设置为 D 盘的 youxi 文件夹，其他设置为默认设置。

（2）打开 youxi 文件夹中的 index.html（此文件由 Photoshop 在切割图片并保存为 Web 格式时自动生成），如图 4-31 所示。

图 4-31　打开 index.html 文件

（3）将表格转换为 AP Div 元素。选择“修改”→“转换”→“将表格转换为 AP Div”命令，弹出如图 4-32 所示的对话框，按图中所示进行设置。设置完成后单击“确定”按钮，在“AP 元素”面板中生成了若干个 AP 元素（此实例中生成了 18 个 AP 元素）。

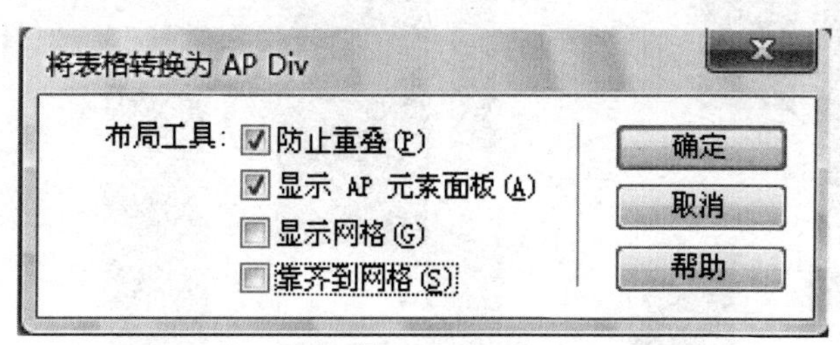

图 4-32　“将表格转换为 AP Div”对话框

（4）打开“行为”面板，在不选中任何元素的情况下（也可以选择<body>标签），单击“行为”面板中的“+”，添加“拖动 AP 元素”动作，弹出“拖动 AP 元素”对话框，如图 4-33 所示。在该对话框中选择“AP 元素”为 div “apDiv1”，即设置第一个 AP Div 元素为“拖动 AP 元素”。

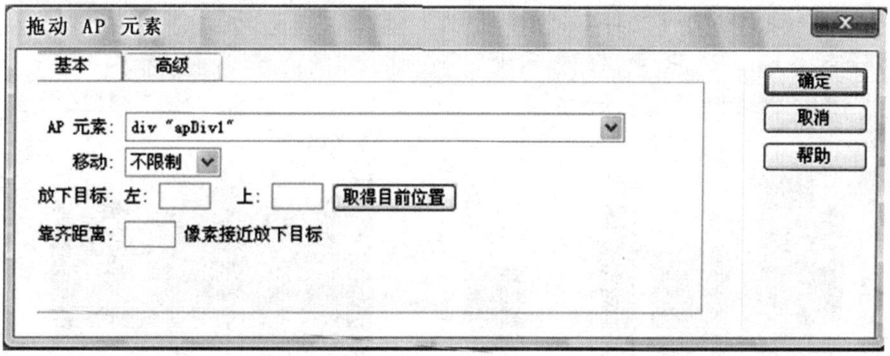

图 4-33　“拖动 AP 元素”对话框

单击“确定”按钮，在“行为”面板中可以看到网页中添加了一个“拖动 AP 元素”动作，触发该动作的事件为“onLoad”（如果不是 onLoad 事件，则需要将其修改为 onLoad 事件）。设置完成后，实现的功能是“打开本网页时，其中名称为 APDiv1 的 AP 元素是可以拖动的”。

（5）用同样的方法，将其他 AP 元素设置为可拖动的 AP 元素（本实例中还有 17 个，需要再设置 17 次）。设置完成后，保存并预览网页，用鼠标拖动图片，发现图片是可以拖动的。

4.6.3　拼图游戏的完善

（1）在 Dreamweaver CS4 工作窗口中拖动各 AP 元素，打乱排列顺序，如图 4-34 所示。

（2）插入参考图片。在工作窗口的右上角绘制一个 AP 元素，在 AP 元素中插入原始图片，拖动图片使其大小为原来的 1/4 左右。

（3）保存网页，预览效果如图 4-35 所示。

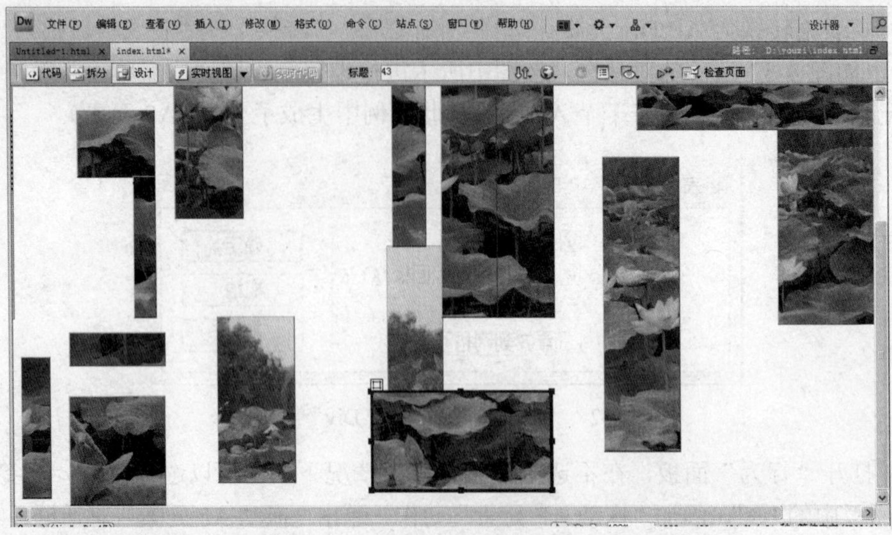

图 4-34 打乱 AP 元素的排列顺序

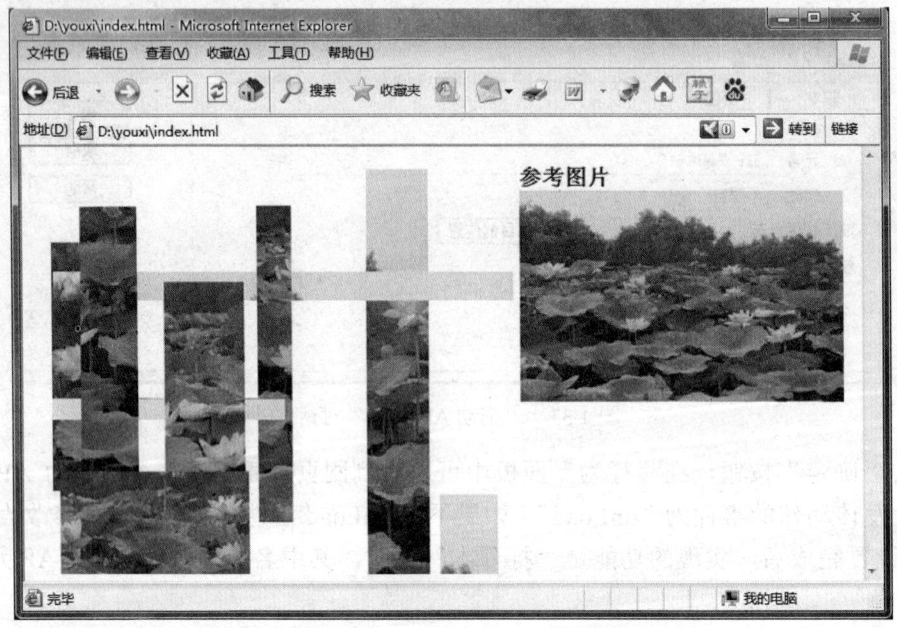

图 4-35 拼图游戏的最终效果

复习思考题

一、选择题

1．关于 DIV 层描述错误的是（ ）。

A．层是一个容器，层与层之间可以重叠

B．层中可以包含 HTML 标签

C．制作菜单特效，采用 CSS 与 DIV 可以有效地控制菜单显示效果

D．使用层的 Show 属性控制层的显示与隐藏

2．下列能够实现层隐藏的语句是（　）。

A．document.getElementByID("div").style.display="no"

B．document.getElementByID("div").style.display="false"

C．document.getElementByID("div").style.display="none"

D．document.getElementByID("div").style.display="hidden"

3．阅读下面有关文字滚动特效的一段代码：

```
<marquee direction="down" behavior="alternate" Scrollamount="3" scrolldelay=
"100" onMouseOver="this.stop()" onMouseOut="this.start()">滚动的文本</marquee>
```

下面有关文字特效的代码描述中选项（　）是错误的。

A．direction 属性用来设置不同的滚动方向，它可以取 4 个值

B．behavior 属性用来设置滚动方式，如循环滚动等

C．scrollamount 设置滚动文本信息滚动的快慢，其取值越大，表明滚动文本信息滚动得越快

D．scrolldelay 设置滚动的时间间隔，其取值越小，表明滚动文本信息会走走停停

二、判断题

1．body{backgrond-color:#FFFFFF}代码用来设置页面的背景颜色为黑色。（　）

2．在层样式属性设置中，margin 表示层边界，padding 表示层填充，display 表示层是否可以移动。（　）

3．document.getElementByID("div").style.display="true"表示显示 DIV 层。（　）

第 5 章　动态网页设计初步

【学习目标】

- 学会使用常用的 HTML 标记。
- 学会使用表单的插入与设置方法。
- 能够架设动态网站的服务器与开发环境。
- 初步掌握读取数据库数据的方法。
- 通过实例初步了解建立动态网站的一般方法。

【引导案例】

某企业的网站为了能提高网站的交互功能，及时了解用户的需求和意见，要求在其网站增加“给我留言”栏目，在留言显示下面是添加留言区域，输入姓名、电话、电子邮箱、留言等内容，单击“提交”按钮后，留言会显示在留言显示区域。而且最新的留言在最前面。

【任务分析】

这个留言页面的设计与实现需要用到服务器端的技术，通过 Dreamweaver 来开发服务器端的程序，这里使用最常用的 ASP 技术，通过与 Access 数据库相连，将静态页面变为动态页面，实现留言页面的功能。

【相关知识】

5.1　超文本标记语言 HTML

通过前面的学习，我们可以用 Dreamweaver 这一可视化的网页设计工具制作网页，Dreamweaver 能够将插入的文字、图像、表格、超链接等元素自动转换成 HTML 代码。实际上，不论任何软件，只要提供了转化成 HTML 代码的功能，就能够生成网页，放在服务器上让上网者访问。尽管 Dreamweaver 软件具有自动生成 HTML 代码的功能，但在网页修改和制作交互网站的过程中，需要打开 Dreamweaver 的代码视图，对网页的 HTML 代码进行修改。所以了解 HTML 代码的一般知识、HTML 文档的结构和常用网页元素的 HTML 代码是非常重要的。本节首先介绍 HTML 代码的概念和结构，然后介绍常用的 HTML 标记。

5.1.1　HTML 简介

HTML 的全称是 Hyper Text Markup Language，中文名字为“超文本标记语言”，是目前网络上应用最为广泛的语言，也是构成网页文件的主要语言。它由 HTML 标记构成描述性文件，说明网页中的文字、图像、表格、链接等信息。由于 Dreamweaver 能够自动生成 HTML 代码，下面用一个简单的例子说明 HTML 文档的结构。

打开 Dreamweaver，新建一个 HTML 文档，在其标题栏中输入“网页设计与制作”，在正文部分输入：我正在学习“网页设计与制作”课程，单击“代码”视图，就可以看到如下文档：

```
<!DOCTYPE html PUBLIC "-//W3C//DTD XHTML 1.0 Transitional//EN"
"http://www.w3.org/TR/xhtml1/DTD/xhtml1-transitional.dtd">
<html xmlns="http://www.w3.org/1999/xhtml">
<head>
<meta http-equiv="Content-Type" content="text/html; charset=gb2312" />
<title>网页设计与制作</title>
</head>
<body>
我正在学习“网页设计与制作”课程
</body>
</html>
```

在上述代码中，第 1 行和第 2 行是为了兼容 HTML 的升级版 XHTML 而设置的，在此可暂不考虑；第 3 行中的<html>和最后 1 行的</html>表示文档的开始与结束；在<html>和</html>之间分成两个部分，第 1 部分为<head>和</head>，表示文档头的开始和结束，例如网页的标题信息就放在<head>和</head>之间的<title>标记中。第 2 部分是<body>和</body>，是网页的主体部分，例如“我正在学习“网页设计与制作”课程”就放在这个部分。

5.1.2　常用的 HTML 标记

1. 表格的 HTML 标记

打开 Dreamweaver 后，新建一个 HTML 文档，在设计视图中插入一个 3 行 2 列的表格，并按表 5-1 输入内容。

表 5-1　测试表格

第 1 行第 1 列	第 1 行第 2 列
第 2 行第 1 列	第 2 行第 2 列
第 3 行第 1 列	第 3 行第 2 列

打开“代码”视图，可以看到 HTML 代码的<body>和</body>之间自动生成了表格的代码。

```
<table width="680" border="2" cellspacing="2" cellpadding="2">
  <tr>
    <td>第 1 行第 1 列</td>
    <td>第 1 行第 2 列</td>
  </tr>
  <tr>
    <td>第 2 行第 1 列</td>
    <td>第 2 行第 2 列</td>
  </tr>
  <tr>
```

```
    <td>第 3 行第 1 列</td>
    <td>第 3 行第 2 列</td>
  </tr>
</table>
```

其中<table>和</table>是表格的开始与结束标记，在<table>中的参数指明了边框、单元格边距、单元格间距的信息；<tr>是表中行的信息，由于插入的表格是 3 行的表格，所以在代码中出现了 3 组<tr>和</tr>，分别标出行的开始和结束；<td>是单元格的信息，如第 1 行包括 2 个单元格，所以标出了 2 个<td>和</td>。

2. 图像的 HTML 标记

在网页中插入一个图像 AW.GIF，选中图像时找开“代码”视图，就可以看到如下 HTML 代码：

```
<img src="images/aw_06.gif" width="244" height="307" />
```

<img>就是插入图像后自动生成的 HTML 代码，其中的参数 src 显示了图像文件的路径与名称，width 为图像显示的宽度，height 为图像显示的高度。

3. 超链接的 HTML 代码

在网页中输入“新浪网”，并通过属性面板设置其超链接为 http://www.sina.com.cn，设置文字的超链接，打开“代码”视图，就可以看到如下代码：

```
<a href="http://www.sina.com.cn">新浪网</a>
```

<a>、</a>就是超链接的 HTML 标记，其中的 href 参数指明了链接的地址。

4. 其他常用的标记

除表格标记、图像标记和超链接标记外，表 5-2 中列出了常用的 HTML 标记，供读者参考。对于表中未列出的标记，读者在利用 Dreamweaver 等可视化工具对网页进行编辑时，可以选定相应的对象，打开“代码”视图，查看其 HTML 标记。

表 5-2 常用的 HTML 标记

标记	含义及作用	标记	含义及作用
<!--注释-->	说明：为文件加上说明	<P>	段落：换到下一段
 	换行：换到下一行	<HR>	水平线：插入一条水平线
<CENTER>	居中：使文字、图像等居中	<DIV>	层：设置一个层，在层中可以放文字、图像等对象
<B>	粗体标记	<I>	斜体标记
<U>	下划线标记	<H1>～<H6>	标题标记
<FONT>	设置字体、大小、颜色等	<OL>	顺序列表标记
<UL>	无序列表标记	<FORM>	表单标记
<TEXTAREA>	文字区域表单标记	<INPUT>	输入表单标记
<SELECT>	选择表单标记	<OPTION>	选项表单标记

5.2 表单

在交互网站中，应用表单可以收集客户的信息，如客户名称、联系方式、填写订单及产品搜索等。在网页中插入的表单对象提供了用户输入数据的机制，用户输入的数据通过服务器端的应用程序进行处理，并将结果呈现到用户的浏览器中进行显示。

5.2.1　插入表单域

插入表单对象之前一般需要插入表单域，如果没有插入表单域而直接插入表单对象，Dreamweaver 会自动创建一个表单域，插入表单域的方法如下：

（1）将光标移动到需要插入表单的位置。

（2）单击“插入”面板中的“表单”类别里的“表单”按钮，即可创建表单域。

创建成功后，在工作区域显示一个红色的方框，这就是刚刚创建的表单域。插入表单域后，单击红色的表单边框可以选定表单域，Dreamweaver 的属性面板变成表单的属性面板，如图 5-1 所示。在属性面板中可以设置表单的属性。

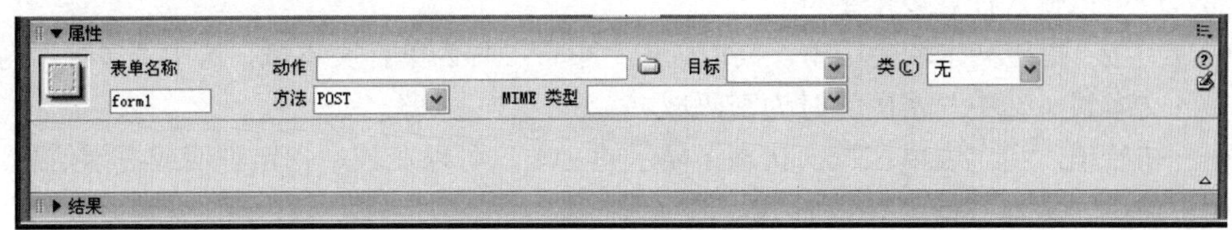

图 5-1　表单属性

各参数的含义如下：

- 表单名称：指定标识该表单的唯一名称，方便使用脚本语言（如 ASP、JSP）引用或处理该表单。
- 动作：指定处理该表单的动态页或脚本路径，例如提交表单后需要交由另一个文件处理，则在此输入该文件的路径和名称。
- 方法：选择将表单数据传输到服务器的方法，包括 POST 和 GET 两种方法，POST 表示当发送按钮被按下时，浏览器等候服务器来读取信息；GET 表示当按钮被按下时，浏览器立刻把表单上的信息送出去；GET 方法能够传送的数据量是有限的（小于 2KB），而 POST 没有限制，所以一般会选择 POST 方法。
- 目标：指定被调用程序所返回数据的目标显示窗口。
- MIME 类型：指定对提交服务器进行处理的数据使用的编码类型。Application/x-www-form-urlencode 通常与 POST 方法协同使用，而 multipart/form-data 类型在创建文件上传域时使用。
- 类：为表单内容指定 CSS 样式。

5.2.2　插入表单对象

1．插入文本域

文本域，即文本输入框，是使用最广泛的表单对象，它可以接受任何类型的字母、数字等文件。文本域可以单行或多行，也可以以密码域的方式显示，此时输入的文本将被星号或其他符号替换，避免旁观者看到这些文本。

插入文本域的方法为，在需要插入文本域的位置单击，然后单击“插入”面板中的“表单”类别里的“文本字段”按钮。在弹出的对话框中设置其辅助功能，单击“确定”按钮，即可创建一个文本域。

单击文本域，就可以在“属性”面板中设置其属性，如图 5-2 所示。

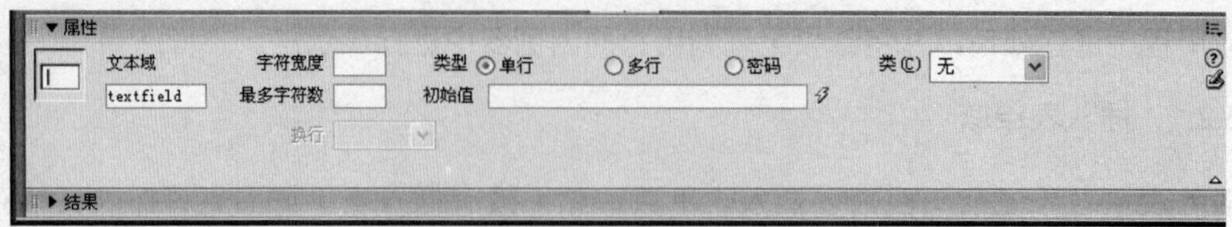

图 5-2 文本域“属性”面板

各参数的含义如下：

- 文本域：指定文本域的名称，在服务器应用程序中调用该文本域中输入的内容时使用。
- 字符宽度：指定文本域最多可显示的字符数。
- 最多字符数：指定用户在单行文本域中最多可输入的字符数，如果此处为空白，则用户可以输入任意多个字符。
- 类型：指定文本域的类型，其中选中“单行”时为单行文本域，选中“多行”为多行文本域，选中“密码”时为密码域。
- 初始值：指定表单在默认状态下显示的文本，可以在域中指定说明或提示信息。
- 类：为文本域指定 CSS 样式。
- 换行：在类型中选定“多行”时可用，用于指定文本框的高度。

2. 添加按钮对象

使用表单可以将表单数据提交到服务器，如图 5-3 所示的网易免费邮箱中，当用户输入用户名、密码等信息后，单击“登录”按钮，就可以将输入的用户名和密码信息上传到网易的服务器中进行验证。

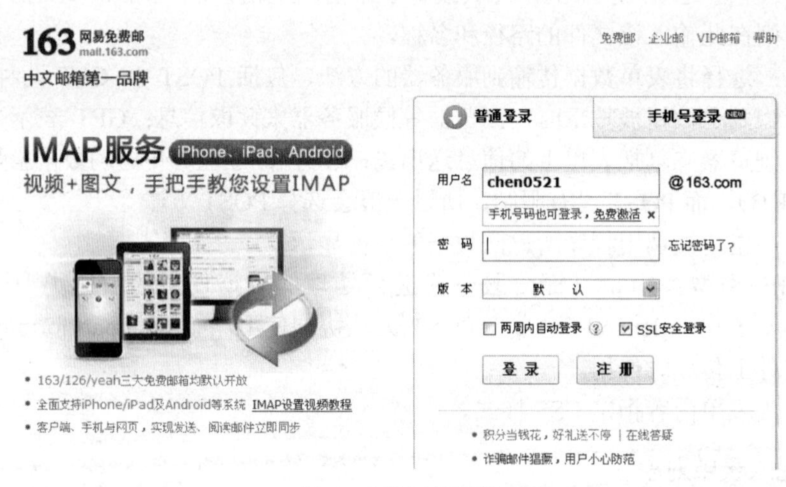

图 5-3 按钮的例子

使用按钮可以将表单中的数据提交到服务器，或者重置表单，也可以为按钮指定其他处理任务，如输入房子单价、面积、贷款方式、贷款年限及还款年限，就可以计算机出房子总价、单月还款数额等。

在网页中插入按钮的方法与插入文本域的方法类似，只需要将光标放在要插入按钮的位置，然后单击“插入”面板中的“表单”类别里的“按钮”按钮，在弹出的对话框中设置其辅助功能属性，单击“确定”按钮即可。默认情况下，添加的按钮是一个提交按钮（将表单中的数据提交到服务器）。

选定插入的按钮，就可以在属性面板中设置按钮的属性，按钮的属性面板如图 5-4 所示。

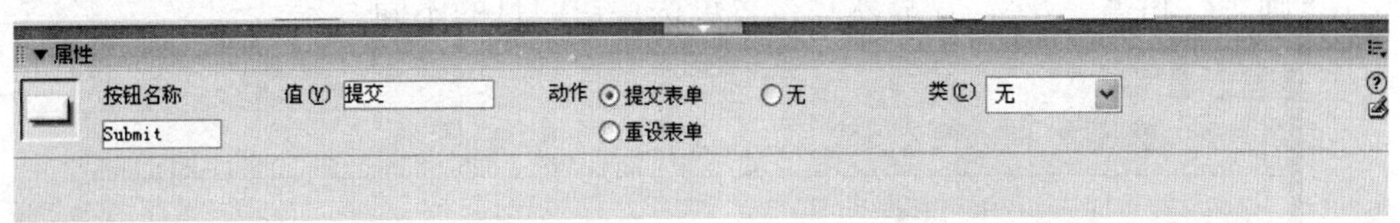

图 5-4　“按钮”的属性面板

各参数的含义如下：

- 按钮名称：指定按钮的名称。
- 值：设定按钮上显示的文本，如“提交”。如图 5-3 中显示的文本为“登录”，则在此输入“登录”。
- 动作：设定按钮的类型，指定单击按钮时发生的动作。如果选择“提交表单”，则将表单中的数据提交到服务器；如果选择“重设表单”，则将表单中的数据设为空；如果选择“无”，则不做提交或重设操作，由编程人员指定其他程序处理。
- 类：为按钮指定 CSS 样式，如图 5-3 所示的“登录”按钮，就不是默认的样式。

3. 添加复选框表单

复选框是指用户可以有多个选择的一种输入表单机制，如一个人的爱好可以包括“读书”、“上网”、“听音乐”、“打球”等当中的一个或多个，甚至是一个都没有。

在网页中插入复选框的方法与按钮等表单元素的方法完全相同，同样选中复选框时可以在如图 5-5 所示的“复选框”属性面板中设置复选框的属性。

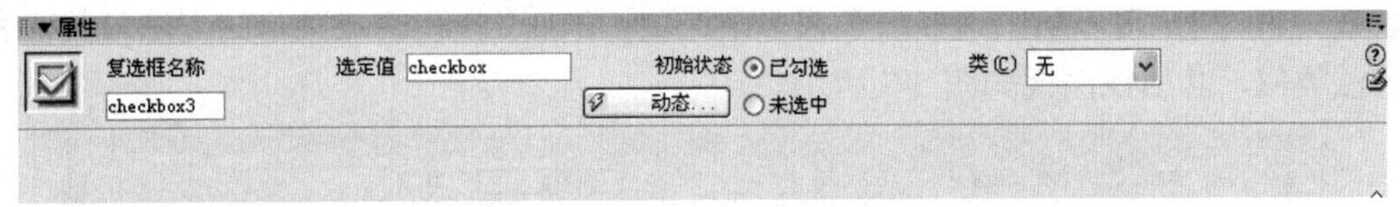

图 5-5　“复选框”的属性面板

各参数的含义如下：

- 复选框名称：指定复选框的名称。在此需要注意的是，一组复选框需要设置相同的名称，否则编程人员就无法编写相应的程序。
- 选定值：指定复选框被选中时发送到服务器的值。
- 初始状态：指定用户打开网页时复选框的选定状态。
- 类：为复选框指定 CSS 样式。

4. 单选按钮

单选按钮代表相互排斥的选择，只允许用户从单选按钮组中选择一个。所谓单选按钮组，是指由两个或两个以上的同一名称的按钮组成的一组按钮，如图 5-6 所示，用户在“性别”选项中只能选择“帅哥”或“美女”中的一个，不能不选或两个都选。

插入单选按钮的方法与插入其他表单对象的方法类似，在此不再叙述；单选按钮的属性面板如图 5-6 所示。

各参数的含义如下：

- 单选按钮：指定单选按钮的名称。需要注意的是，一组单选按钮的名称必须相同，否则计算机会认为是两组单选按钮。例如，在图 5-6 中，如果将“帅哥”前面的单选按钮和“美女”前面的单选按钮设为不同的名称，在浏览网页时，用户就可以同时选定“帅哥”和“美女”，这显然与设置单选按钮的目的不同。

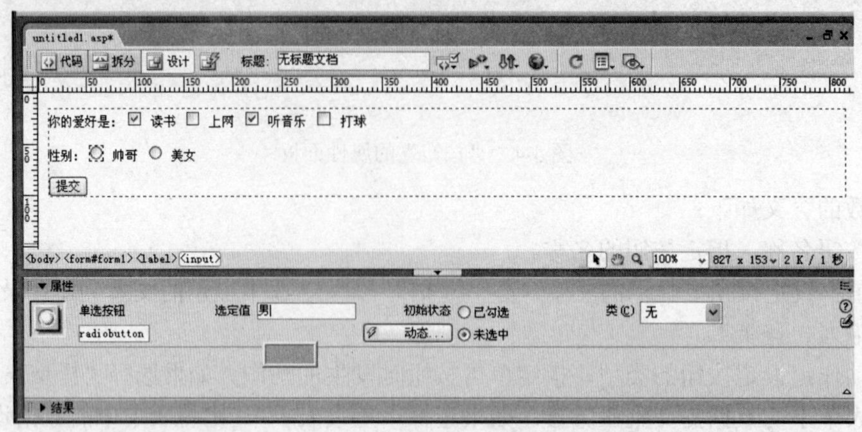

图 5-6　单选按钮示例及“单选按钮”属性面板

- 选定值：设置选定该单选按钮向服务器中发送的值。在图 5-6 中，尽管在网页中显示的是“帅哥”，但为其设置的值是“男”，则向服务器中传输的是“男”。
- 初始状态：确定单选按钮的初始状态。
- 类：为单选按钮指定 CSS 样式。

5. 添加下拉列表或菜单

使用单选按钮或复选框时，随着选项的增多，占据的屏幕空间会增大，这时可以使用下拉列表或菜单，用户可以从中选择一个或多个选项。添加下拉列表或菜单的方法与其他表单的插入方法类似，其属性面板如图 5-7 所示。

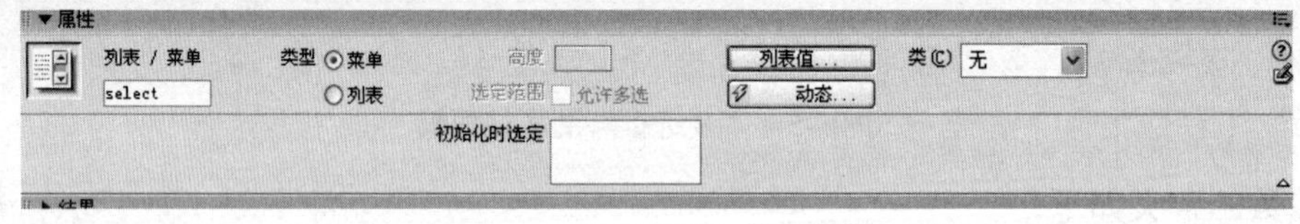

图 5-7　“列表/菜单”属性面板

各参数的含义如下：

- 列表/菜单，为“列表/菜单”指定名称。
- 类型：指定插入的是“菜单”还是“列表”，其中菜单是在多个选项中选择一项，而列表可以选择多项。
- 高度：当选择列表类型时，此项被激活，允许用户指定列表的高度。
- 选定范围：选中此项，用户可以从列表中选择多个项。
- “列表值”按钮：单击时打开如图 5-8 所示的“列表值”对话框，可通过它向表单中添加选项。
- “动态”按钮：与动态服务器连接时使用。
- 类：为列表或菜单指定 CSS 样式。
- 初始化时选定：设置列表中默认选定的菜单项。

6. 添加跳转菜单

跳转菜单提供了一个下拉列表，单击其中一项可以跳转到相应的网页或站点，一般用于当前站点的导航。

插入跳转菜单的方法为：将光标放在插入的位置，然后单击“插入”面板中的“表单”类别里的“跳转菜单”按钮，弹出“插入跳转菜单”对话框，如图 5-9 所示。

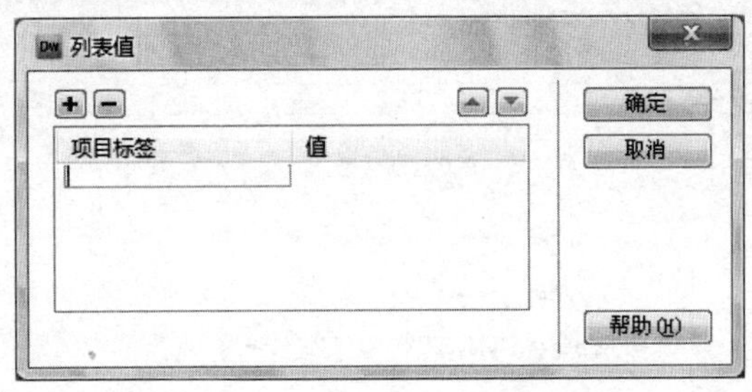

图 5-8　“列表值”对话框

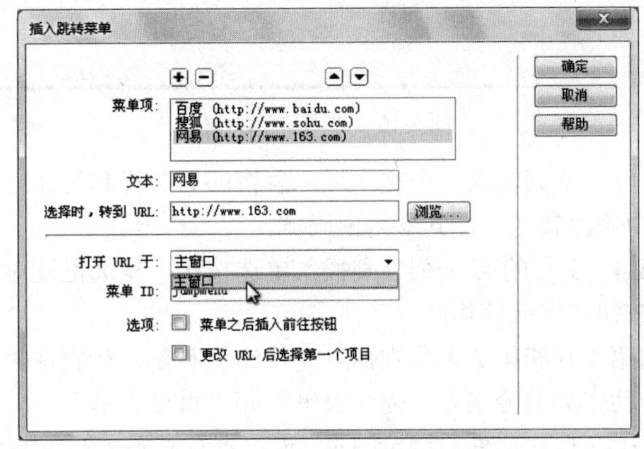

图 5-9　“插入跳转菜单”对话框

在“文本”中输入菜单项的名称，在“选择时，转到 URL”中输入选择该菜单项要跳转的地址，单击“确定”按钮完成插入操作。

7. 其他表单对象

除以上表单对象外，Dreamweaver 还提供了文件域、图像域、隐藏域等表单对象，其中文件域允许用户把计算机上的文件作为表单对象上传给服务器，但必须有服务器端脚本去处理提交的文件；图像域可以在表单中插入一个图像，以生成图形化按钮，如“提交”或“重置”按钮；隐藏域用于存储用户输入的信息，在该用户下次访问此站点时使用这些数据。这些表单对象的操作方法与上述 6 个表单对象的操作方法大同小异，由于篇幅有限，在此不再叙述。

5.2.3　表单实例

下面通过实例讲解插入表单的一般过程。在网页中插入表单对象，考虑网站布局的需要，一般首先插入表单域，然后插入表格以约束各表单元素的位置，最后在表格的各单元格之间再插入表单对象。设计完成后的网页如图 5-10 所示。

此实例的具体操作方法如下：

（1）新建网页，插入表单域，表单域的属性设置为默认状态。

（2）在表单域中输入“用户注册信息”并居中显示。

（3）在表单域中插入一个 6 行 2 列的表格，表格的边框设为 0，宽度为 600，并居中。

（4）在表格的第 1～5 行的第 1 列分别输入“用户名”、“密码”、“确认密码”、“性别”、“爱好”等文字信息。

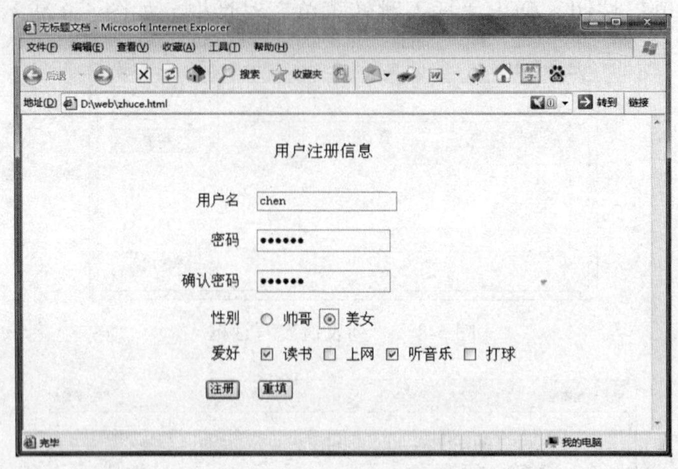

图 5-10 “表单”实例

（5）在表格第 1 行第 2 列输入一个文本域；表格的第 2 行和第 3 行的第 2 列输入 2 个文本域，在其属性面板中修改属性，使其变为密码域。

（6）在表格的第 4、5 行的第 2 列分别插入单选按钮、复选框及对应的文本信息；注意每个单元格中的几个按钮名称应该相同。

（7）在第 6 行的第 1 列和第 2 列分别插入“按钮”对象，在属性面板中设置其值分别为“注册”和“重填”，动作类型分别为“提交表单”和“重设表单”。

至此，网页设计完成，保存文件后浏览网页，重点查看密码域输入的是否为密码形式、“性别”选项中是否允许多选、“重填”按钮是否可以使表单数据重置等内容。

5.3 搭建动态网站设计环境

通过前几章内容的学习，我们已经学会了一个图文并茂的网站设计与制作的方法。但要在网站中实现与用户的交互，如按照访问者的要求进行查询、发表意见、在线交谈、用户留言等，则需要进行动态网页设计。另外，网站的内容需要实时更新，通过动态网站设计，能够实现网站的实时更新。正因为如此，现在的网站大部分都是在使用 Dreamweaver 进行页面设计的基础上，采用动态网站制作技术如 ASP、JSP、PHP、ASP.net 等进行动态编程。

在实际工作中，网站制作的岗位也包括网页美工岗位和编程岗位，其中网页美工岗位的主要任务是利用 Photoshop 处理图片、利用 Flash 制作动画，并通过 Dreamweaver 将文字、图片、动画进行整合，制作出让人赏心悦目的网页，我们通常叫网页前台；网页编程岗位的职责是采用 ASP 等众多的编程技术编写后台的代码，实现网站的交互。

本书主要讲述静态网站的有关知识，但考虑到网页设计人员制作的网页（站）要与编程人员进行交流，静态网站制作人员必须了解一些简单的动态网站制作知识；在网站制作中，一般的网站制作公司都开发了自己的后台程序，网站设计人员只要了解少部分代码知识也可以利用现成的代码设计交互网站；同时，网站编程人员有时需要网站美工修改网页的呈现效果，此时交给美工的是一个动态的网站，了解动态网站的简要知识显得尤为必要。

本节在简要介绍常用的动态网站设计的基础上，重点介绍动态网站开发环境与运行环境的架设，下一节将通过一个例子介绍简单的动态网站设计知识。

5.3.1 动态网站设计简介

网站可以分为静态网站和动态网站。静态网站的内容是固定不变的，它不能实现访问者与网站的交互，如果修改网站的内容必须修改网站的 HTML 代码。随着网站信息的不断增加，其维护工作量大得出乎想象。动态网站是具有交互性的网站，能够实现网站的自动更新。

在制作动态网站过程中，网站美工利用可视化的网站设计与制作工具（如 Dreamweaver）制作前台，由编程人员编制网站后台程序。由于一套程序可以供多个相同类别的网站使用，所以在网站制作单位，虽然编写程序需要大量的工作，但由于是一次性工作（甚至可以直接购买网站后台代码或直接下载免费的代码，这是一些中小网站制作公司经常采用的方法），因此网站设计的主要任务是网页的前台设计，大量的工作是网站美工完成的。

常用的后台编制语言包括 ASP、JSP、PHP、ASP.net。由于 ASP 具有功能强、学习简单等特点，在网站开发中一直处于统治地位。据统计，目前 80%以上的中小企业网站制作均采用 ASP 技术，本章重点介绍 ASP 技术。

ASP 技术是 Microsoft Active Pages 的简写，是微软公司提供的一套开发服务器端脚本的环境。ASP 可以用来创建和运行动态网页或 Web 应用程序。ASP 网页可以包含 HTML 标记、普通文本、脚本命令以及 COM 组件等。利用 ASP 可以向网页中添加交互式内容，也可以创建使用 HTML 网页作为用户界面的 Web 应用程序。ASP 技术使用 VBScript 等简单易懂的语言，结合 HTML 代码，可快速完成网站应用程序的编写，这是 ASP 的最大优点。由于 ASP 简单易学，又有微软的强大支持，所以目前 ASP 使用非常广泛，很多中小企业网站、甚至部分大型站点都是用 ASP 开发的。ASP 目前可以在 Windows NT、Windows 2000、Windows XP 上运行，它对客户端没有什么特殊的要求，只要有一个普通的浏览器就可以了。

ASP 脚本的工作原理是，当用户访问的网页以.asp 为后缀名时，该访问请求就被发送到 Web 服务器上，Web 服务器就调用 ASP 服务程序将该脚本加以解析，自动生成相应的 HTML 代码，并将该代码返回到客户端的浏览器中执行，用户就可以看到该文件的执行结果。用户通过表单提交的数据不同，得到的结果不同，以此实现用户的交互。

5.3.2 配置 ASP 服务器

由于 ASP 程序只有在 ASP 服务器上才能被解析与执行，在制作动态网站时需要架设 ASP 服务器。用户可以通过 Windows 自带的 IIS（Internet Information Server）架设 ASP 服务器，也可以通过其他软件架设小型的 ASP 服务器。

1. 安装 IIS 服务器

IIS 被分成了很多组件，在 Windows 中默认是不安装的。如果要架设 ASP 服务器，需要安装这些组件。安装 IIS 的具体步骤如下：

（1）依次选择“开始”→“控制面板”→“程序与功能”，弹出如图 5-11 所示的窗口。

（2）单击“打开或关闭 Windows 功能”，弹出如图 5-12 所示的对话框，在此对话框将红框中的选项全部勾选，单击“确定”按钮，即可完成 IIS 的安装。

（3）测试是否安装成功。在安装完成后，需要测试一下 IIS 是否安装成功。打开 IE 浏览器，在地址栏中输入 http://localhost/，出现如图 5-13 所示的标志，表示 IIS 已安装成功。

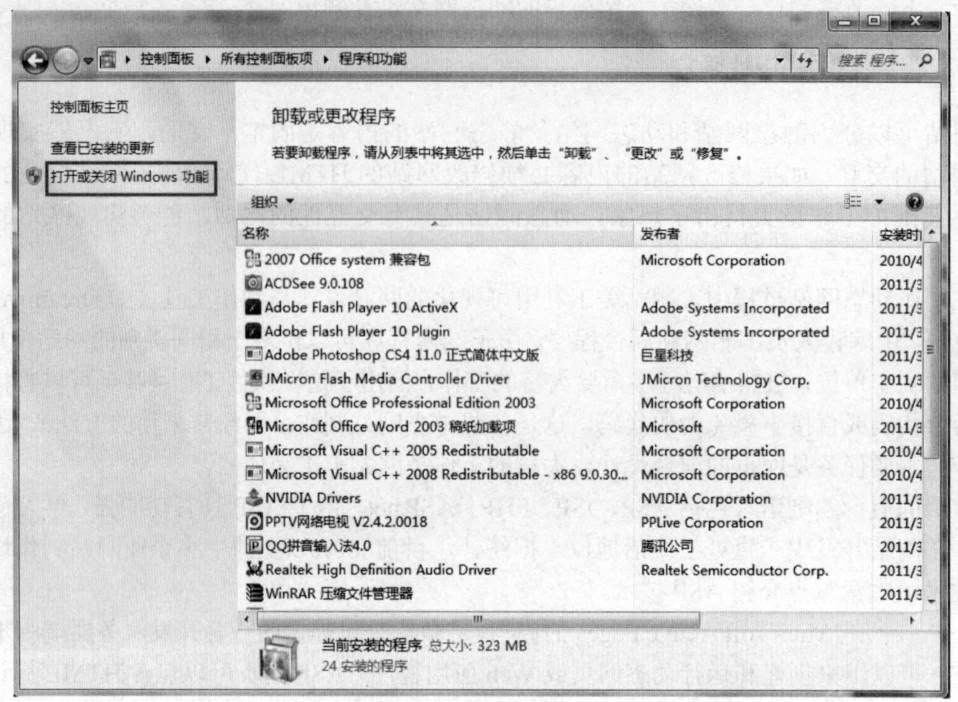

图 5-11 安装 IIS

图 5-12 “Windows 功能”对话框

图 5-13 IIS 安装成功

2. 添加虚拟目录

为了在一个服务器上制作多个网站，需要添加虚拟目录，每一个虚拟目录就是一个网站。添加虚拟目录的方法如下：

（1）单击任务栏中“开始”，打开“控制面板”，双击“管理工具”选项卡，打开“Internet 信息服务（IIS）管理器”会弹出“Internet 信息服务（IIS）管理器”窗口，如图 5-14 所示。

图 5-14　Internet 信息服务（IIS）管理器窗口

（2）在该窗口左侧找到 UVAJVE9JY1SSKMB，将其前面的小三角展开后，右击选择“添加虚拟目录”命令，如图 5-15 所示。

图 5-15　添加虚拟目录

（3）在弹出的“添加虚拟目录”对话框中填写虚拟目录名称及实际网站的物理地址，如图 5-16 所示，单击“确定”按钮，可完成“虚拟目录”的添加。

图 5-16 设置服务器地址

3. 设置默认文档

默认文档是指打开网站时访问者看到的第一个网页。在如图 5-17 所示的窗口中找到“默认文档”选项，右击选择“打开功能”命令，可以对现用的默认文档位置进行上下移动，也可以添加默认文档。

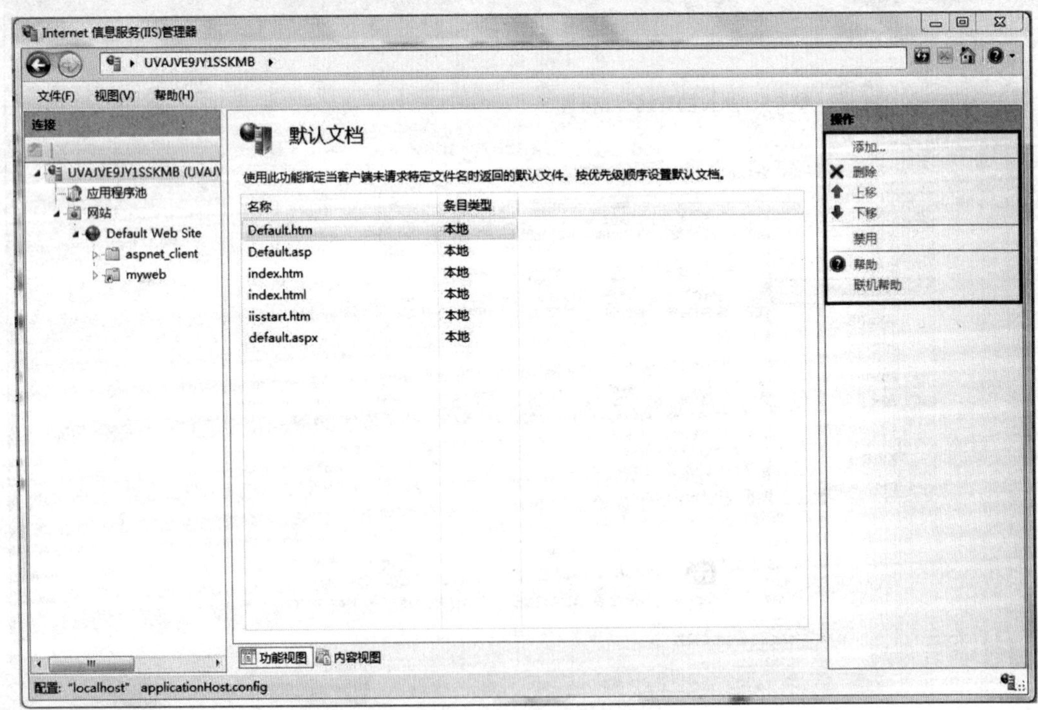

图 5-17 设置默认文档

5.3.3　其他小型的 ASP 服务器

除 IIS 外，也有许多专门用于 ASP 开发的小型服务器，下面介绍一款由 lamp 公司开发的 ASP 服务器，虽然其体积较小，但可以在 Windows 系统上调试和发布 ASP 程序，并且完全支持 Access、SQL 等常用数据库。

在网上下载该软件、安装并打开后，出现如图 5-18 所示的界面。单击“启用服务”可以启动 ASP 服务；单击“系统置”，可以设置服务器的参数，如图 5-19 所示。

图 5-18　ASP 服务器的界面

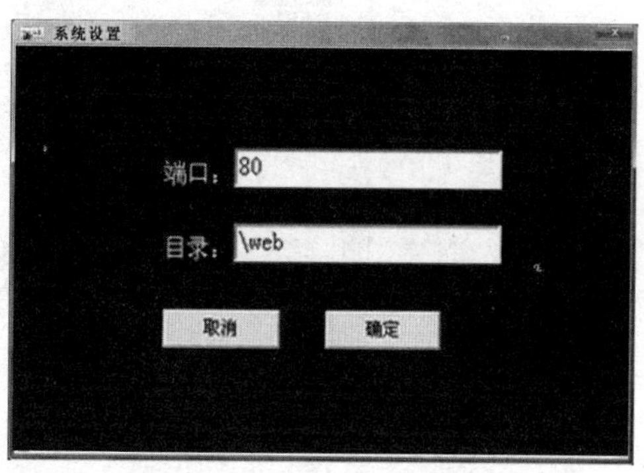

图 5-19　ASP 服务器的设置

启动服务后，打开 IE 浏览器，输入 http://localhost/，出现如图 5-20 所示的界面，表示 ASP 服务器安装成功，其服务器根目录为安装路径中的 Web 目录。

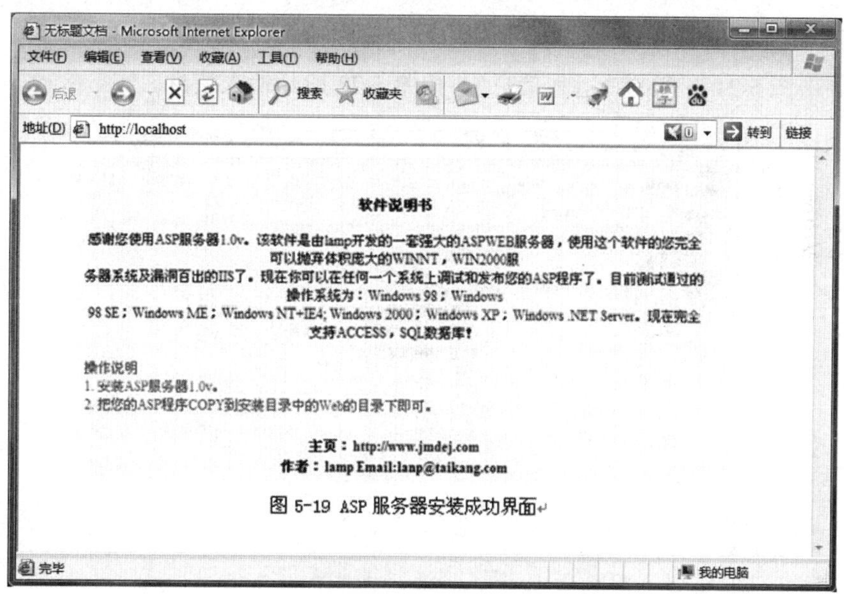

图 5-20　ASP 服务器安装成功界面

5.3.4　开发环境的搭建

安装完成 ASP 服务器后，就可以在 Dreamweaver 中搭建开发环境，制作动态网站。下面以 5.3.3 节中的 ASP 服务器为例介绍 Dreamweaver 中开发环境的搭建。假设 ASP 服务器安装在“D:\ASP 服务器”下，则网站的根目录应放在“D:\ASP 服务器\web”目录下。

搭建 ASP 动态网站开发环境的步骤如下：

（1）打开 Dreamweaver，新建站点，在“高级”选项卡中输入如图 5-21 所示的信息，注意本地根文件夹一定要处于“D:\ASP 服务器\web”目录下。

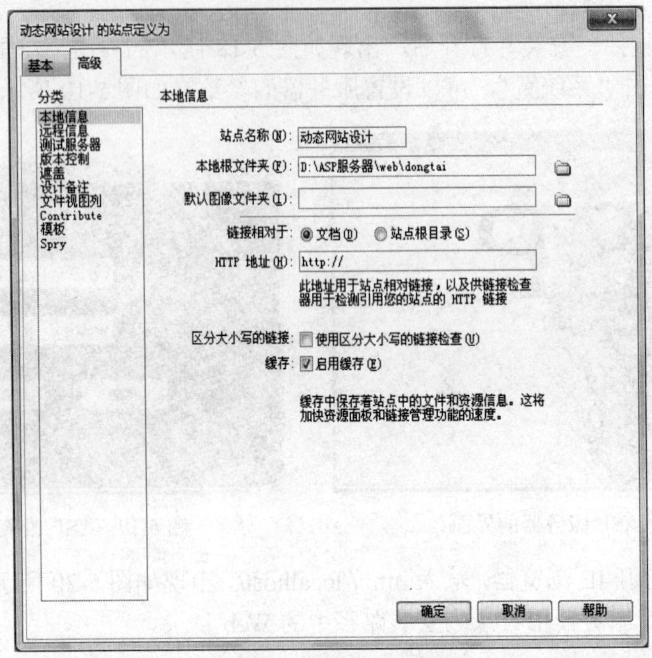

图 5-21 站点本地信息

（2）单击图 5-21 左侧的“远程信息”，按图 5-22 所示输入信息。

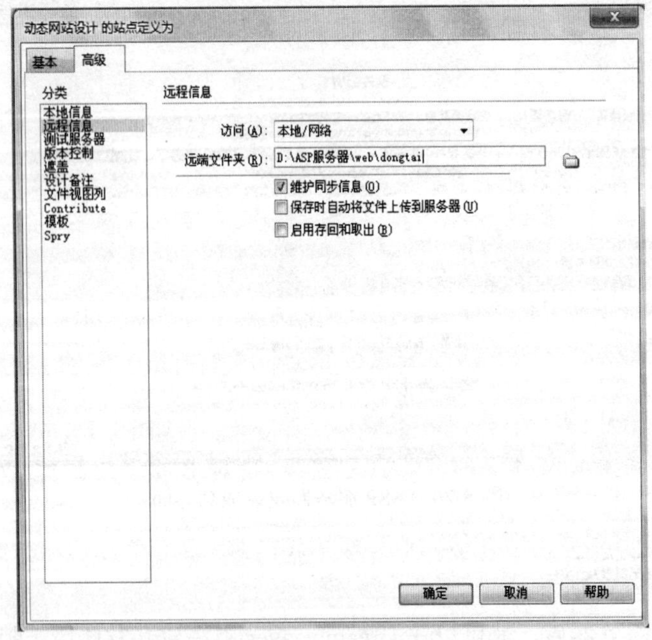

图 5-22 站点远程信息

（3）单击图 5-22 左侧的“测试服务器”，按图 5-23 所示输入信息；由于新建的网站在 ASP 服务器根目录的子目录下，注意在“URL 前缀”中输入子目录的名称。

（4）单击“确定”按钮完成开发环境的搭建。要测试服务器架设是否成功，可以在图 5-24 所示的站点文件窗口中新建一个名称为 index.asp 的文件，双击输入“测试”字样。单击“在浏览器中预览/调试”，（或者打开 IE 浏览器，输入 http://localhost/dongtai，其中 dongtai 是根目录中子目录的名称），如果能够正常打开并访问网页（图 5-25），表示网站的开发环境搭建成功。

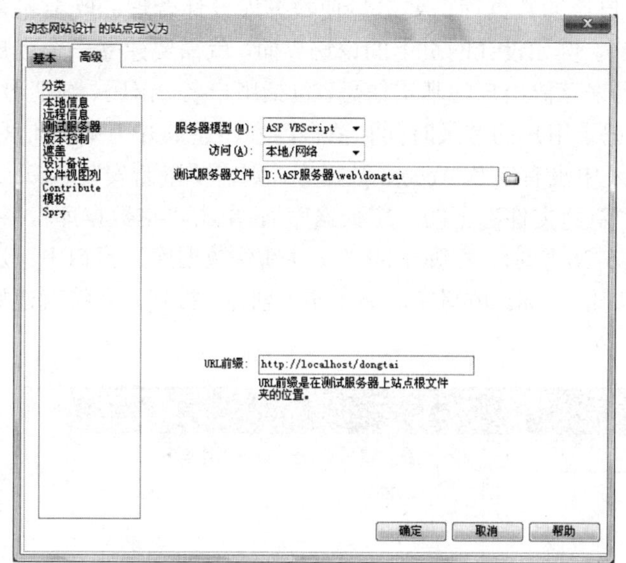

图 5-23　站点的远程服务器信息

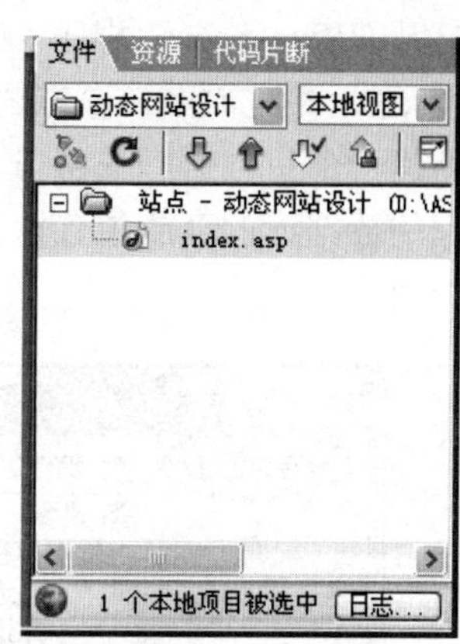

图 5-24　新建文件

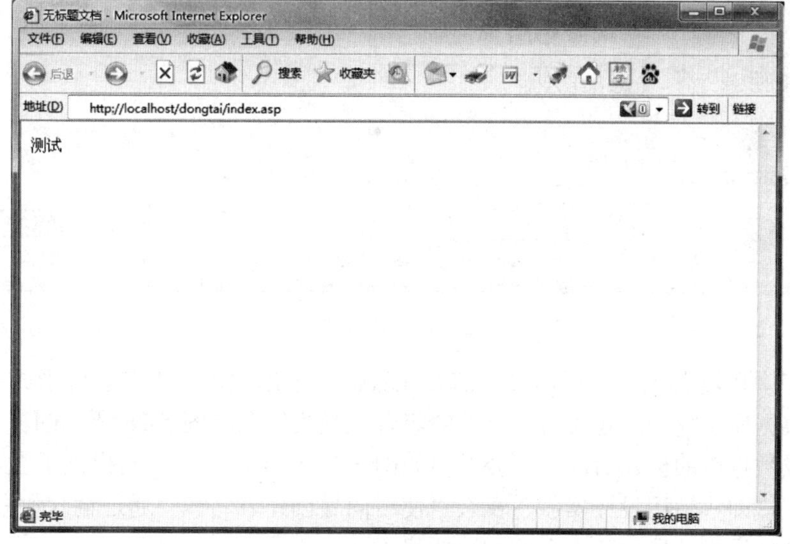

图 5-25　开发环境搭建成功的界面

为了保证开发工作的正常进行，以上环境搭建必须经过成功测试，否则以下的工作将有可能无法完成。

5.4 数据库的建立与连接

一般情况下，动态网站就是通过 ASP 编写的脚本调用数据库中的数据。在中小企业网站中，一般采用 Access 数据库，ASP+Access 的模式是中小企业网站的常用制作架构。

5.4.1 数据库建立

在创建数据库之前，首先要规划自己的数据库，要尽量使数据库设计合理。既要包含重要的信息，又要能节省数据的存储空间。例如设计网页上的论坛界面，就需要建立一个用户数据库，添加一个保存用户信息的表，用来存放用户的基本信息，包括用户名、密码、注册时间。还需要一个记录用户登录信息的表，记录用户的登录时间、留言内容、登录 IP 字段等信息。

打开 Office Access 程序（如果系统中没有安装 Access 数据库，则需要重新安装 Access 数据库），进入其主界面，在右侧找到“新建文件”下的“空数据库”。单击“空数据库”，将会弹出新建一个空数据库的窗口，如图 5-26 所示。在弹出的“文件新建数据库”窗口中，选择新建立的数据库的存放位置以及数据库的名称。填写完成后单击“创建”按钮，系统就建好了一个空数据库。

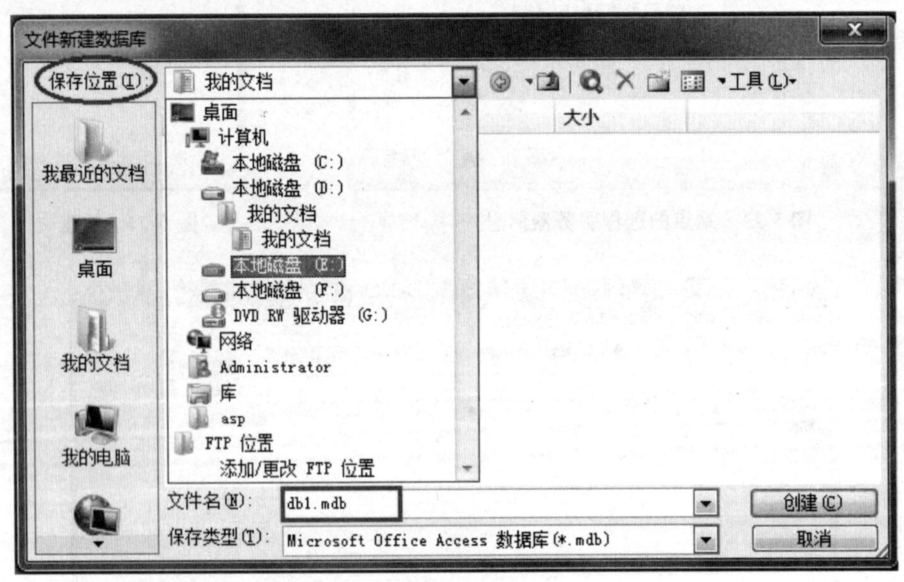

图 5-26 创建数据库

空数据库中还没有包括数据信息，需要在数据库中创建表。表在表现形式上是一个二维表格，一个数据库实际上是包含有多个表的集合。当我们在如图 5-26 所示的窗口中单击“创建”按钮完成数据库的创建后，系统会弹出如图 5-27 所示的窗口，它提供了 3 种在数据库中创建表的方法，即“使用设计器创建表”、“使用向导创建表”和“通过输入数据创建表”。我们可以采用“使用设计器创建表”的方法新建表。

创建表分为两步，第一步是创建表的结构，即定义表中每一列（字段）的属性，第二步是向表中添加数据。在图 5-27 所示窗口中单击“使用设计器创建表”，可以弹出如图 5-28 所示的定义表的结构对话框，在此创建表的结构。

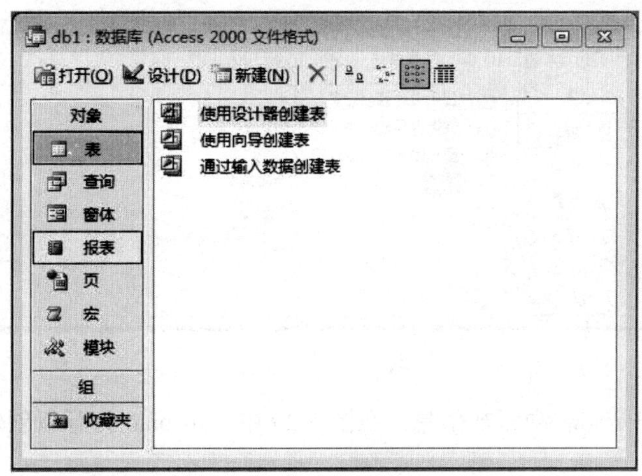

图 5-27　创建表

双击“使用设计器创建表”选项，在新弹出的窗口中填写字段名称，选择该字段相应的数据类型，搭建起表的基本结构。例如我们要创建的是一个记录用户登录信息的表，则需要有“编号”、“用户名”、“电话”、“邮箱”、“内容”等字段。考虑到编写程序的需要，一般用字母表示如 id、user、tele、mail、content。

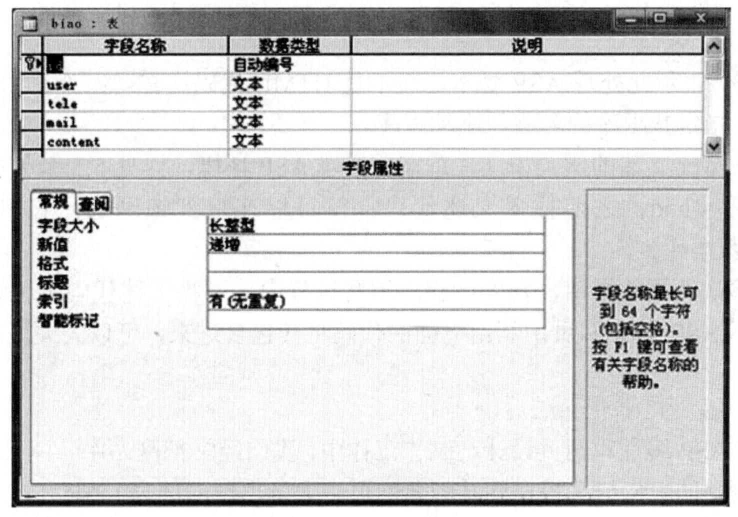

图 5-28　设置表的结构

一般需要为一个数据表设置一个主键作为一条记录的唯一性识别字段。设置主键的方法是在左侧选中作为主键的一行右击，在弹出的菜单中选择“主键”命令，此行字段即被设置成主键，在该字段前出现小钥匙标记。字段数据类型的设置不用自己填写，只需将光标定位到该单元格，右侧即可出现下拉菜单，从中选取需要的数据类型。

设计完成表的结构后，单击工具栏中的“保存”按钮，将弹出“保存表结构”对话框，修改表的名称，单击“保存表结构”对话框中的“保存”按钮，关闭表结构设计窗口。在“db1 数据库”对话框中将出现所创建的表，如图 5-29 所示。

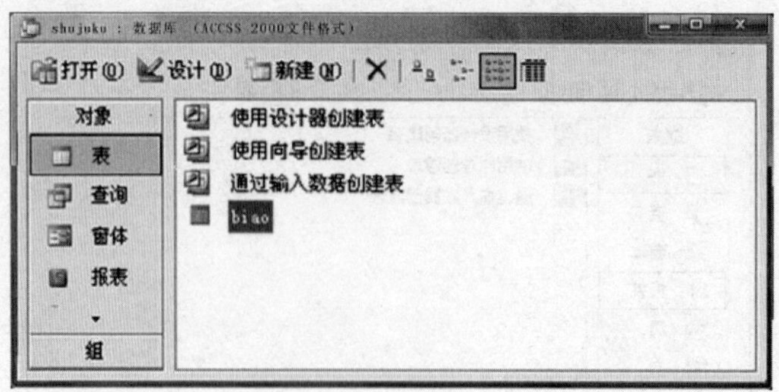

图 5-29 新建表

创建表的第二步是向表中添加信息，在图 5-29 中双击 biao 打开新创建的表，根据表字段添加相应的信息。

5.4.2 在网页中连接数据库

要对数据库进行操作，首先要连接数据库。网页中连接数据库的代码如下：

```
<%
mdb = server.mappath("db1.mdb")
set Conn = server.createobject("adodb.connection")
Conn.open "driver={microsoft access driver (*.mdb)};dbq=" & mdb
%>
```

其中<%…%>表示此处是 ASP 脚本，而不是 HTML 代码；在<%…%>之间列出了建立数据库连接对象，指定数据库的名称与驱动程序。

在 Dreamweaver 新建的网页中（注意需要搭建 ASP 环境，详见 5.3 节）打开“代码”视图，在<body>和</body>之前插入上述代码，就可以连接到该网页所在目录下的名称为 shujuku.mdb 的数据库。

由于需要多次调用数据库，在实际程序编写过程中，可将上述代码单独编写进一个文件（名称为 CONN.ASP），在网页中利用下面的代码将其包含进来，可以大大提高编写程序的工作效率。

```
<!--#include file="CONN.ASP"-->
```

实际上，在 ASP 编程和网页设计与制作工作中，我们经常把网站中各网页相同的部分（如网站的标题、网站的版权信息等在网站的各网页中大量出现的部分）编写成一个独立的文件，用上面的代码进行包含操作。这样做的好处是，在修改时只需要修改一个文件，就可以实现所有文件的更新。

由于数据库连接操作中，未向浏览器发送任何信息，所以在预览网页时，只要正常打开浏览器，不出现错误提示，即表示数据库连接成功。同样，正确连接数据库是进一步操作数据库的基础，如果此处不成功，对数据库的所有操作都不会成功，所以需要读者一定要完成此步操作后再向下操作。

5.5 交互网站设计——留住客户信息

某企业的网站为了能提高网站的交互功能，及时了解用户的需求、意见和建议，要求在其网站增加“给我留言”栏目，在留言显示下面是添加留言区域，输入姓名、电话、电子邮件和客户需求等内容，单击“提交”按钮后，留言会显示在留言显示区域。

5.5.1　显示客户留言

（1）架设 ASP 服务器和开发环境，详见 5.3 节相关内容。其中服务器根目录、站点名称与 5.3 节内容相同。

（2）数据库与数据库中表的建立，详见 5.4 节相关内容，其中数据库的名称、表的名称、表中字段的名称与 5.4 节内容相同，并且在数据表（名称为 biao）中输入至少一条记录。

（3）建立数据库连接专用文件。在 Dreamweaver 的“文件”面板中右击，新建一个 conn.asp 的文件，双击该文件，打开“代码”视图，删除其中的所有代码，输入以下代码。

```
<%
mdb = server.mappath("db1.mdb")
set Conn = server.createobject("adodb.connection")
Conn.open "driver={microsoft access driver (*.mdb)};dbq=" & mdb
%>
```

（4）在新建的站点中新建网页文件，文件名称为 liuyan.asp，在此文件的<body>和</body>中输入如下代码：

```
<!--#include file="conn.asp"-->
```

此时预览网页，能够正常预览（不显示代码错误，但没有其他信息），表示数据库连接成功。

（5）在网页的“设计”视图中输入以下信息，并设置其格式。

客户序号：
客户姓名：
客户电话：
客户邮箱：
客户需求：

设计完成后，打开“代码”视图，可以看到其中的 HTML 代码如下（部分）：

```
<p>客户序号:</p>
 <p>客户姓名:</p>
 <p>客户电话:</p>
 <p>客户邮箱:</p>
 <p>客户需求:</p>
 <hr/>
```

其中，<hr/>是插入了一条水平线。

（6）从数据库提取数据。首先打开 DB1.MDB 数据库，打开其中的表（名称为 biao），查看其表结构，记下表中各字段的名称。然后在 Dreamweaver 中打开 liuyan.asp 的“代码”视图，找到刚才输入的信息部分，将其修改为如下代码：

```
<p>客户序号:<%=rs("id")%></p>
<p>客户姓名:<%=rs("user")%></p>
<p>客户电话:<%=rs("tele")%></p>
<p>客户邮箱:<%=rs("mail")%></p>
<p>客户需求:<%=rs("content")%></p>
```

其中<%=rs("id")%>用于显示 ID 信息，<%=rs("user")%>用于显示客户姓名，依此类推。

在此部分代码前面和后面分别输入如下两段代码：

```
<%
Set Rs=server.CreateObject("adodb.recordset")
sqlyqlj="select * from biao order by ID "
set rs=conn.execute(sqlyqlj)
if rs.eof then
else
while not rs.eof
%>

<%
Rs.movenext
wend
end if
rs.close()
Set rs=nothing
%>
```

代码说明：

- Set Rs=server.CreateObject("adodb.recordset")建立了一个记录集对象，用于操作数据表。
- sqlyqlj="select * from biao order by ID "用于设置该记录集的属性，在此列出了要操作的表的名称。
- set rs=conn.execute(sqlyqlj)打开执行该记录集。
- if rs.eof then、else 和 end if 构成了一个分支结构，表示当记录集未结束时执行中间的操作。
- while not rs.eof、Rs.movenext、wend 构成了一个循环结构，循环显示表中的各条记录。

保存并预览网页，出现如图 5-30 所示的信息，即在网页中显示了数据库中的信息。

图 5-30　显示客户信息

5.5.2　客户留言

（1）新建一个名称为 kehuliuyan.asp 的网页，并在 liuyan.asp 的设计视图中制作一个名称为“我要留言”的链接，方便用户打开留言网页。

（2）双击 kehuliuyan.asp，在“设计”视图中插入以下表单对象，如图 5-31 所示。

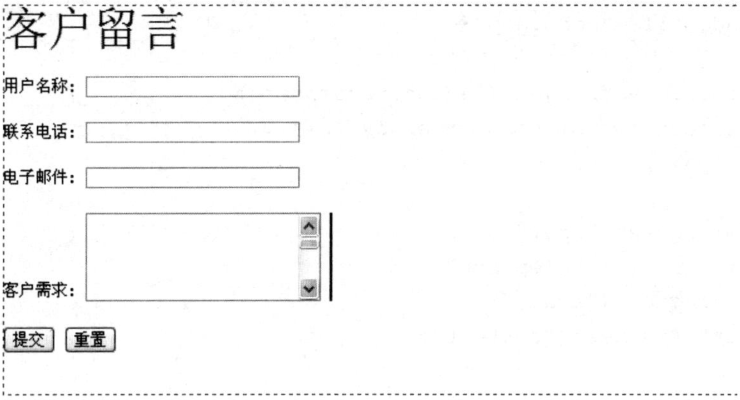

客户留言

用户名称：

联系电话：

电子邮件：

客户需求：

提交　重置

图 5-31　客户留言界面设计

其中，图中 4 个文件框的名称分别为：user、telephone、email、content。由于在下面的程序设计中需要用到各表单对象的名称，所以此处要关注表单的名称，否则网页中将无法提取有关的数据。

（3）新建一个名称为 liuyanchuli.asp 的网页，它能够将姓名为“王五”、电话为 13987653421、电子邮件为 wang@163.com、留言信息为“我想了解一下你们的业绩”添加到数据库（注意，此处不是添加表单中的数据，而是特定数据）。

双击 liuyanchuli.asp 并打开“设计”视图，在<body>和</body>中输入如下代码：

```
<!--#include file-"conn.asp"-->
<%
Set Rs=server.CreateObject("adodb.recordset")
sqlyqlj="select * from biao order by ID "
rs.open sqlyqlj,conn,3,3
rs.addnew
rs("user")="王五"
rs("tele")="13987653421"
rs("mail")="wang@163.com"
rs("content")=" 我想了解一下你们的业绩!"
Rs.update
%>
```

其中<!--#include file="conn.asp"-->调用前面建好的文件，建立数据库的连接；在<%...%>中的第 1 行和第 2 行与前面的例子相同，建立了记录集对象；第 3 行打开该记录集对象；第 4 行在数据库中追加一条记录，第 5～8 行分别描述了该记录的值；第 9 行对数据库进行了更新操作；至此，追加记录完成。可以在 Access 中打开数据表查看数据库，其中：姓名 user 为“王五”、电话 tele 为 13987653421、电子邮件 mail 为 wang@163.com、留言信息 content 为“我想了解一下你们的业绩”。

（4）将表单数据追加到数据库。虽然步骤（3）可以追加记录，但追加的记录是静态的。如果我们想将图 5-30 中的表单信息追加到数据库中，就需要建立 kehuliuyan.asp 与 liuyanchuli.asp 的关联，并适当修改 liuyanchuli.asp 中的代码。

首先在 kehuliuyan.asp 中选中表单域，在其属性面板的动作栏中输入 liuyanchuli.asp，这样就建立了 kehuliuyan.asp 与 liuyanchuli.asp 的关联，即在 kehuliuyan.asp 单击“提交”按钮后，其余工作交由 liuyanchuli.asp 进行处理；然后打开 liuyanchuli.asp，将其代码视图修改为：

```
<!--#include file="conn.asp"-->
<%
Set Rs=server.CreateObject("adodb.recordset")
sqlyqlj="select * from biao order by ID "
rs.open sqlyqlj,conn,3,3
rs.addnew
rs("user")=request("user")
rs("tele")=request("telephone")
rs("mail")=request("email")
rs("content")=request("content")
Rs.update
%>
```

在 rs("user")=request("user")语句中，通过 request("user")将表单中的数据提交给 rs("user")，其中前一个 user 是数据库中字段的名称，而后面的 user 是表单对象的名称；同样，rs("tele")=request("telephone")中，tele 是数据表中字段的名称，而 telephone 是表单对象的名称。

在 liuyanchuli.asp 中加入文本“留言成功，现在查看”并将其链接到 liuyan.asp，完成客户网站的制作。网站的预预览效果如下：

1）预览 liuyan.asp 时，可以查看所有留言信息，如图 5-32 所示。

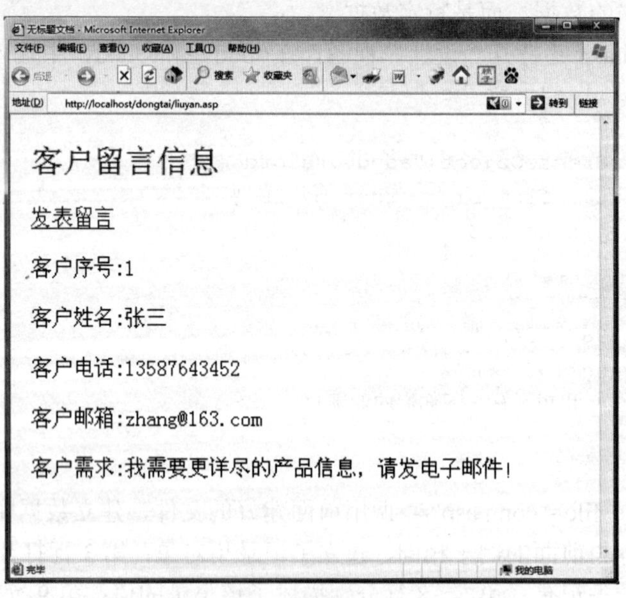

图 5-32　查看留言信息

2）单击“发表留言”，打开如图 5-33 所示的留言窗口，填写留言信息。

3）单击“提交”按钮，可以看到“留言成功，现在查看”字样；单击“留言成功，现在查看”，回到查看留言的窗口，并显示了输入的内容，如图 5-34 所示。

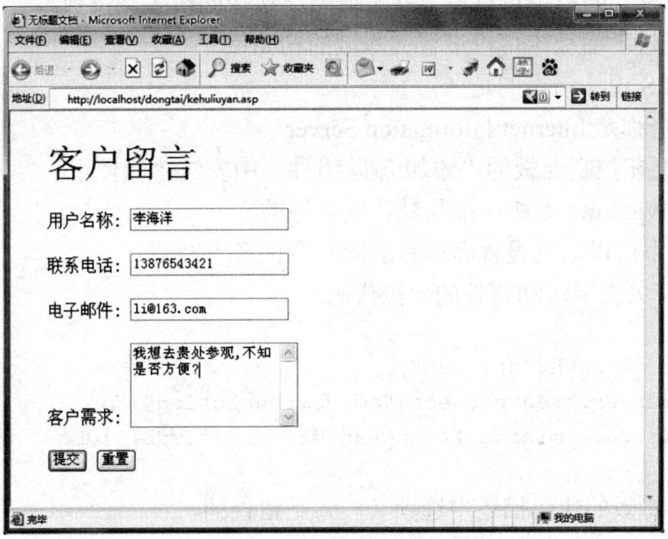

图 5-33　客户留言窗口

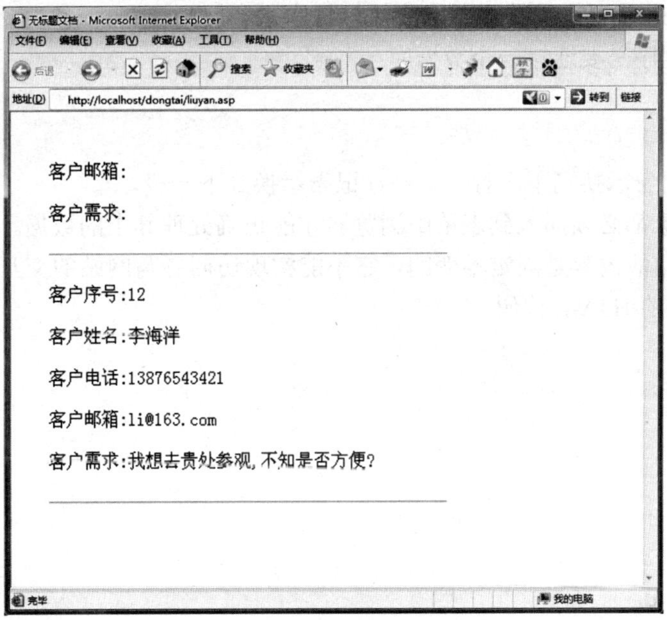

图 5-34　浏览效果

复习思考题

一、选择题

1．关于文本域的说法错误的是（　）。

A．在“属性”面板中可以设置文本域的字符宽度

B．在“属性”面板中可以设置文本域的字符高度

C．在“属性”面板中可以设置文本域所能接受的最多字符数

D．在“属性”面板中可以设置文本域的初始值

2．下列关于 IIS 说法错误的是（　）。

A．IIS 的全称是 Internet Information Server

B．IIS 需要在控制面板的“添加/删除组件”中安装才能使用

C．IIS 在 Windows 系统中都是默认安装好的

D．在 IIS 中可以通过设置虚拟目录同时测试多个网站

3．阅读下面有关文字滚动特效的一段代码：

```
<%
mdb = server.mappath("db1.mdb")
set Conn = server.createobject("adodb.connection")
Conn.open "driver={microsoft access driver (*.mdb)};dbq=" & mdb
%>
```

下面有关文字特效的代码描述中选项（　）是错误的。

A．其中<%...%>表示此处是 ASP 脚本，而不是 HTML 代码

B．Server 在本程序段中是服务器的意思

C．db1.mdb 是要连接的数据库路径与名称

D．本段程序是要连接一个数据库

二、判断题

（1）<P>标记表示换到下一行，
标记表示换到下一段。（　）

（2）表单对象都必须插入到表单中浏览器才能正确处理其中的数据。（　）

（3）静态网站的内容是固定不变的，它不能实现访问者与网站的交互，如果修改网站的内容必须修改网站的 HTML 代码。（　）

第 6 章　处理网页中的图像

【学习目标】

- 掌握图像处理的基本概念。
- 学会基本的图像处理工具的使用。
- 掌握 Photoshop 中抠图的方法。
- 学会使用 Photoshop 制作网页 Logo、网页背景及效果图。

【引导案例】

女性美食生活网旨在介绍女性的饮食文化，以时尚、健康为主题介绍有关女性饮食与美食的常识与保健。该网站共设有 5 个栏目，分别为：首页、饮食常识、营养饮食、饮食保健、餐饮宝典。

【任务分析】

这是小型网站作品，重点内容是对女性饮食内容与图像展示页面的设计与制作，通过网站的色彩与版式的设计突出美食的时尚、高雅和健康。素材均没有经过处理，需要使用 Photoshop 对图像进行编辑并制作出符合网站主题的网页 Logo、背景图像与网页效果图。

【相关知识】

6.1　图像处理基础知识

6.1.1　像素与图像分辨率

（1）像素。像素是位图图像的基本组成单位，它是一个有颜色的小方块，位图图像是由许多小方块组成，以行和列的方式排列，图 6-1 是将位图图像部分放大后看到的效果。

图 6-1　像素

（2）图像分辨率。图像分辨率指图像文件包括细节的信息和数量，就是单位面积内包含的像素数量。分辨率直接影响着图像文件的大小和图像质量的好坏，分辨率越高，图像文件越大，图像质量越好。

6.1.2 RGB 色彩模式

人眼能够看到的只是光谱的一小部分，通常被称为可见光谱。色彩模型旨在描述人眼看到的和使用的颜色。每个色彩模型代表一种描述和分类色彩的方法，而所有的色彩模型都是用数值来代表可见的色彩光谱。数字图像处理常用的颜色模式有很多，包括灰度模式、RGB 模式和 CMYK 模式。网页中的图像与图像处理都是基于 RGB 色彩模式的。

RGB 模型也称为加色模型，RGB 模型通常用于光照、视频和屏幕图像编辑。RGB 色彩模式使用 RGB 模型为图像中每一个像素的 RGB 分量分配一个 0～255 范围内的强度值。

RGB 图像是符合 RGB 颜色模型的，图像中每一个像素的颜色由存储在相应位置上的红、绿、蓝颜色分量共同决定。RGB 图像是 24 位图像，红、绿、蓝分别占用 8 位，理论上可以包含 1600 多万种不同的颜色。

6.1.3 位图与矢量图

位图是由不同亮度和颜色的像素所组成，适合表现大量的图像细节，可以很好地反映明暗的变化、复杂的场景和颜色，它的特点是能表现逼真的图像效果，但是文件比较大，并且缩放时清晰度会降低并出现锯齿。位图有种类繁多的文件格式，常见的有 JPEG、PCX、BMP、PSD、PIC、GIF 和 TIFF 等。

位图图像效果好，但放大以后会失真，图 6-2 中的右图是将左图放大后的效果。

图 6-2 位图放大后失真

而矢量图则使用直线和曲线来描述图形，这些图形的元素是一些点、线、矩形、多边形、圆和弧线等，它们都是通过数学公式计算获得的，所以矢量图形文件一般较小。矢量图形的优点是无论放大、缩小或旋转等都不会失真；缺点是难以表现色彩层次丰富的逼真图像效果，而且显示矢量图也需要花费一些时间。矢量图形主要用于插图、文字和可以自由缩放的徽标等图形。一般常见的文件格式有 AI 等。

矢量图图像效果差，放大以后不会失真。

6.1.4　网页图像的格式

每一种图像文件均有一个文件头，在文件头之后才是图像数据。文件头的内容一般包括文件类型、文件制作者、制作时间、版本号、文件大小等内容。各种图像文件的制作还涉及图像文件的压缩方式和存储效率等。常用的图像文件存储格式主要有 BMP、JPG、PCX、TIFF 以及 GIF 等。在网页中常用的图像格式包括 JPEG 和 GIF 两种。

（1）JPEG 格式。JPEG 是 Joint Photographic Experts Group（联合图像专家组）的缩写，文件后辍名为.jpg 或.jpeg，是目前网络上最流行的图像格式，是可以把文件压缩到最小的格式。JPEG 是一种有损压缩格式，能够将图像压缩在很小的存储空间。JPEG 压缩技术十分先进，它用有损压缩方式去除冗余的图像数据，在获得极高的压缩率的同时能展现十分丰富生动的图像，换句话说，就是可以用最少的磁盘空间得到较好的图像品质。在 Photoshop 软件中以 JPEG 格式储存时，提供 11 级压缩级别，以 0～10 级表示。其中 0 级压缩比最高，图像品质最差。

（2）GIF 格式。GIF 是 Graphics Interchange Format 的缩写，它是 CompuServe 公司于 1987 年推出的，全称是图形交换文件格式。该形式存储的文件主要是为不同系统平台上交流和传输图像提供方便。它是在 Web 及其他联机服务上常用的一种文件格式，用于超文本标记语言（HTML）文档中的索引颜色图像，但图像最大不能超过 64MB，颜色最多为 256 色。

GIF 图像文件采取 LZW 压缩算法，存储效率高，支持多幅图像定序或覆盖，交错多屏幕绘图以及文本覆盖。

GIF 主要是为数据流而设计的一种传输格式，而不是作为文件的存储格式。换句话说，它具有顺序的组织形式。GIF 有 5 个主要部分以固定顺序出现，所有部分均由一个或多个块（block）组成。每个块的第一个字节中存放标识码或特征码表示。这些部分的顺序为：文件标志块、逻辑屏幕扫描块、可选的“全局”色彩表块（调色板）、各图像数据块（或专用的块）以及尾块（结束码）。

GIF 格式支持动画，支持透明。

6.1.5　了解 Photoshop

Photoshop 是 Adobe 公司旗下最为出名的图像处理软件之一，集图像扫描、编辑修改、图像制作、广告创意，图像输入与输出于一体，深受广大平面设计人员和电脑美术爱好者的喜爱。

Photoshop 主要用来做图、抠图、图像的修复和调色以及图像的合成。

1. Photoshop 的界面

Photoshop 程序界面是指整个工作区，它是进行图像编辑的基础。Photoshop 安装后第一次运行或者没有改变任何一个窗口组件的窗口界面称为默认工作区。合理的工作区组成可以为高效地图像编辑提供服务。工作区主要包括应用程序栏、菜单栏、工具箱、控制面板、图像窗口、调板组、状态栏等，如图 6-3 所示。

2. 图像的创建

执行“文件”→“新建”命令，或按组合键 Ctrl+N，弹出“新建”对话框，如图 6-4 所示，在对话框中对所创建的文件进行设定。

应用程序栏
菜单栏
控制面板
文档标签
图像窗口
工作场所切换器
调板组
工具箱
状态栏

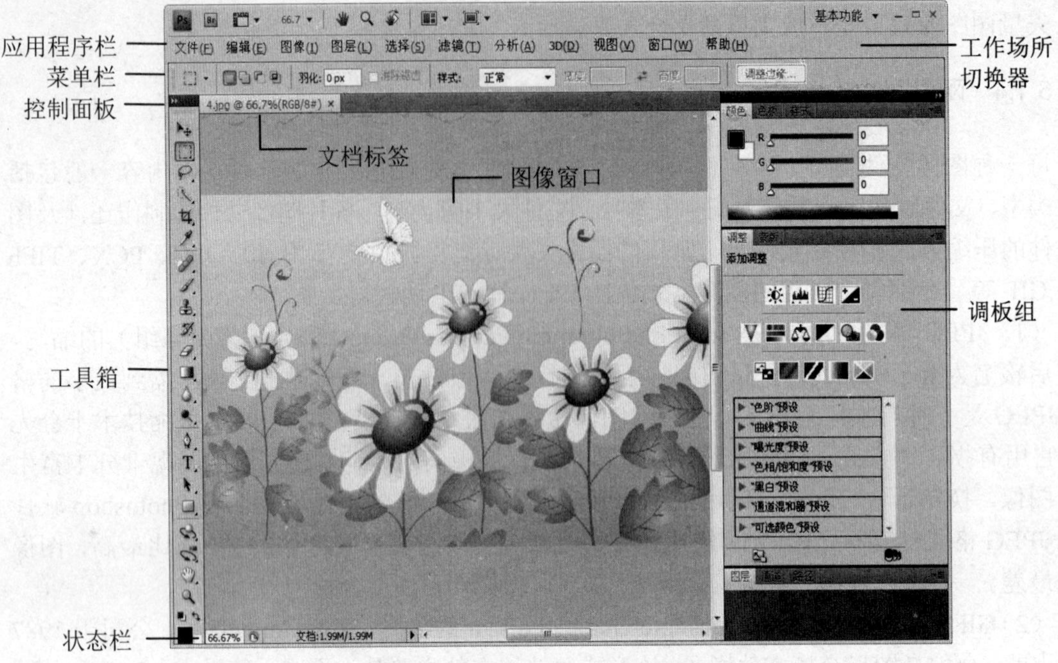

图 6-3　Photoshop CS4 的桌面环境

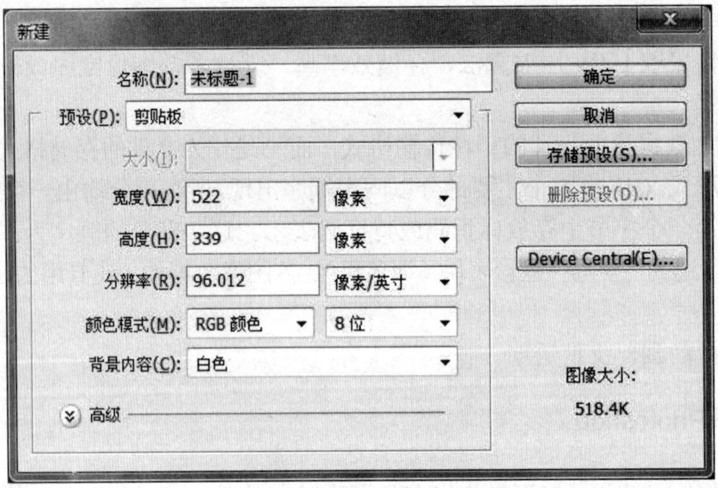

新建
名称(N): 未标题-1
预设(P): 剪贴板
大小(I):
宽度(W): 522 像素
高度(H): 339 像素
分辨率(R): 96.012 像素/英寸
颜色模式(M): RGB 颜色 8 位
背景内容(C): 白色
高级
确定
取消
存储预设(S)...
删除预设(D)...
Device Central(E)...
图像大小:
518.4K

图 6-4　“新建”对话框

3. 图像的打开

执行“文件”→“打开”命令，或按组合键 Ctrl+O，弹出“打开”对话框，如图 6-5 所示。在“查找范围”下拉列表中指定文件的路径，在文件窗口中选择要打开的文件，单击“打开”按钮，图像窗口中就会显示打开的图像。

“文件”→“最近打开文件”子菜单中列出了最近编辑过的文档，如图 6-6 所示。

4. 保存图像

执行“文件”→“存储”命令，可以保存图像文件。如果在制作过程中添加了新图层或通道，或对新建文件编辑后首次保存，则执行该命令时会打开“存储为”对话框，以便对其名称与格式进行设置。

图 6-5　“打开”对话框

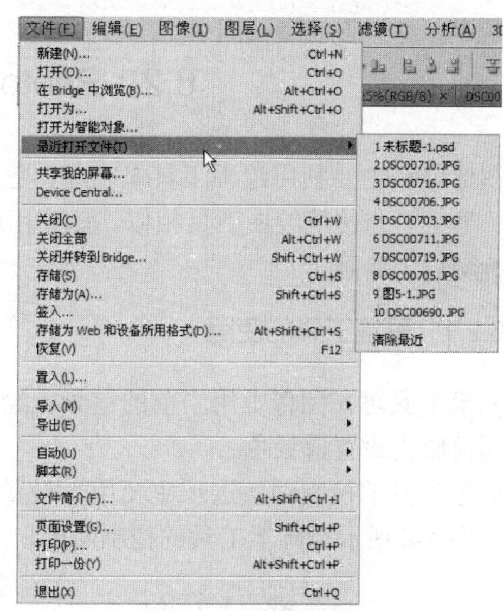

图 6-6　最近打开的文件

执行“文件”→“存储为 Web 和设备所用格式”命令，可以把当前图像文件保存成 Web 专用文件，同时可以对图像的颜色和文件的容量进行优化，如图 6-7 所示。

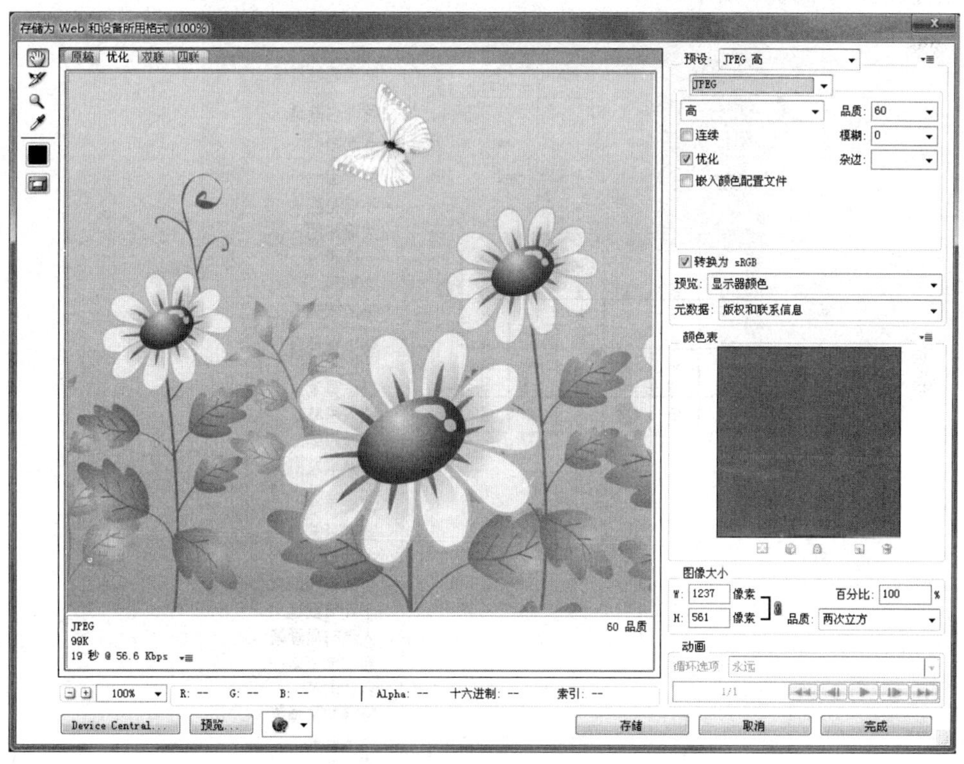

图 6-7　“存储为 Web 和设备所用格式”对话框

注意

在图像设计或编辑过程中，应每隔一段时间就执行一次保存命令，避免由于计算机的意外故障而造成一些不必要的损失。保存的快捷键是 Ctrl+S。

6.2 Photoshop 图像绘制

图像绘制主要利用绘画工具来完成，包括画笔工具、铅笔工具和颜色替换工具。画笔工具和铅笔工具与传统绘图工具相似，都使用画笔描边来应用颜色。颜色替换工具使用校正颜色在目标颜色上绘画。

6.2.1 画笔工具的使用

画笔工具可在图像上用当前的前景色绘制图像，画笔工具创建颜色的柔描边。绘画工具在使用前应先设置前景色。

画笔工具的控制面板选项主要用于设置画笔的形状与大小、混合模式、不透明度、流量等，如图 6-8 所示是画笔工具的控制面板。

图 6-8 画笔工具的控制面板

其中，“画笔”下拉选项用于选择画笔和设置画笔的形状与大小，Photoshop 提供了多种默认的画笔预设，如图 6-9 所示。

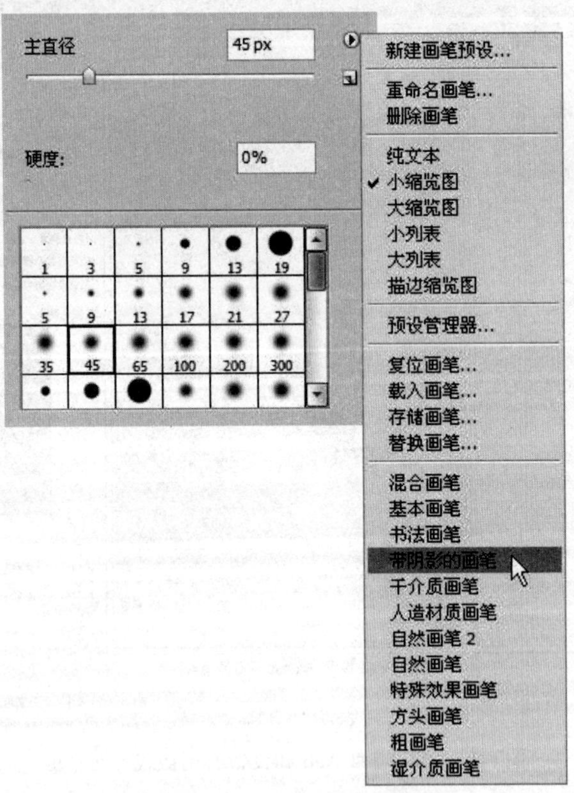

图 6-9 Photoshop 自带的画笔

除了使用 Photoshop 默认的画笔以外，还可以自定义画笔，下面以高楼的制作实例说明自定义画笔的使用和定义方法。

（1）新建文件，宽度为 1000 像素，高度为 600 像素，分辨率为 72，并以文件名“高楼.psd”保存。

（2）在“图层”面板下单击“新建图层”按钮新建图层，如图 6-10 所示。

（3）在工具箱中选择画笔工具，在公共属性栏中设置其主直径为 2px，如图 6-11 所示。

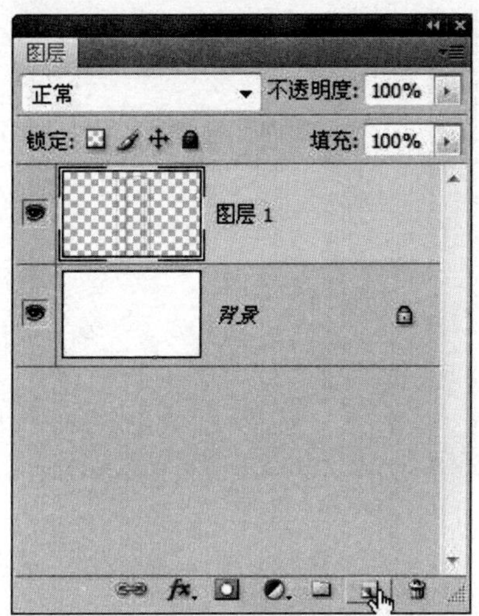

图 6-10　新建图层

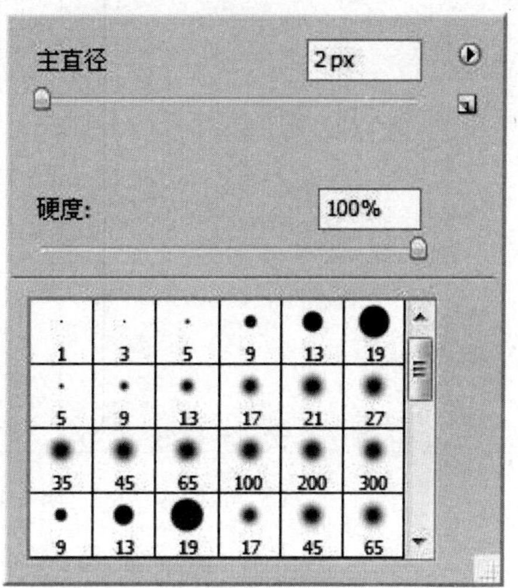

图 6-11　画笔主直径设置

（4）拖动鼠标绘制楼的轮廓，如图 6-12 所示。

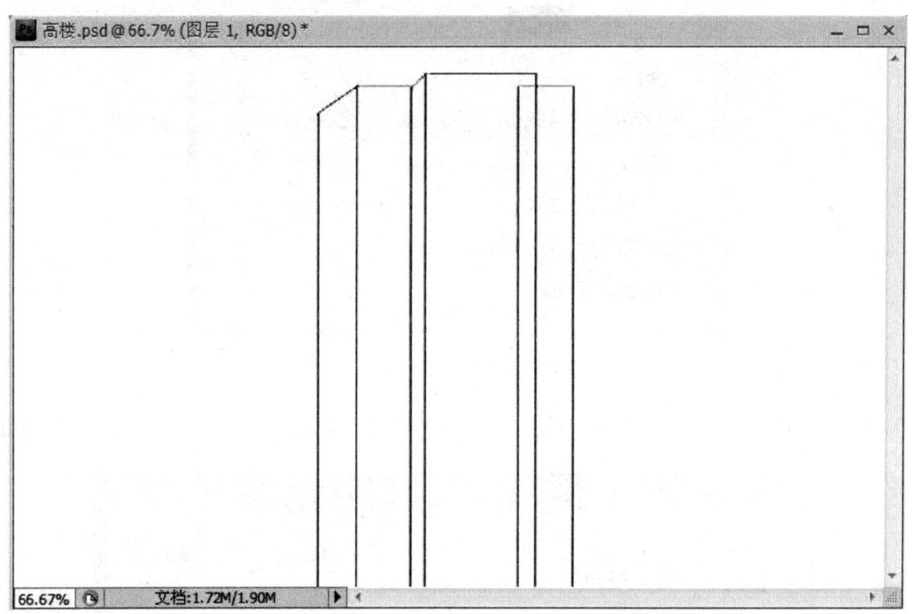

图 6-12　使用画笔绘制楼的外轮廓

提示：使用画笔时配合按下 Shift 键可以绘制直线。

（5）再新建一个图层，用矩形选框工具建立一个小方框的选区，如图 6-13 所示。

（6）执行“编辑”→“描边”命令，弹出“描边”对话框，如图 6-14 所示，设置描边的宽度为 2 px，位置为“内部”。

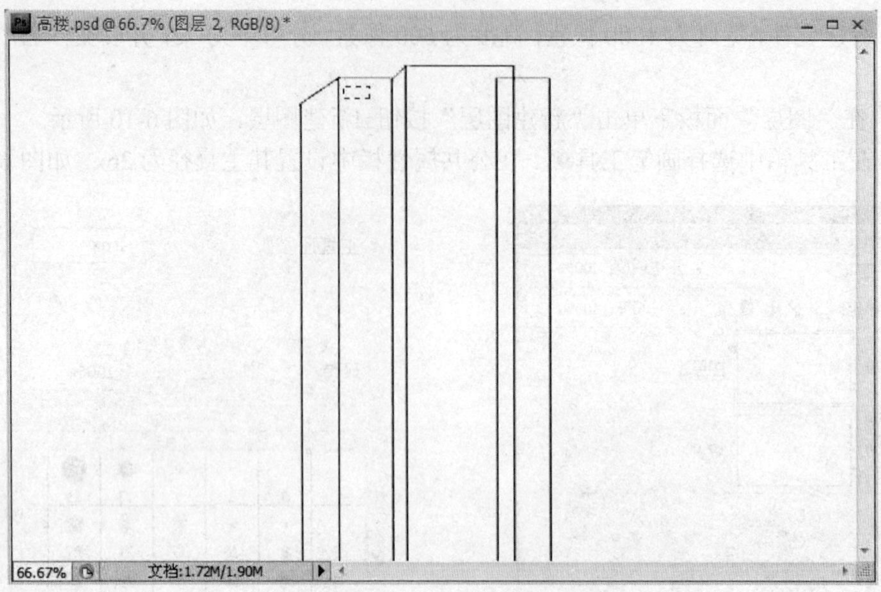

图 6-13 建立的选区

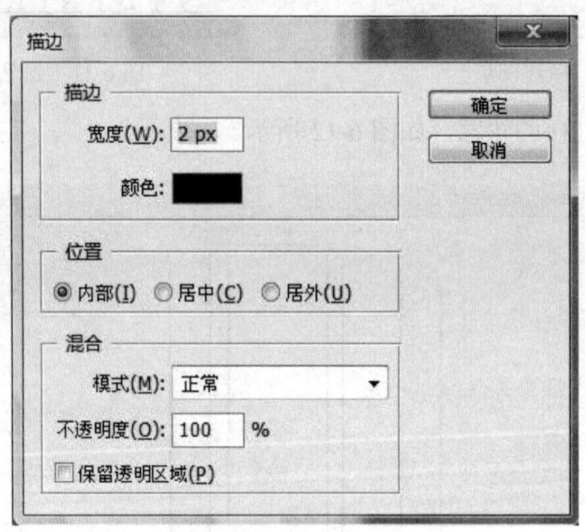

图 6-14 描边

（7）执行“编辑”→“自定义画笔”命令，弹出“画笔名称”对话框，如图 6-15 所示。

图 6-15 “画笔名称”对话框

（8）选择画笔工具，在其选项中的最后就会显示刚定义的画笔，选择它，如图 6-16 所示。

（9）在画笔工具的公共属性栏中单击按钮来设置画笔的属性，选择“画笔笔尖形状”，设置“间距”为 150%，如图 6-17 所示。

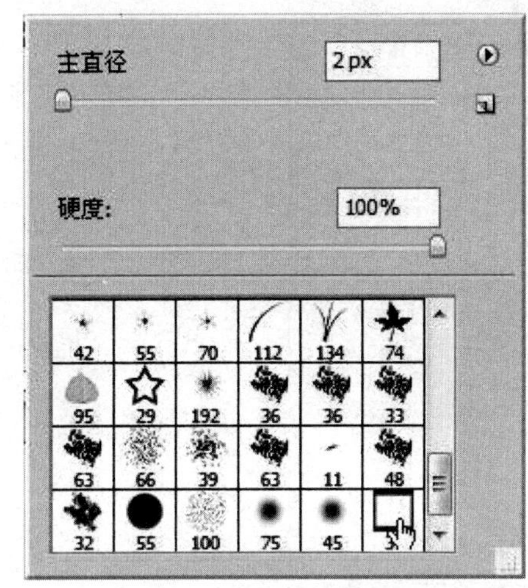

图 6-16　选择画笔形状

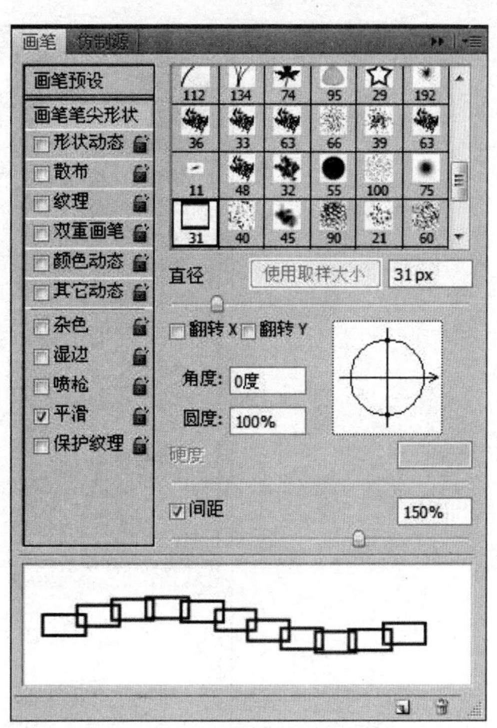

图 6-17　设置画笔属性

（10）按 Delete 键删除“图层 2”选框中的内容，按 Ctrl+D 组合键取消选区。

（11）按 Shift 键在合适的位置拖动鼠标，完成高楼内部窗格的制作，如图 6-18 所示。

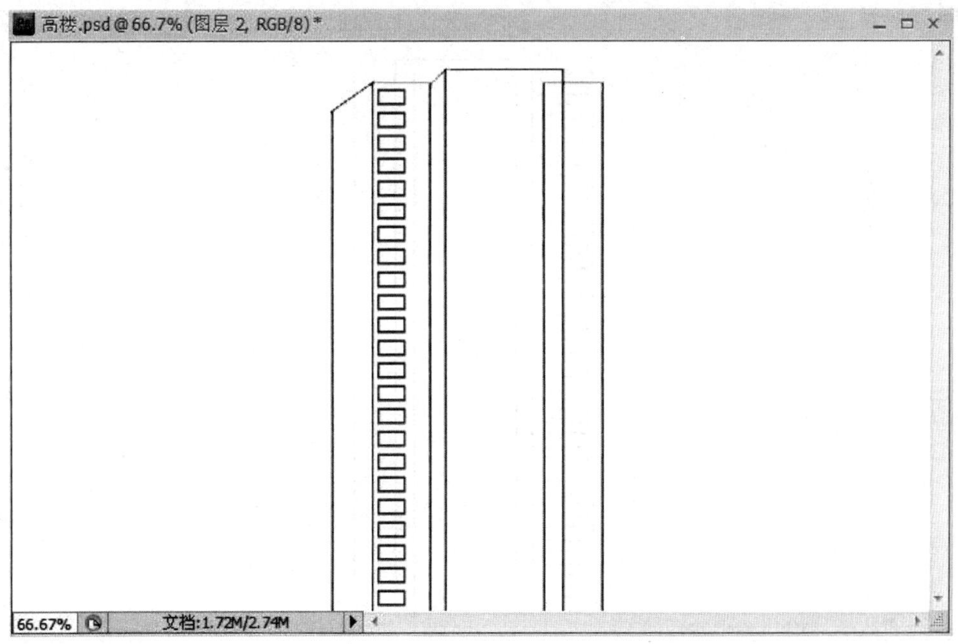

图 6-18　绘制高楼内部窗格

（12）再单击按钮在画笔选项中设置直径为“15 Px”，角度为“90 度”，间距为 300%，如图 6-19 所示。

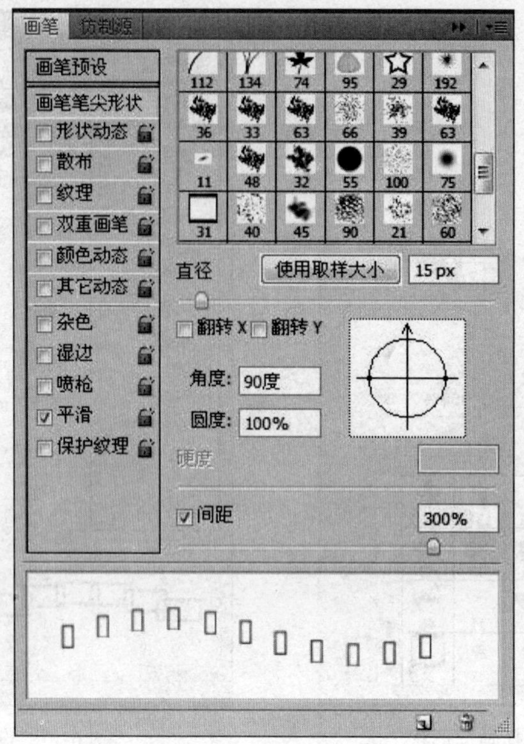

图 6-19 画笔设置

（13）按下 Shift 键在合适的位置拖动鼠标，补充高楼内部窗格，如图 6-20 所示。

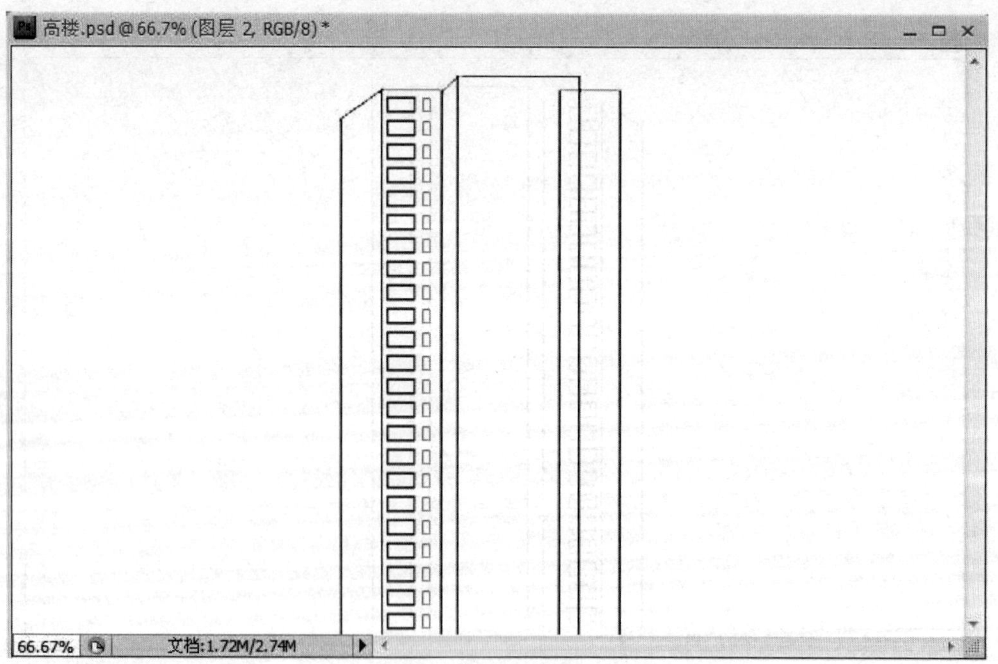

图 6-20 补充高楼内部窗格

（14）同样的方法制作高楼的其他部分，最终效果如图 6-21 所示。

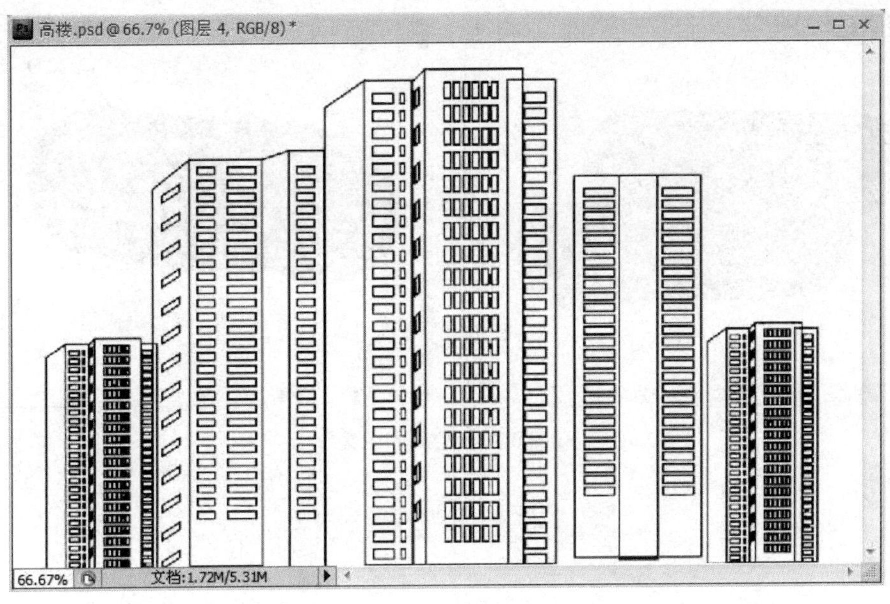

图 6-21　最终效果

6.2.2　图案的使用与定义

Photoshop 中也使用图案进行图像的制作，图案图章工具就是使用图案做图的工具。Photoshop 提供了比较丰富的图案，使用图案图章工具需要先从属性面板中选择要填充的图案，如图 6-22 所示。

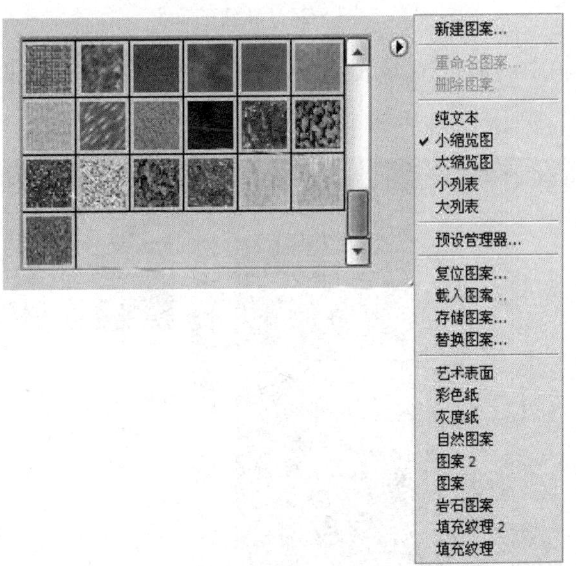

图 6-22　图案选择

在列表中选择相应的图案组，如“自然图案”、“岩石图案”等，应用效果如图 6-23 所示。

Photoshop 中还提供了用户的自定义图案功能。下面以网页背景的制作为例演示自定义图案的步骤。

（1）新建一个 5*5 像素的文件，将其用放大镜工具放大至 3200%，如图 6-24 所示。

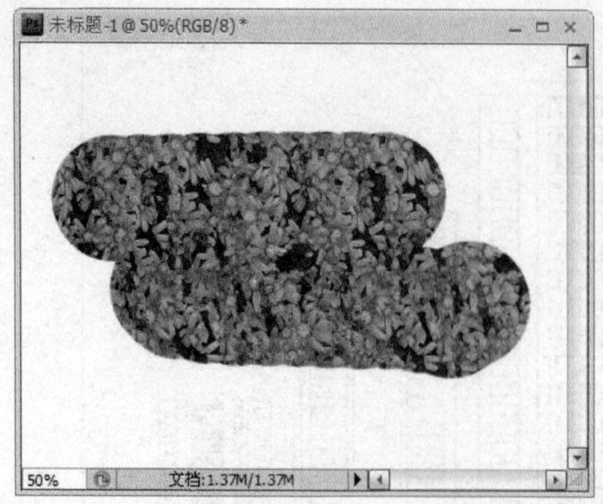

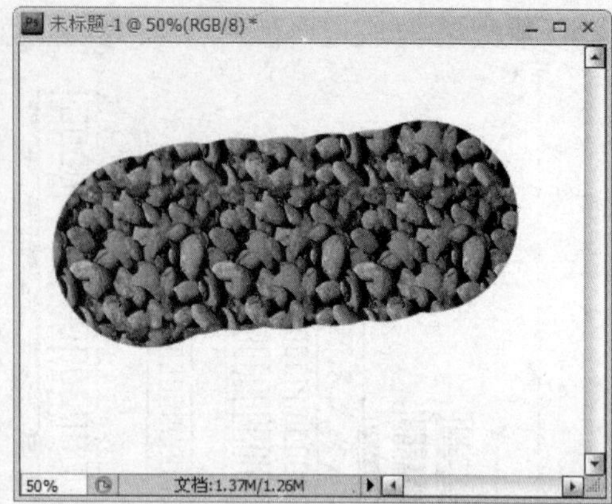

图 6-23　绘制的图案

图 6-24　新建的文件

（2）单击工具箱中的前景/背景设置，弹出“拾色器”对话框，选择中灰色，如图 6-25 所示。

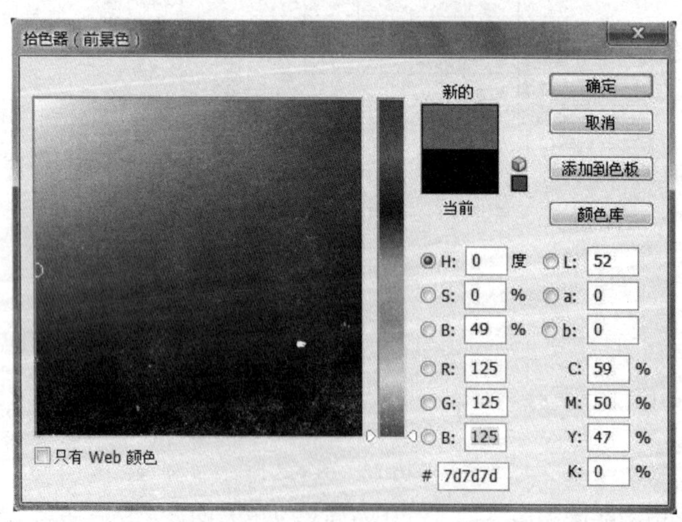

图 6-25　“拾色器”对话框

（3）新建“图层 1”，并单击“背景“图层前面的图标，将背景层隐藏，“图层”面板及效果图如 6-26 所示。

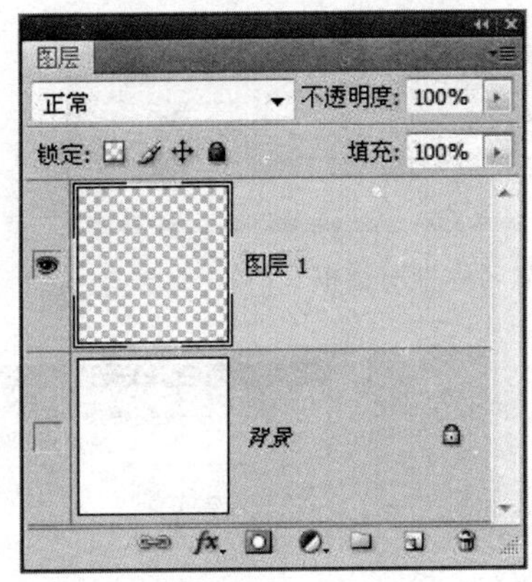

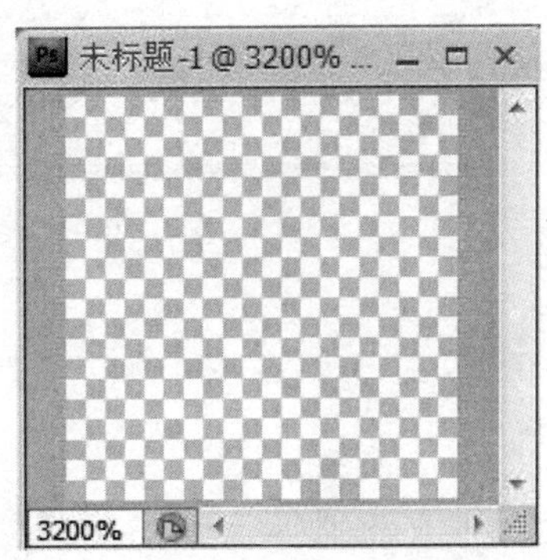

图 6-26　“图层”面板及隐藏“背景”图层后的效果

提示：灰白格代表透明。

（4）选择选框工具，建立一个 1*1 像素的选区，如图 6-27 所示。

（5）用快捷键 Alt+Delete 填充设置好的前景色，效果如图 6-28 所示。

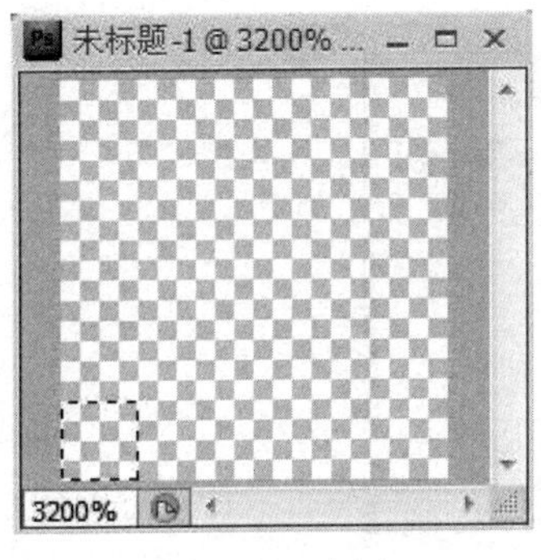

图 6-27　选区

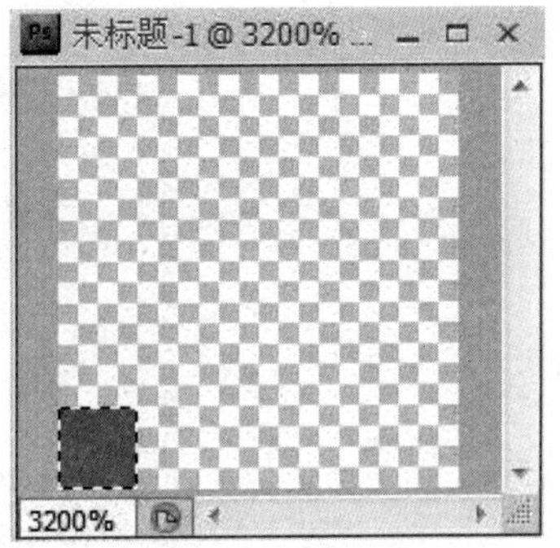

图 6-28　填充效果

（6）依次按下键盘中向上和向右的方向键移动选区，再次填充前景色，多次重复此操作，最终效果如图 6-29 所示。

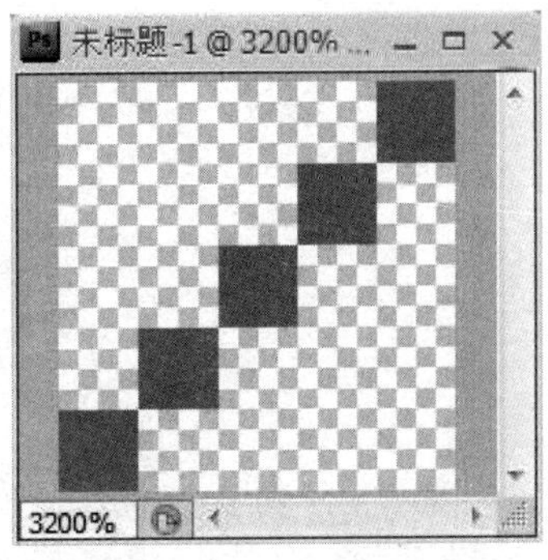

图 6-29　最终填充效果

（7）执行“编辑”→“定义图案”命令，打开“图案名称”对话框，如图 6-30 所示。

（8）打开 1.jpg 文件并新建图层，图像和“图层”面板如图 6-31 所示。

（9）执行“编辑”→“填充”命令，打开“填充”对话框，如图 6-32 所示。选择图案填充，在“自定图案”中选择刚定义的图案。

图 6-30 “图案名称”对话框

图 6-31 图像及“图层”面板

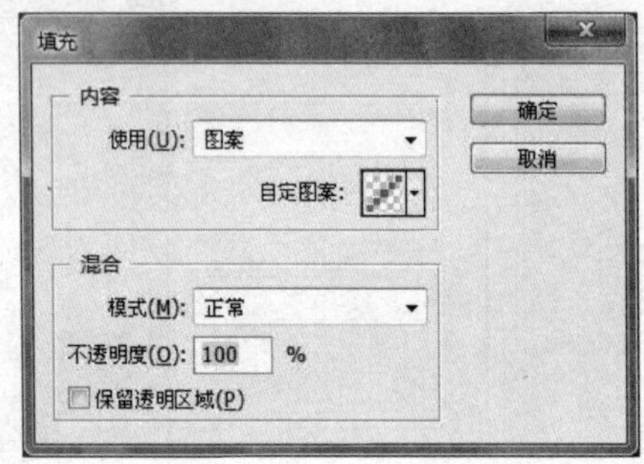

图 6-32 “填充”对话框

（10）填充效果如图 6-33 所示。

图 6-33 填充的斜纹效果

6.2.3　矢量工具的使用

Photoshop 提供了多种形状工具用来快速创建矢量图形，包括矩形工具、圆角矩形工具、椭圆工具、多边形工具、直线工具和自定形状工具。

下面以简笔画的制作说明矢量工具的使用。

（1）新建文件，大小为 640*480 像素，存储名称为“奋进的蜗牛.psd”。

（2）使用画笔工具，设置合适的笔尖形状与大小，画一条线作为斜坡，如图 6-34 所示。

（3）在工具箱中的形状工具下拉框中选择自定义形状工具，在属性栏中的“形状”下拉框中可以选择 Photoshop 提供的形状组“动物”，如图 6-35 所示。

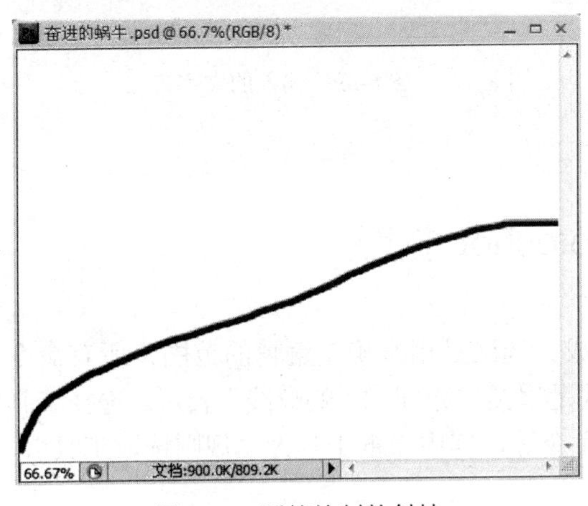

图 6-34　画笔绘制的斜坡

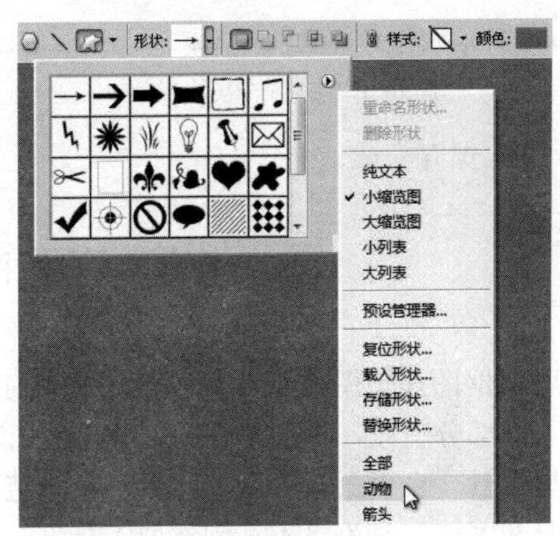

图 6-35　自定义形状

（4）选择“蜗牛”形状，在图像中拖动鼠标，效果如图 6-36 所示。

（5）执行“编辑”→“自由变换”命令，把鼠标置于选框外侧可旋转“蜗牛”形状，效果如图 6-37 所示。

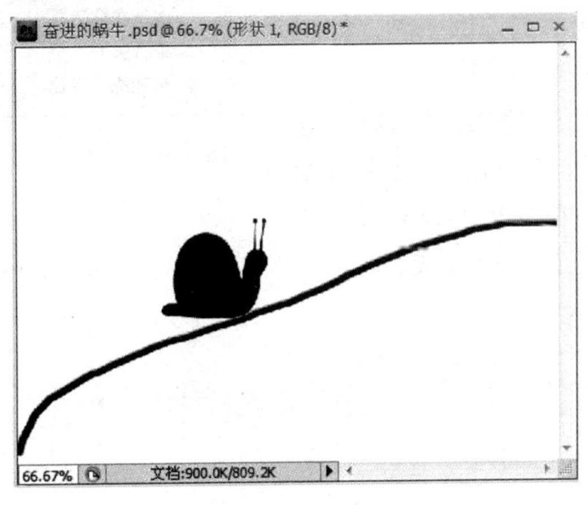

图 6-36　绘制的蜗牛形状

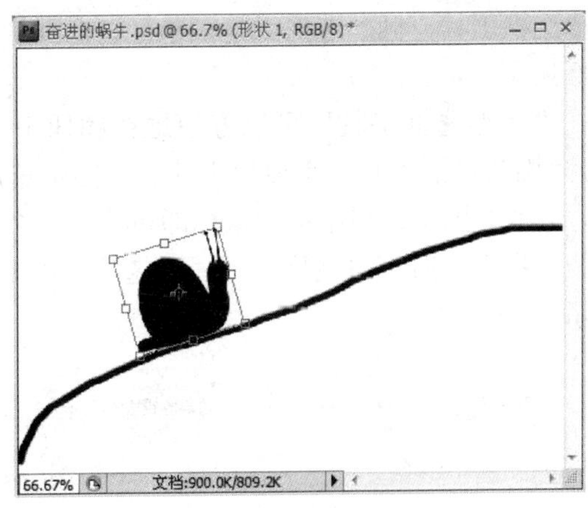

图 3-37　旋转蜗牛

（6）双击选框或按 Enter 键完成变换，继续绘制“飞翔的小鸟”、“小草”、“台词框”和“松树”等形状，效果如图 6-38 所示。

（7）设置前景色为白色，选择工具箱中的文本工具**T**，输入文字“加油，加油!”，如图 6-39 所示。

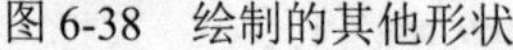
图 6-38　绘制的其他形状

图 6-39　输入的文字

（8）保存完成。

6.3　使用 Photoshop 抠图

所谓抠图指使图像从背景脱离出来以便合成。选区是用来确定编辑的范围，所有命令对选区内的部分有效，对选区外的部分无效。选区是用黑白相间的“蚂蚁线”表示。选择工具包括选框工具、套索工具、魔棒工具和色彩范围命令等，其中选框工具为“规则选取工具”，套索工具和魔棒工具为“不规则选取工具”。

6.3.1　选区工具

选区工具主要包括选框工具、套索工具和魔棒工具。

（1）选框工具。选框工具主要用来建立简单的选择区域，包括矩形选框工具、椭圆选框工具、单行选框工具和单列选框工具，如图 6-40 所示。

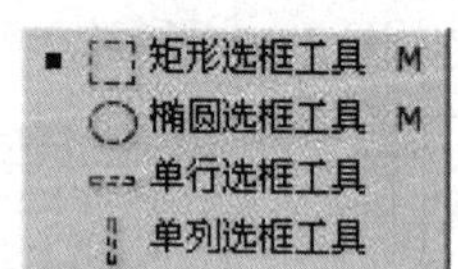

图 6-40　选框工具

“矩形选框工具”可以方便地在图像中建立长宽随意的矩形选区，“椭圆选框工具”主要用于建立椭圆形选区，它们的用法大致相似，只要在图像窗口中拖动鼠标即可建立一个简单的矩形或椭圆形选区。设置选区时可以使用控制面板选项，主要包括选择方式、羽化、样式等选项，如图 6-41 所示。

图 6-41　选框工具属性

选择方式主要包括新选区、添加到选区、从选区减去、与选区交叉等。“羽化”选项用于设置选区的边线，其参数可以有效地消除选择区域中的硬边界，并将它们柔化。“样式”用于设定特殊的选区，如固定比例和固定大小的选区。

（2）套索工具。套索工具包括套索工具、多边形套索工具、磁性套索工具，主要用来创建不规则的选区。在图 6-42 中，花的边缘是不规则的，可以使用磁性套索工具沿花的边缘移动以创建选区把花选中。

图 6-42　磁性套索工具

（3）魔棒工具。“魔棒工具”是由选区图像中相邻像素的颜色近似度来选择的，适合选取图像中单色区域或颜色相近区域的图像。魔棒工具的用法很简单，只要用该工具的作用点单击想选取的颜色即可。

“魔棒工具”控制面板中包括选择方式、容差、消除锯齿、连续和用于所有图层等选项。“容差”选项用于设定选区的颜色识别范围，默认值为 32，可输入 0～255 之间的数字。该值越小，可选择与作用点非常相似的较少颜色；值越大，可选择的色彩范围更大。“连续”选项选中时选择相连的颜色相素，不选中此项时则选中容差范围内的所有像素

下面以两张图像的合成演示魔棒工具的使用。

（1）打开素材文件夹中的 1.jpg 和 2.jpg，如图 6-43 所示。

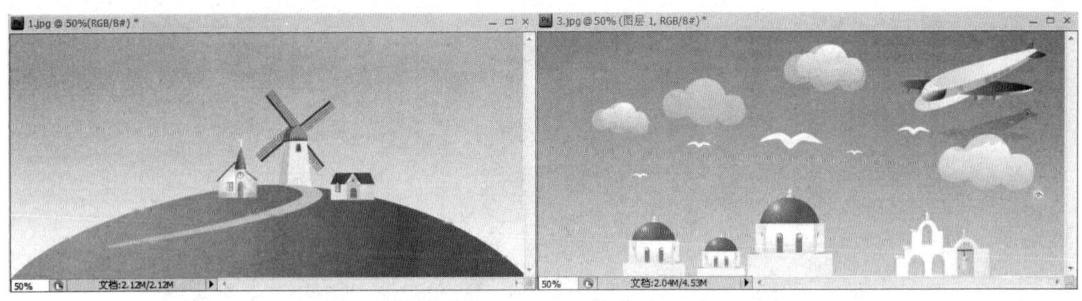

图 6-43　打开的文件

（2）设置 1.jpg 为当前编辑图像，选中工具栏中的“魔棒工具”，取消“连续”选项的勾选，按 Shift 键在图像的上半部分多次单击，直到选区效果如图 6-44 所示。

（3）执行“选择”→“反向”命令，或使用快捷键 Ctrl+Shift+I 将选区反向选择，如图 6-45 所示。

（4）执行“编辑”→“拷贝”命令，或使用快捷键 Ctrl+C 将选区内容复制到剪贴板，设 3.jpg 为当前编辑图像，执行“编辑”→“粘贴”命令，或使用快捷键 Ctrl+V 将剪贴板中复制的选区内容粘贴到 3.jpg 文件中，效果如图 6-46 所示。

图 6-44 使用魔棒制作的选区

图 6-45 反向选择

图 6-46 添加图像辅助属性

6.3.2 路径工具

路径用于创建复杂的对象，绘制图像区域或对象的轮廓。路径由“钢笔工具”创建，并可使用钢笔工具线中的其他工具进行编辑。路径在屏幕上表现为不可打印的矢量形状，是用一系列点连接起来的直线段或曲线，可以沿这些线段或曲线进行描边或填充，还可以转换为选区。路径最大的特点是容易编辑，由锚点、转换点和方向线组成，如图 6-47 所示。锚点用于定位，每个锚点有两个转换点，用以精确调整锚点前后线段的曲度，从而与要选择的边界相匹配。

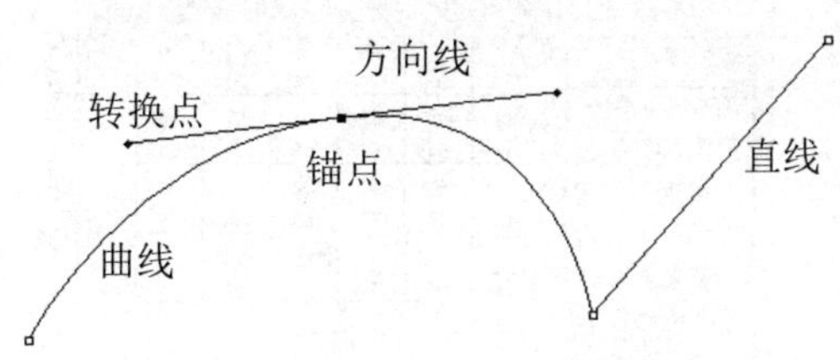

图 6-47　路径的组成

“钢笔工具”用于绘制具有最高精度的图像；“自由钢笔工具”用于自由绘制路径；“形状工具”用于创建固定形状的路径。可以组合使用钢笔工具和形状工具以创建复杂的形状。

选择“钢笔工具”，控制面板如图 6-48 所示。

图 6-48　“钢笔工具”的控制面板

路径提供平滑的轮廓，可以将它们转换为精确的选区边框。将路径转为选区的方法是，在“路径”面板中选择路径，单击“路径”面板底部的“将路径作为选区载入”按钮，也可以按住 Ctrl 键并单击“路径”面板中的路径缩览图。

下面以一个 Logo 图形的制作演示路径的创建与编辑方法。

（1）新建文件，选择钢笔工具，在属性栏中选择按钮，在文件中创建一个 S 形的路径，如图 6-49 所示。

（2）将前景色设置为黑色，在“路径”面板中单击“描边路径”按钮，用黑色对路径进行描边，效果如图 6-50 所示。

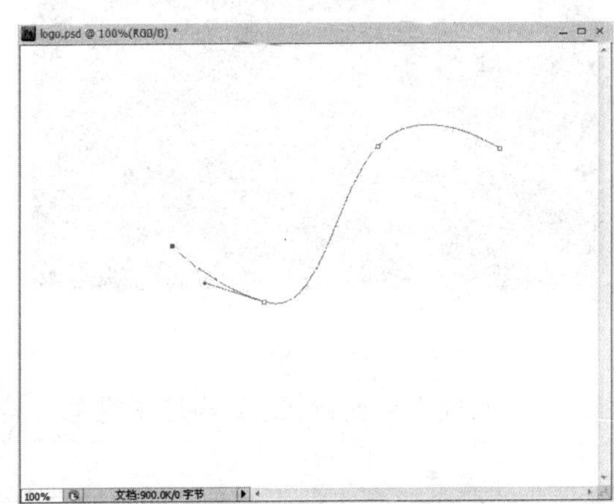

图 6-49　绘制路径

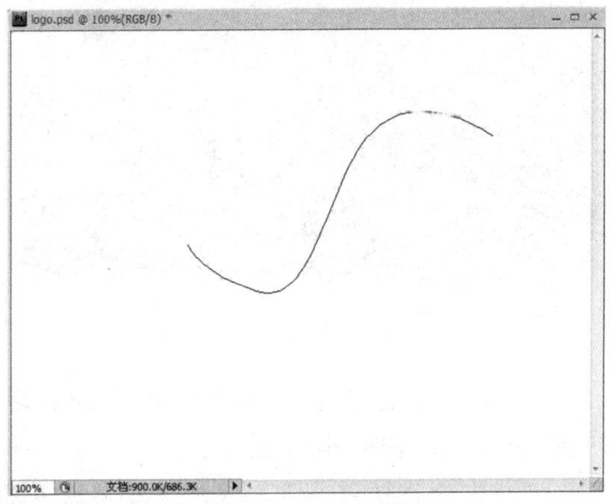

图 6-50　描边路径

（3）选择画笔工具，选择“编辑”→“定义画笔预设”命令，将S线定义为画笔，单击画笔属性栏中的按钮在画笔选项中设置为 1%，将其主直径设置得稍微小一些，如图 6-51 所示。

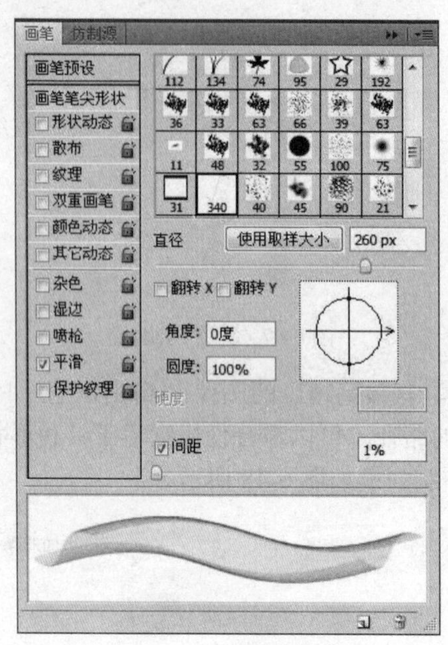

图 6-51　画笔设置

（4）设置前景色为黑色，按 Alt+Delete 组合键填充黑色。再将前景色设置为浅蓝色（#588ea7），在图中多次拖动鼠标，效果如图 6-52 所示。

（5）选择矩形工具，在其公共属性栏中选择按钮，拖动鼠标建立一个矩形，如图 6-53 所示。

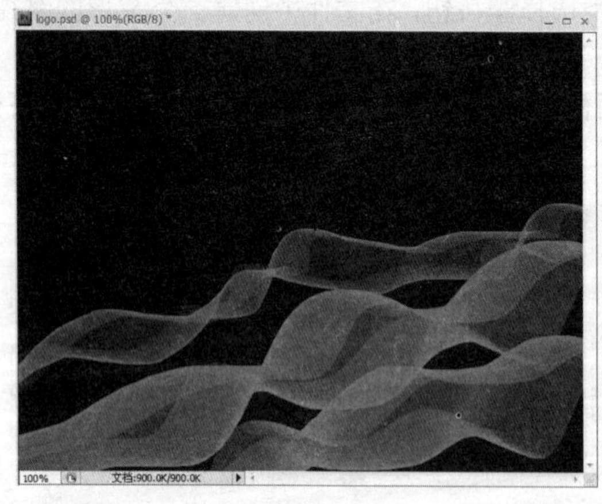

图 6-52　透明纱背景制作

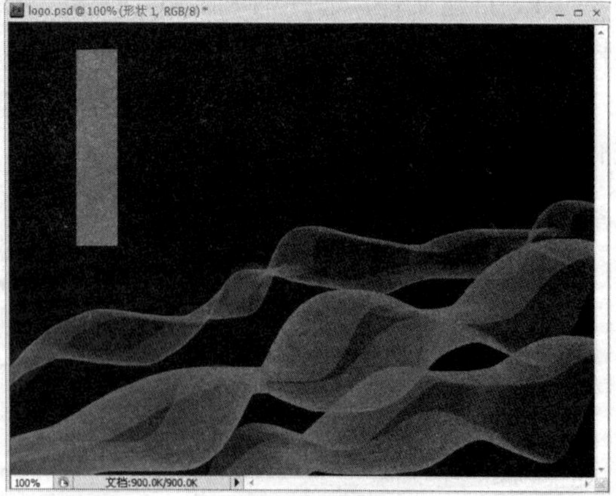

图 6-53　矩形

（6）在工具栏中选中路径选择工具，单击路径使其处于可编辑状态。再选中钢笔工具添加两个锚点，如图 6-54 所示。

（7）选中直接选择工具，拖动鼠标选择刚添加的两个锚点，按下键盘中向左的方向键移动锚点，效果如图 6-55 所示。

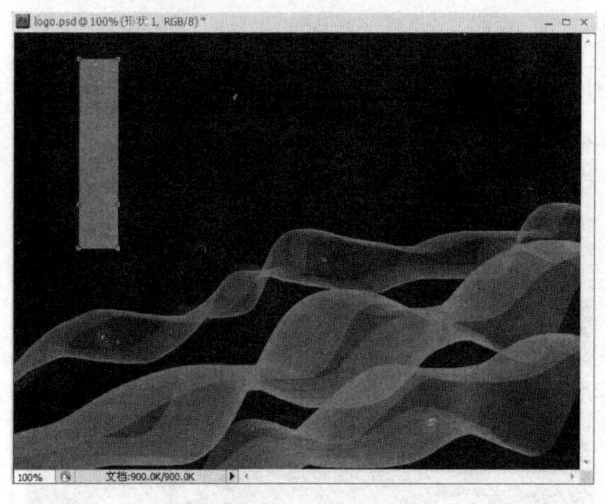

图 6-54　添加锚点

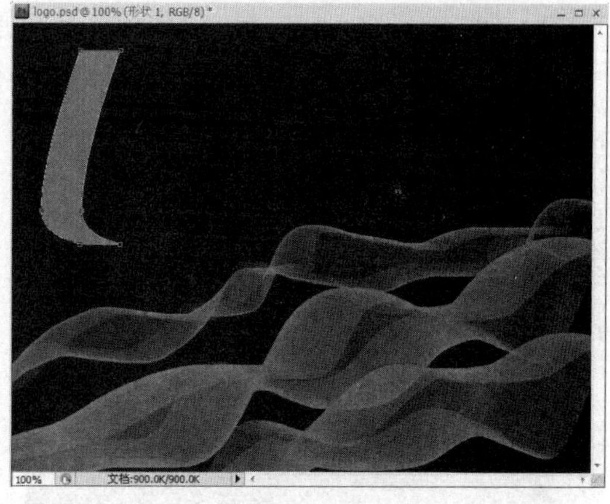

图 6-55　移动锚点

（8）再将左下角的锚点向左移动，上面的两个锚点向右移动，效果如图 6-56 所示。

（9）同样的方法制作右半部分，如图 6-57 所示。

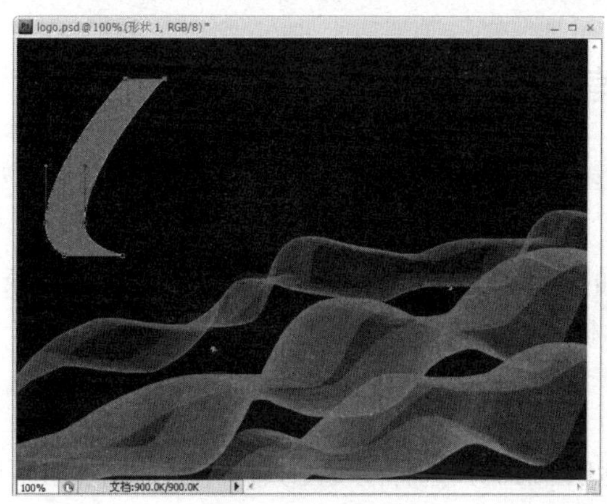

图 6-56　移动锚点

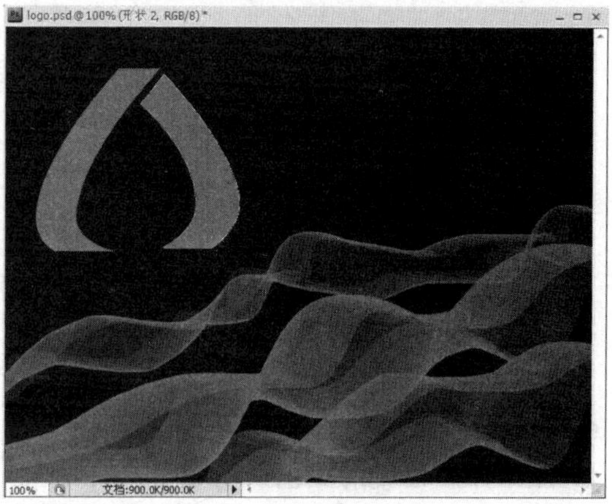

图 6-57　制作右半部分

（10）使用钢笔工具在中间添加一个封闭的三角形路径，如图 6-58 所示。

（11）在左边添加一个锚点，按键盘向左的方向键移动锚点，如图 6-59 所示。

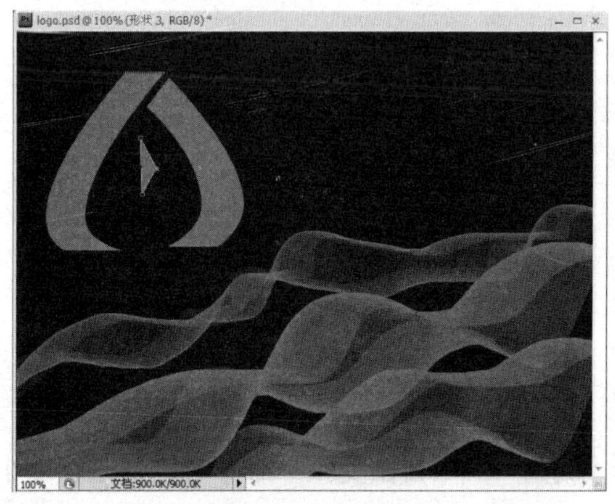

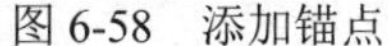

图 6-58　添加锚点

图 6-59　移动锚点

（12）按住 Alt 键，拖动右边的锚点，以形成弧线，如图 6-60 所示。

（13）同样的方法制作剩余部分，如图 6-61 所示。

图 6-60　添加锚点

图 6-61　最终效果

6.4　实践与运用——女性美食网站效果图设计与制作

6.4.1　Logo 的制作

Logo 是网站的标志，通常放在网站左上角的位置。Logo 一般是图形，代表网站的形象。下面以“女性美食网站”的 Logo 制作演示标志的操作步骤。

（1）建立一个 800*600 像素的文件，新建一个图层，使用椭圆选框工具建立一个合适大小的正圆形选区，如图 6-62 所示。

（2）分别设置前景色与背景色为 f5b0a2 和 d52200，选择渐变工具，在公共属性栏中选择“径向渐变”方式，在选区中拖动鼠标制作渐变，如图 6-63 所示。

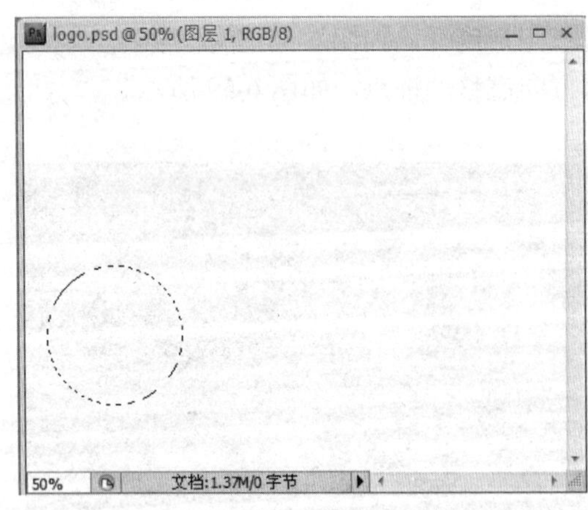

图 6-62　建立选区

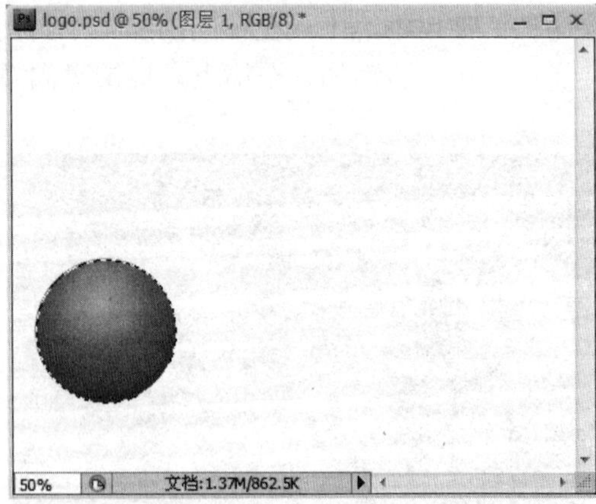

图 6-63　渐变效果

（3）将刚制作的圆形图层复制两个，选择“编辑”→“自由变换”命令对圆形进行缩小，并拖动到合适的位置，如图 6-64 所示。

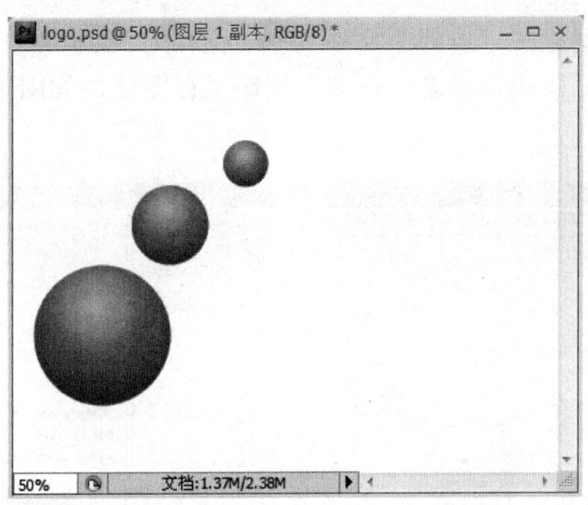

图 6-64　复制图层

（4）选择多边形套索工具，建立选区将三个圆形连在一起，效果如图 6-65 所示。

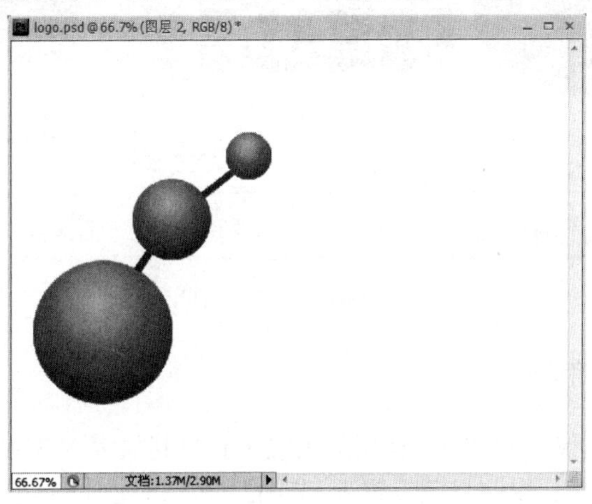

图 6-65　连接圆形

（5）选择文字工具，输入文字 FEMALE FOOD，设置字体为 Blackoak Std，字符宽度为 50%，字符间距为 200，添加的文字效果与“字符”面板的设置如图 6-66 所示。

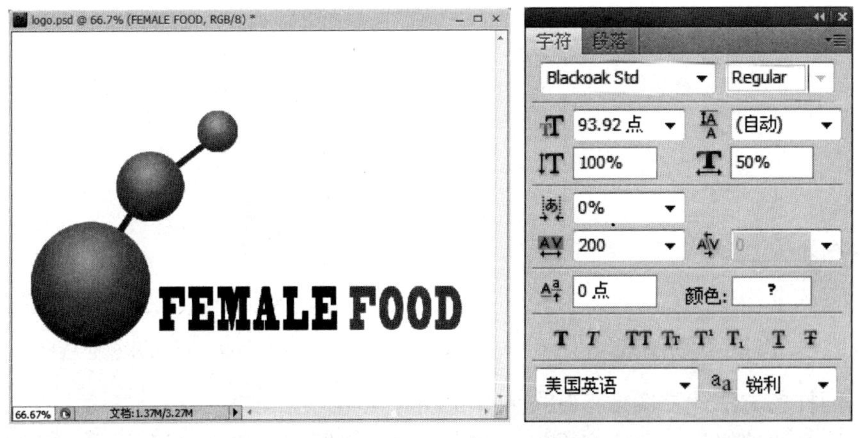

图 6-66　添加的文字与“字符”面板设置

（6）将“背景”层隐藏，选择“文件”→“保存为 Web 和设置所用格式”命令，在弹出的窗口中选择 GIF 格式，单击“存储”按钮保存图像，如图 6-67 所示，保存名称为 logo.gif。

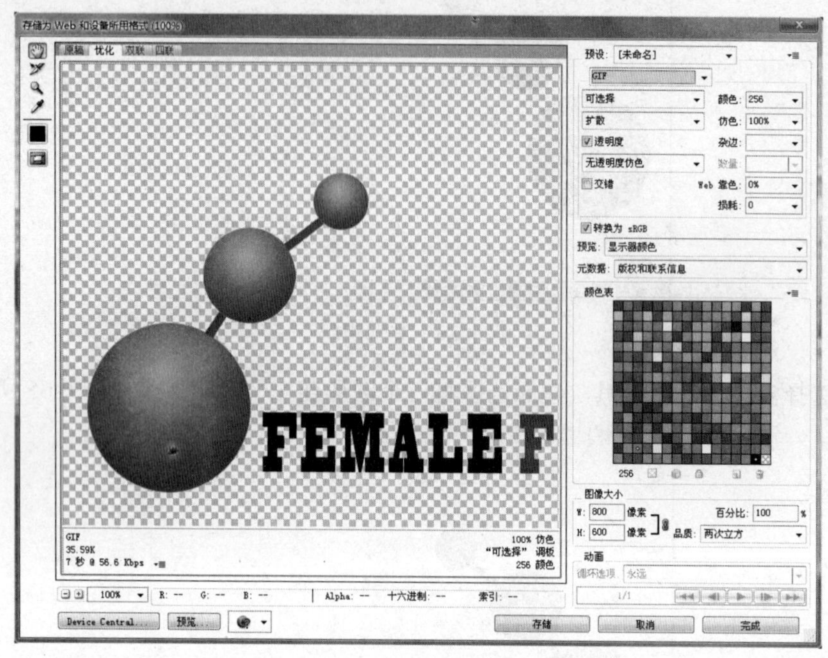

图 6-67 存储对话框

6.4.2 网页背景的制作

（1）建立一个 7*7 像素的文件，使用放大镜工具将其放大到 3200%，选择矩形选框工具，建立一个 1*1 像素的选区，将前景色设置为 f5b0a2，按 Alt+Delete 组合键填充选区，效果如图 6-68 所示。

（2）使用方向键按钮，分别向上和向右移动选区，如图 6-69 所示。

图 6-68 填充选区

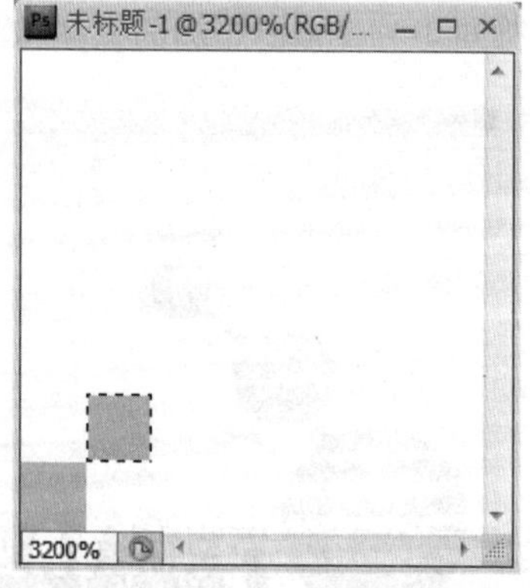

图 6-69 移动并填充选区

（3）同样的方法建立图像，如图 6-70 所示。

（4）选择“编辑”→“定义图案”命令，弹出“图案名称”对话框，如图 6-71 所示。

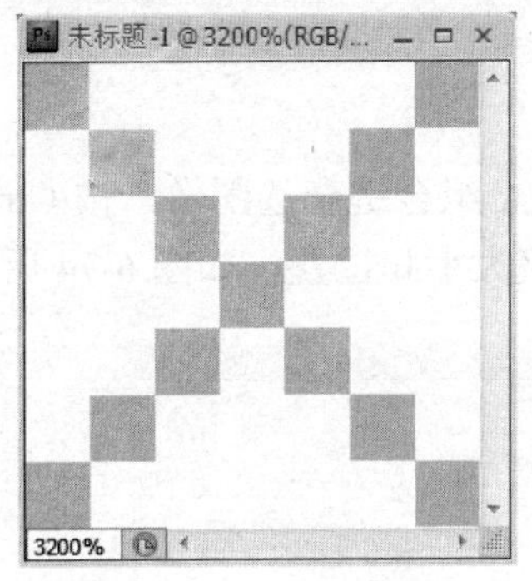

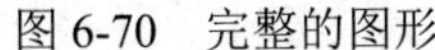

图 6-70　完整的图形

图 6-71　“图案名称”对话框

（5）建立一个 1024*768 像素的文件，选择“编辑”→“填充”命令，在弹出的“填充”对话框中使用“图案”填充，在“自定图案”下拉框中选择刚定义的图案，如图 6-72 所示。

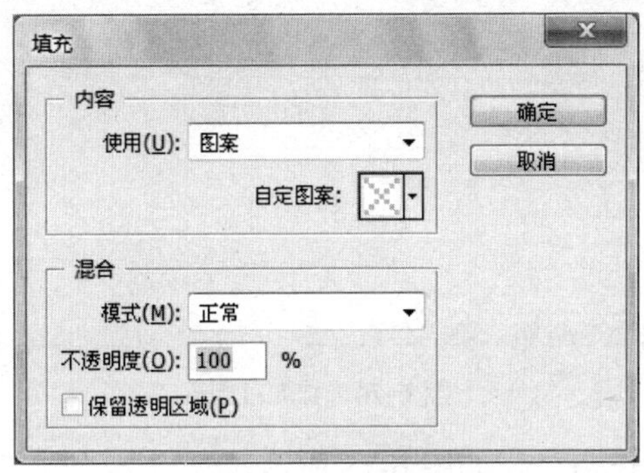

图 6-72　填充图案

（6）填充后的网页背景效果如图 6-73 所示。将做好的网页背景图保存为 web.psd。

图 6-73　填充的网页背景

6.4.3 网页效果图制作

（1）打开前面制作的 Logo 文件 logo.gif，按 Ctrl+A 组合键全选图像，按 Ctrl+C 组合键复制图像，将 Logo 粘贴到背景文件 web.psd 中，并调整大小和位置，如图 6-74 所示。

图 6-74 添加 Logo

（2）使用路径工具制作路径，如图 6-75 所示。

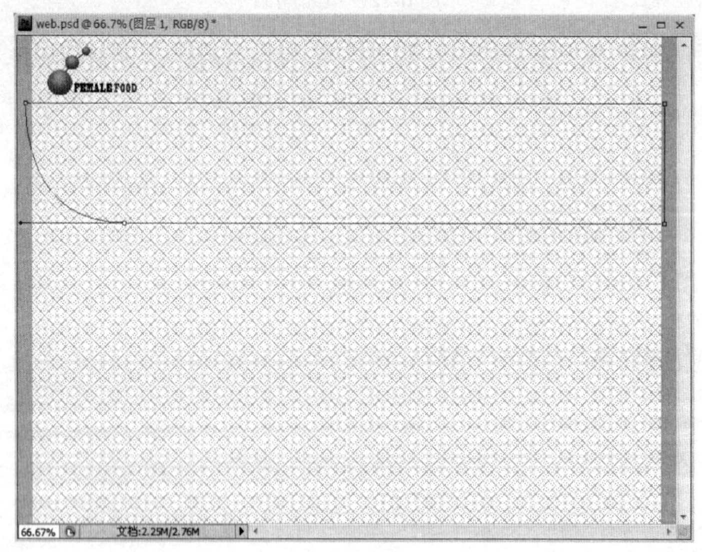

图 6-75 制作路径

（3）新建图层，按 Ctrl+Enter 组合键将路径转换为选区，设置前景色为 c7d1cd，选择渐变工具，在公共属性栏中选择“从前景到透明”的渐变，选择线性渐变方式，拖动鼠标制作渐变，如图 6-76 所示。

（4）打开素材中的“照片.gif”，选择魔棒工具，设置“容差”为 1，勾选“连续”，在图像中建立选区，如图 6-77 所示。

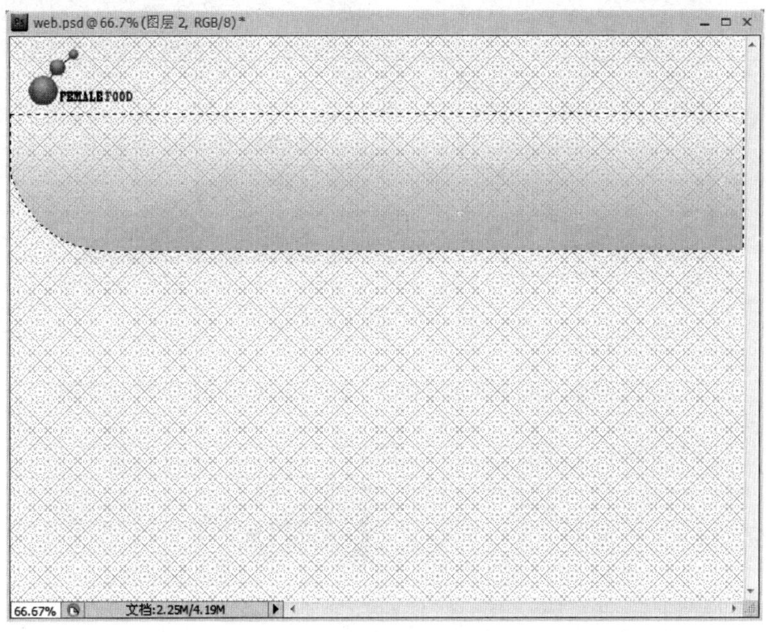

图 6-76　路径的制作

（5）选择“选择”→“反向选择”命令，按 Ctrl+C 组合键复制图像，在 web.psd 文件中选择“编辑”→“贴入”命令，则照片就粘贴到了选区中，如图 6-78 所示。

图 6-77　照片选区

图 6-78　贴入照片

（6）打开素材中的 1.jpg 文件，使用魔棒工具建立选区，如图 6-79 所示。

（7）按 Ctrl+Shift+I 组合键反向选择选区，按 Ctrl+C 组合键复制选区内容，粘贴到 web.psd 中，如图 6-80 所示。

（8）同样的方法将 flower.gif、楼.psd、蝴蝶.jpg、leef.gif 抠出，粘贴到 web.psd 中，如图 6-81 所示。

图 6-79 添加选区

图 6-80 添加选区

图 6-81 添加图像

（9）制作导航条。使用圆角矩形工具添加一个圆角矩形，并添加红色，将前景色设置为白色，添加导航文字，如图 6-82 所示。

图 6-82 制作导航条

（10）首页内容的制作。同样的抠图与合成方法制作首页的内容，如图 6-83 所示。

图 6-83 制作首页内容

（11）版权的制作。新建一个图层，建立一个矩形框，填充浅灰色，将 Logo 层复制，并调整合适的大小，执行“图像”→“调整”→“去色”命令，如图 6-84 所示。

图 6-84　去色的 Logo

（12）在底部的版权部分添加文字，网页效果图完成，最终效果如图 6-85 所示。

图 6-85　完成的网页效果

复习思考题

一、选择题

1．在 Photoshop 中，取消选区的快捷键是（　）。

A．Ctrl+A　　B．Ctrl+Shift+D

C．Ctrl+D　　D．Ctrl+I

2．下面选项中（　）不是用来制作选区抠图的。

A．魔棒工具　　B．选框工具

C．渐变工具　　D．钢笔工具

3．在 Photoshop 的“历史记录”面板中默认为用户记录的操作步骤包括（　）次。

A．10　　B．20　　C．30　　D．40

二、判断题

1．设计网页效果图时应该使用 CMYK 模式。（　）

2．在 Photoshop 中，画笔工具和渐变工具都是用于绘图的工具。（　）

第 7 章　网页动画的制作

【学习目标】

- 了解网页动画的基本概念。
- 掌握 Flash 中常用工具的使用方法。
- 学会使用 Flash 制作逐帧动画、变形动画和补间动画。
- 学会使用 Flash 制作引导动画和遮罩动画。
- 学会元件和库的操作。
- 学会网页中引导页动画和图片轮显动画的制作。

【引导案例】

某汽车生产企业，已有一个简易网站，现在需要更换一个图片轮换 Flash 文件，并且要求制作一个 Flash 版的引导页。

【任务分析】

这两个任务均是设计制作 Flash 文档任务，需要我们能够使用 Flash 软件制作相应的网页动画。

【相关知识】

7.1　Flash 简介

Flash 软件是当前网络上最流行的动画制作软件，在网页动画创作中被广泛地使用。此软件的出现使得在网上实现交互式流媒体成为现实，目前应用最多的是 Flash 8 版本，它在 Flash MX 2004 的基础上改变了原来软件的操作界面并添加了很多新功能。Flash 这款软件功能很强大，主要有以下几个方面：

（1）美工设计。Flash 8 本身是一个优秀的矢量图形工具，使用它可以制作出精美的矢量图案。并且，还可以再进行图形图像的处理。

（2）动画制作。动画制作是 Flash 的看家本事。在 Flash 中，可以使用“补间”来制作动画，只要制作动画的开头帧和结束帧，就可以让计算机自动生成中间的各个帧。同时，在 Flash 8 中还提供了“时间轴特效”来快捷地制作动画。一般的作品有 MTV、动画小品等。

（3）交互制作。交互性是 Flash 的另一个重要特性，Flash 文件中可以使用鼠标和键盘进行交互，用户只要操纵鼠标和键盘就可以完成一系列的动画交互动作。利用这个特性可以制作交互按钮，也可以制作 Flash 网站、网页及网页元素。此外，Flash 的交互功能还可以用来制作 Flash 游戏和教学课件。

（4）程序开发。Flash 提供的组件使得我们可以开发应用程序。组件是预先定义好的行为与参数的影片剪辑，使用它们可以制作图形界面的应用程序。

7.1.1　基本概念

帧：帧是进行 Flash 动画制作的最基本的单位。在时间轴上的每一帧都可以包含需要显示的所有内容，包括图形、声音、各种素材和其他多种对象。

关键帧：关键帧是有关键内容的帧。用来定义动画变化、更改状态的帧，即编辑舞台上存在实例对象并可对其进行编辑的帧。在时间轴上显示为实心的圆点，空白关键帧在时间轴上显示为空心的圆点，普通帧在时间轴上显示为灰色填充的小方格。

空白关键帧：空白关键帧是没有包含舞台上的实例内容的关键帧。

普通帧：在时间轴上能显示实例对象，但不能对实例对象进行编辑操作的帧。

同一图层中，在前一个关键帧的后面任一帧处插入关键帧，是复制前一个关键帧，可对其中的对象进行编辑操作；如果插入普通帧，则是延续前一个关键帧，不可对其进行编辑操作；插入空白关键帧，可清除该帧后面的延续内容，可以在空白关键帧上添加新的实例对象。

关键帧和空白关键帧上都可以添加帧动作脚本，普通帧上则不能。

注意

应尽可能地节约关键帧的使用，以减小动画文件的体积。
尽量避免在同一帧处过多地使用关键帧，以减小动画运行的负担，使画面播放流畅。

7.1.2　操作环境

Flash 软件版本更新较快，本书以 Flash 8 讲解动画制作流程。安装 Flash 8 后双击软件图标进入 Flash 启动界面，如图 7-1 所示。

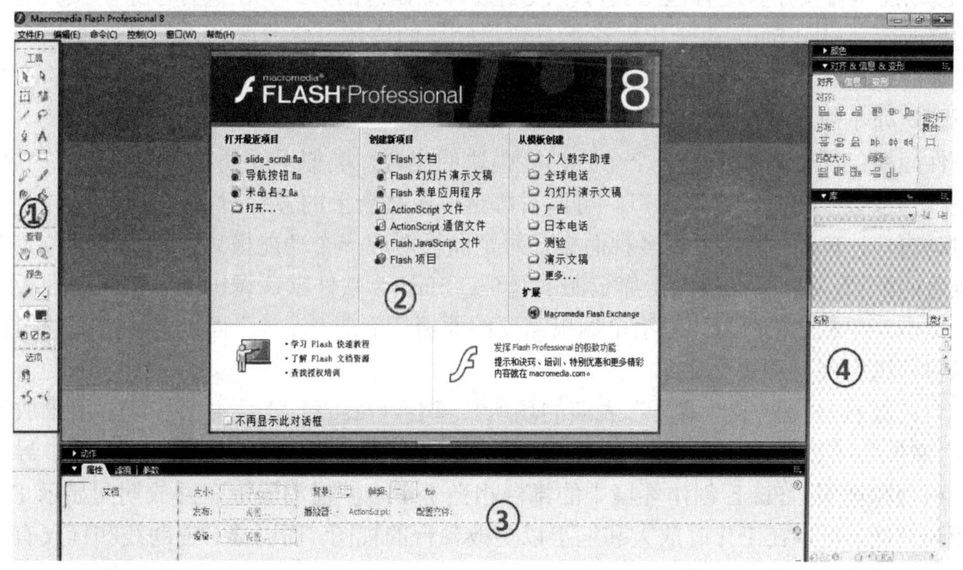

图 7-1　Flash 8 启动界面

在图 7-1 中区域①、③、④都显示为灰色，不允许用户编辑，在区域②中可以进行 Flash 相关项目的创建，也可以通过菜单栏中的“文件”→“新建”选项创建 Flash 项目。

真正的操作界面是在创建项目后呈现的画面。创建新 Flash 文档，就可以打开 Flash 8 的工作界面（如图 7-2 所示）。Flash 8 的工作界面主要包括标题栏和菜单栏、时间轴、工具箱、属性面板、浮动窗口、舞台（图中的标号分别对应：①标题栏和菜单栏；②时间轴；③工具箱；④属性面板；⑤浮动窗口；⑥舞台）。

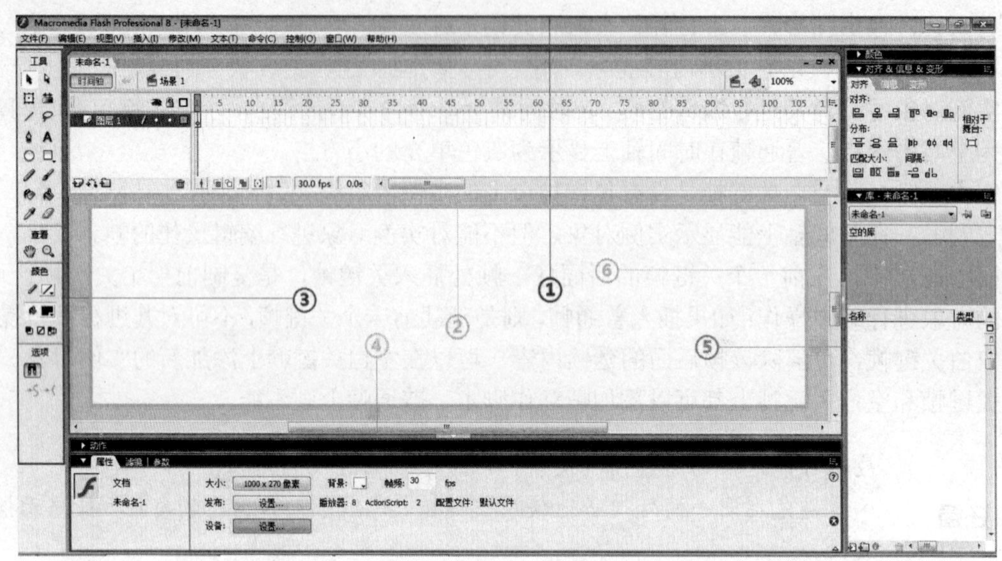

图 7-2　Flash 的工作环境

时间轴：时间轴（Timeline）是动画表演的“剧本”，把不同的图形作品放在不同图层的相应帧里，以安排动画内容播放的时间和顺序，还可用来调整动画的播放速度。

工具箱：工具箱中放置了编辑图形和文本的各种工具，用这些工具可以绘图、选取、喷涂、修改以及编排文字，还有些工具可以改变查看工作区的方式。在选择了某一工具时，其所对应的修改器（Modifier）也会出现在工具箱最底层的位置，修改器的作用是改变相应工具对图形处理的效果（由于工具箱的内容较多且在动画制作时使用较频繁，将在接下来的小节中单独介绍，此处不做详细说明）。

属性面板：属性面板也是一个个小功能模块的集合，类似于浮动窗口。一般有“属性”、“滤镜”、“参数”和“动作”窗口。可以对舞台以及舞台上的各种对象进行设置。

浮动窗口：Flash 提供了许多种面板，每个面板对应一个功能模块，例如“混色器”面板用于颜色的配置，“库”面板用于库资源的管理。Flash 8 软件默认调出了一些浮动面板，也可以通过单击菜单栏中的“窗口”菜单调出需要的面板，单击“浮动”面板名称前面的黑色小三角可以对其进行展开和折叠。

舞台：舞台是动画中“演员”表演的场所。舞台（Stage）就是主工作区，用于放置图形内容（“演员”）的矩形区域，这些动画“演员”包括元件、矢量插图、文本、按钮、导入的位图图形或视频剪辑。Flash 创作环境中的舞台相当于 Flash 播放器中在回放期间显示 Flash 文档的矩形空间。可以在工作时放大和缩小以更改舞台的视图，而网格、辅助线和标尺有助于在舞台上精确地定位内容的位置。

7.1.3 Flash 工具箱

学习 Flash 的强大功能，首先要从它的工具箱入手，通过对工具箱中工具的熟练运用，可以创作出更好的动画作品。

工具箱也称为“作图工具栏”。工具栏箱中的工具可以用于绘制、涂色、选择和修改插图，并可以更改舞台的视图。工具箱分为 4 部分：

- “工具”区域：包含绘画、涂色和选择工具。
- “查看”区域：包含在应用程序窗口内进行缩放和移动的工具。
- “颜色”区域：包含用于笔触颜色和填充颜色的功能键。
- “选项”区域：显示选定工具的组合键，这些组合键会影响工具的涂色或编辑操作，如图 7-3 所示。使用菜单命令“窗口”→“工具”或者快捷键 Ctrl+F2 可以显示或隐藏工具栏。

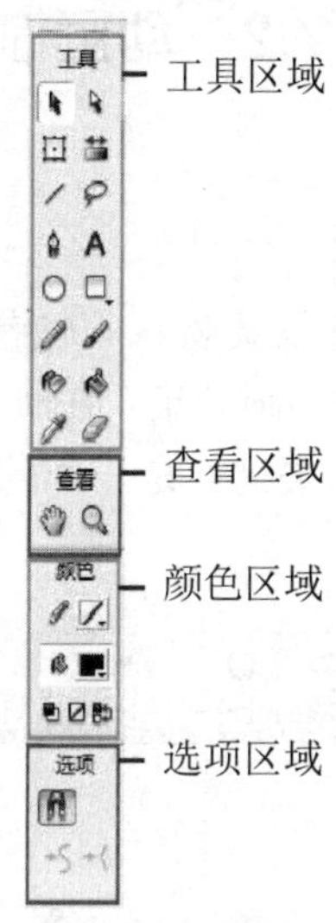

图 7-3　Flash 工具箱

“工具”区域中的选择工具和部分选择工具：用于选择对象的全部和部分区域、修改目标形状的轮廓。

任意变形工具：用来调整所选图形的大小，对图形进行旋转等操作。

填充变形工具：用来调整渐变填充色的方向。渐变色带过渡的距离。

线条工具：画出直线线段。

套索工具：框选目标形状。

钢笔工具：以节点方式建立复杂精确的选区形状。

文本工具：用于输入文本。

椭圆工具：建立椭圆形状图形。

矩形工作组：包括矩形工具和多边形工具。矩形可以绘制矩形，多边形工具可以建立多边形和星形。

铅笔工具：使用线条绘制形状。

刷子工具：使用填充色绘制图形。

墨水瓶工具：为目标图形的轮廓形状填充颜色。

颜色桶工具：填充封闭形状的内部颜色。

滴管工具：提取目标颜色为填充颜色。

橡皮擦工具：擦除形状。

手形工具：调整移动工作区的视点。

缩放工具：放大和缩小视图。

笔触颜色：显示当前绘制线条所采用的颜色。

填充色：显示当前用来填充形状内部的颜色。

黑白按钮：可以将当前笔触色设为黑色，填充色设为白色。

没有颜色：绘制的封闭形状将不会自动以当前填充颜色填充，仅为线条形状。

交换颜色：将当前的笔触色与填充色互换。

选项：（这是选中套索工具后的选项内容）显示当前工具可以设置的选项。

7.2 动画制作

7.2.1 逐帧动画

逐帧动画也称为帧一帧动画，它需要将每一帧都定义为关键帧，然后给每个帧创建不同的图像，通过连续播放这些帧，生成动画效果，在时间轴上表现为如图 7-4 所示的状态。每个新关键帧最初包含的内容和它前面的关键帧是一样的，因此可以递增地修改动画中的帧。逐帧动画多用来创建连续的细腻动作。

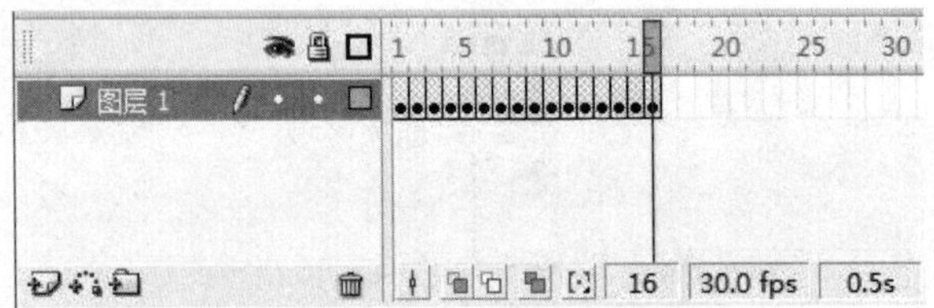

图 7-4 逐帧动画时间轴设置

下面来做一个“10 秒钟倒数计时器”的动画。

（1）创建 Flash 文档。新 Flash 文档的创建有多种方法，可以使用菜单“文件”→“新建”命令，或者快捷键 Ctrl+N，或者在 Flash 引导页上直接选择创建新 Flash 文档，如图 7-5 和图 7-6 所示。

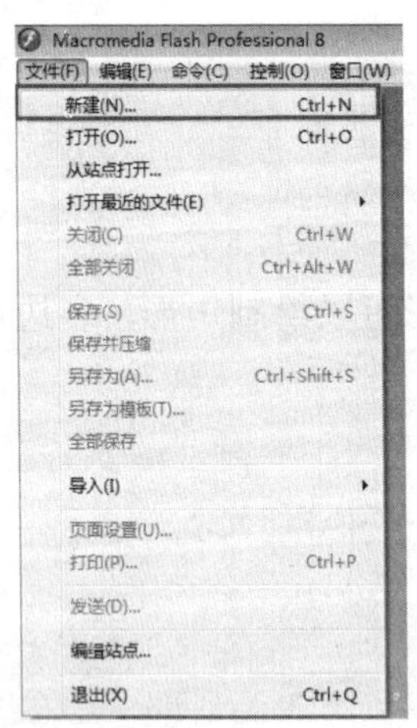

图 7-5 通过文件下拉菜单新建 Flash 文档

图 7-6 在 Flash 引导页上直接新建 Flash 文档

（2）制作第一个关键帧上的文字图形。选中工具箱中的文字工具，在其对应的属性栏中将文字颜色设为红色，大小设为 100 并将笔触颜色设置为红色，字体设为“黑体”，选择加粗和居中，如图 7-7 所示。

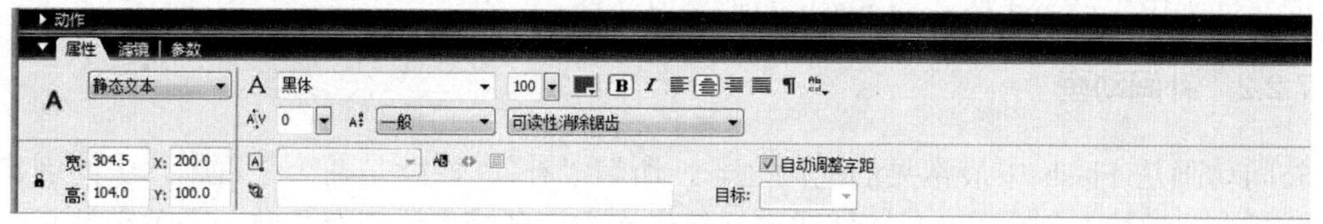

图 7-7　文字工具属性栏设置

然后，到舞台上第一个关键帧对应的位置输入文字：00:10，如图 7-8 所示。

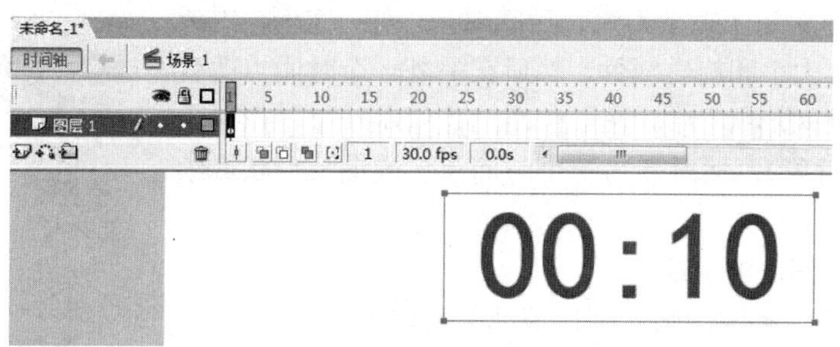

图 7-8　文字输入

（3）制作其他关键帧。分别在第 1～10 帧处右击插入“关键帧”，如图 7-9 所示。

图 7-9　设置关键帧内容

并将每一个关键帧中对应的文字进行改动（将第 2 帧中的内容改为 00:09，第 3 帧中的内容改为 00:08，将第 4 帧中的内容改为 00:07，依次类推将第 10 帧中的内容改为 00:00）。

（4）设置帧播放频率。所有帧制作完成后，还需要对每帧播放的时间间隔做一下调整。双击时间轴上的“帧频率”或单击舞台，打开 Flash 文档属性面板，将“帧频”由默认的 30 改为 1 即可，如图 7-10 所示。

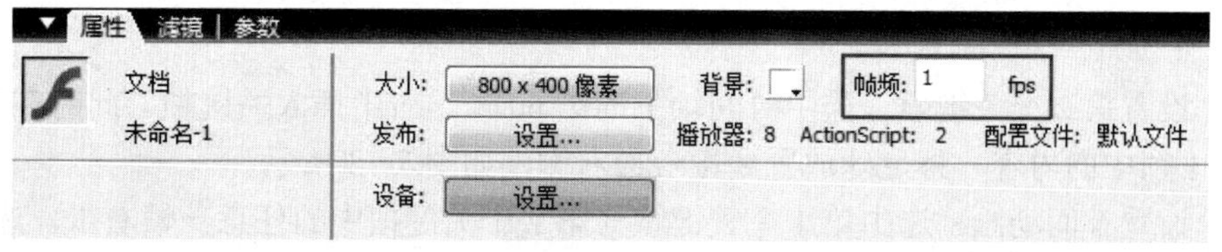

图 7-10　设置 Flash 文档播放速度

此时，按 Enter 键就可以预览这个 10 秒钟计时器了。

（5）保存动画文件。选择“文件”→“保存”命令可以将 Flash 文件保存为.fla 格式的 Flash 源文件。按 Ctrl + Enter 组合键，可以再次在 Flash 播放器中预览动画效果，同时会在.fla 所在的文件夹中生产.swf 格式的 Flash 动画播放文件。

7.2.2 补间动画

补间动画是 Flash 中最常见的动画之一，所谓“补间”，就是两个关键帧，中间创建补间动画，两个关键帧之间由 Flash 软件通过计算生成中间各帧，使画面从前一个关键帧平滑地过渡到下一个关键帧。

Flash 可以创建两种类型的补间：“补间动画”和“补间形状”。“补间动画”中，在一个时间点定义一个图形对象（必须为组合后的对象，如：实例、组或文本块）的位置、大小和旋转属性，然后在另外一个时间点改变这些属性。在“补间形状”中，在一个时间点绘制一个图形对象（必须为打散的对象），然后在另一个时间点更改图形形状或绘制另一个图形。

任务 1：制作滚动的足球。

下面首先利用“补间动画”制作滚动的足球。

（1）在 Flash 文档中的第 1 个关键帧处绘制一个足球。创建一个新的 Flash 文档，从工具箱中选择椭圆工具，在菜单栏“窗口”→“混色器”中将笔触颜色设为无，将填充类型设为“放射状”，调整色带如图 7-11 所示。

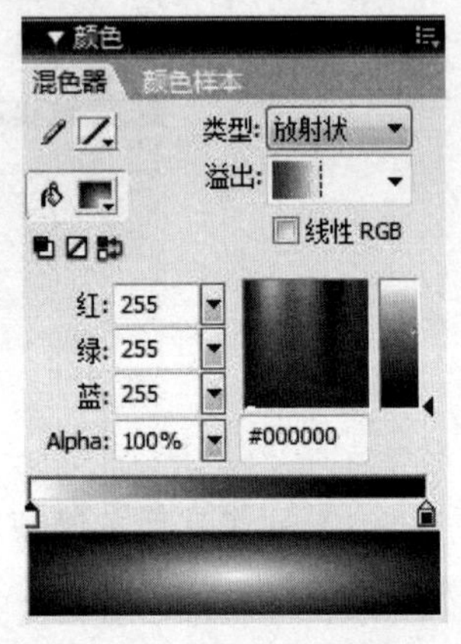

图 7-11 “混色器”面板

单击第 1 帧，选择工具栏最下方“选项”中的“对象绘制(J)”，在舞台左侧按住 Shift 键拖出一个“足球”，使用工具箱中的填充变形工具调整填充的位置，如图 7-12 所示。

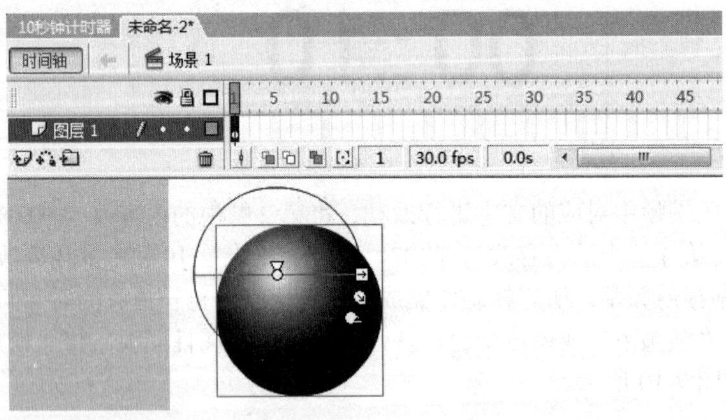

图 7-12 绘制第 1 个关键帧上的图形对象

（2）设置第 2 个关键帧。选中时间轴上的第 60 帧，右击插入关键帧。此时在第 60 帧上复制了第 1 帧中的内容。将足球放置到舞台最右侧，如图 7-13 所示。

（3）设置补间动画。选中第 1 个关键帧与第 2 个关键帧中的任意一帧右击，选择“创建补间动画”命令，如图 7-14 所示。

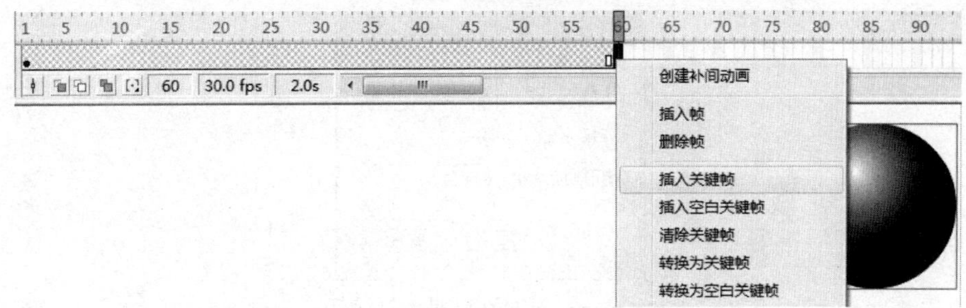

图 7-13 创建第 2 个关键帧

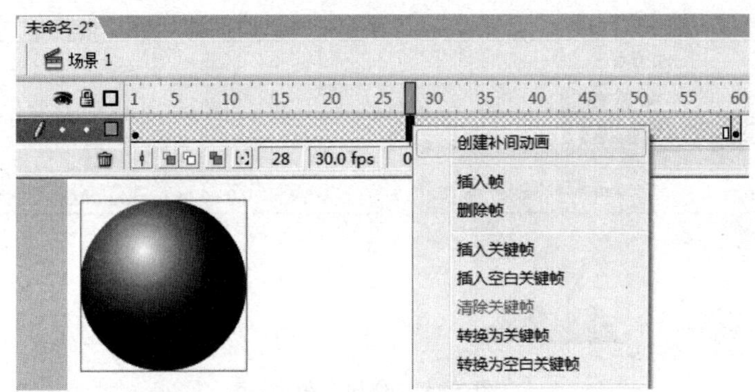

图 7-14 创建补间动画

为了使足球转动的有真实感，在属性对话框中将“旋转”设置为顺时针， 1 次。如图 7-15 所示。

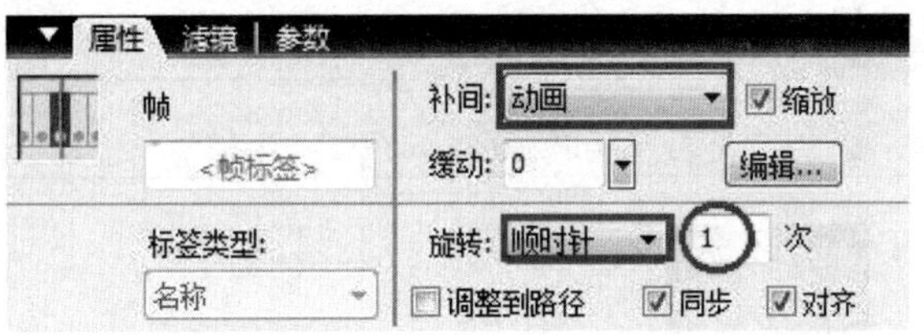

图 7-15 设置补间动画

到此，旋转的足球 Flash 动画就做好了，保存文档，并按 Ctrl+Enter 组合键进行测试。

任务 2：三角形变正方形。

利用“形状补间”做一个三角形变正方形的动画。

（1）新创建一个 Flash 文档，选中工具箱、矩形工具组中的“多边形工具”，在其对应的属性面板上单击“选项...”按钮，弹出选项对话框，将其中的“边数”值改为 3，如图 7-16 和图 7-17 所示。

图 7-16 多边形工具属性栏

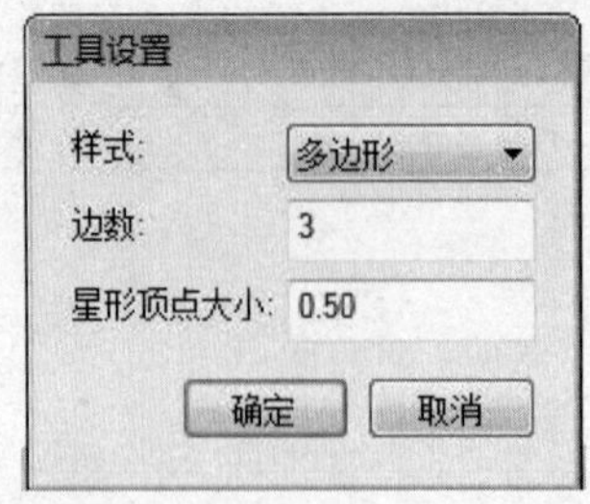

图 7-17 “工具设置”对话框

取消“对象绘制（J)”方式，在舞台上绘制出一个三角形，如图 7-18 所示。

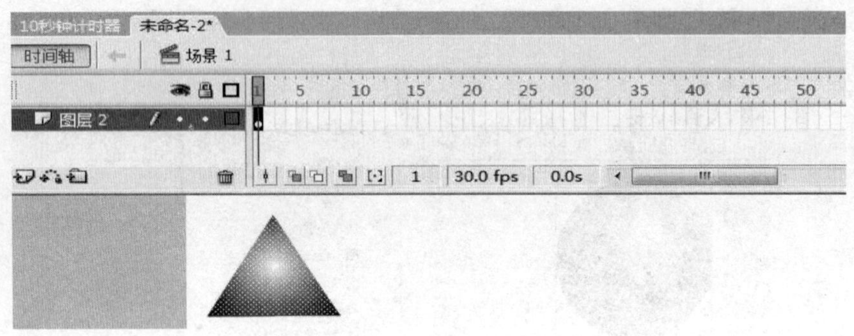

图 7-18 绘制三角形

（2）单击第 40 帧，插入关键帧（按 F6 或右击选择“插入关键帧”命令）将第 20 帧中的三角形删除并在同一位置上绘制一个正方形，如图 7-19 所示。

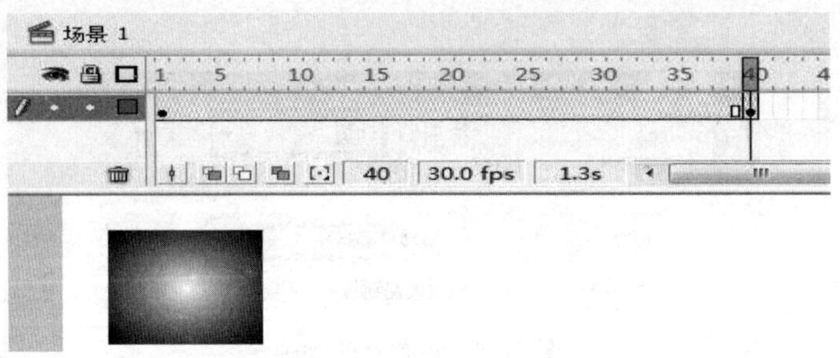

图 7-19 绘制正方形

（3）创建形状补间。选中第 1 帧，在属性面板中将“补间”更改为“形状”，如图 7-20 所示，时间轴上表现为图 7-21 所示的状态。

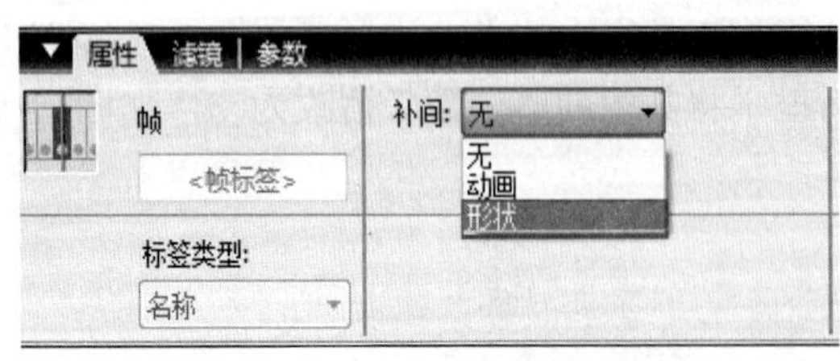

图 7-20 创建形状补间

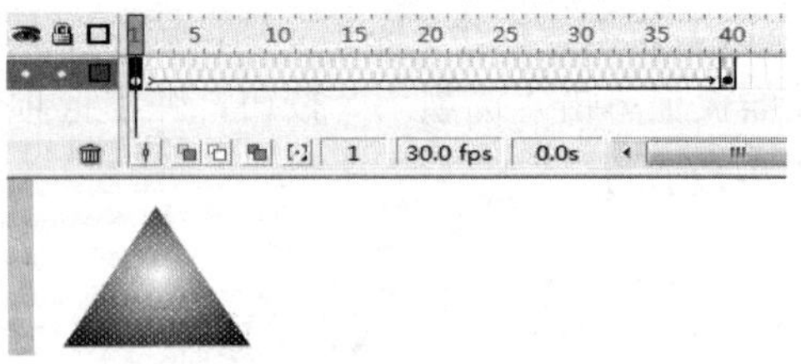

图 7-21 形状补间动画完成

最后，保存文件，并按 Ctrl+Enter 组合键观看动画效果。

7.3　引导动画与蒙版

7.3.1　引导动画

引导层动画就是把一个或多个层链接到一个“引导层”，使一个或多个对象沿同一条路径运动的动画形式。这种动画可以使一个或多个对象完成曲线或不规则运动。

一个最基本的“引导路径动画”由两个图层组成，上面一层是“引导层”，其图标为，下面一层是“被引导层”，图标为，同普通图层一样。

任务 3：制作飞舞的蝴蝶。

（1）创建背景层“花丛”。新建一个 Flash 文档，将“图层 1”更名为“花丛”。选择“文件”→“导入”→“导入舞台”命令将一张位图图片导入到舞台，如图 7-22 所示。

图 7-22　导入位图到舞台

选中位图图片，按 Ctrl+G 组合键将其组合为对象，然后打开“对齐”面板（文件菜单“窗口”→“对齐”命令），选中图片对象，单击“对齐”面板上的“相对于舞台”，单击“匹配大小”中的第 1 个和第 2 个按钮，使图像对象的宽度和高度与舞台相同。单击“对齐”中的第 1 个和第 4 个按钮，使图像对象与舞台左对齐与顶端对齐，使其完全覆盖在舞台上，如图 7-23 所示。

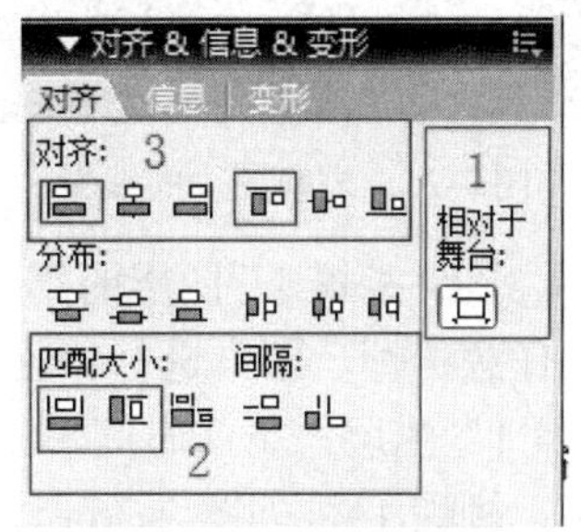

图 7-23　“对齐”面板

然后，在“花丛”层的第 100 帧处按 F5 键插入普通帧，使背景始终保持不变。

（2）制作动画对象“蝴蝶”。新建“图层 2”，改名为“蝴蝶 1”，将位图“蝴蝶”图片导入到舞台。为了在操作过程中不会影响到“花丛”图层可以将该图层锁定，如图 7-24 所示。

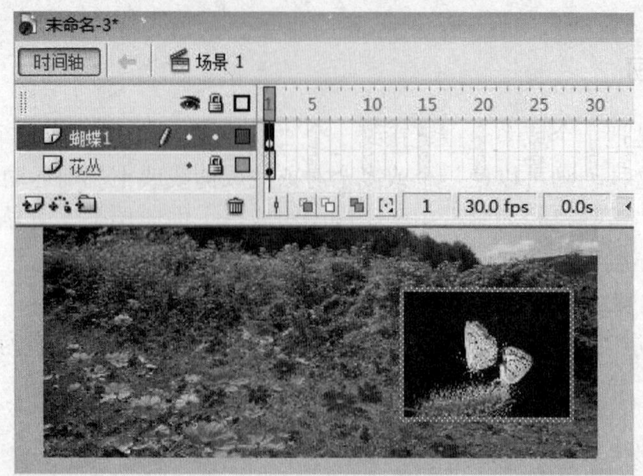

图 7-24 导入蝴蝶位图

使用 Ctrl+B 组合键打散位图“蝴蝶”，然后选择“套索工具”，配合工具箱最下端“选项”中的“魔棒工具”将蝴蝶以外的区域选中删除，之后按 Ctrl+G 组合蝴蝶图像对象。如图 7-25 所示。

图 7-25 蝴蝶图片的编辑

（3）创建蝴蝶对象的补间动画。在“蝴蝶 1”图层的第 100 帧处，单击 F6 键插入关键帧。选择该图层第 1 帧与第 100 帧之间任意一帧，右击选择“创建补间动画”命令。

（4）建立引导层。锁定“蝴蝶 1”图层，单击时间轴上的“添加运动引导层”按钮，系统会自动将该层命名为“引导层：蝴蝶 1”，如图 7-26 所示。

使用“铅笔工具”在引导层上绘制一条曲线，作为蝴蝶在花丛中飞舞的曲线路径，因为在动画播放时，引导线是不会显示的，所以铅笔的笔触的颜色可以取任意值，如图 7-27 所示。

图 7-26　添加引导层

图 7-27　绘制引导线

（5）设置被引导的对象贴服与引导线。

锁定“引导层”，解开“蝴蝶 1”图层的小锁后，确认该图层处于当前编辑状态。使用“选择工具”分别移动第 1 帧和第 100 帧处蝴蝶的位置，让它分别位于引导线的首尾位置上。

在移动蝴蝶图形前，先在工具箱中启用“贴紧至对象”按钮，这样可以帮助蝴蝶图形自动吸附到引导线上。使用“任意变形工具”对蝴蝶图形进行旋转变形，使它的朝向与引导线保持一致，按 Enter 键直接测试动画，可以看到蝴蝶沿着引导线的路径飞舞前进了。为了使蝴蝶的飞行过程更为自然，接下来编辑这个运动动画。

在“蝴蝶 1”图层的第 1～99 帧上任意选择一帧，打开“属性”面板。在该面板下勾选“调整到路径”复选框。此时再测试动画便可以看到蝴蝶的朝向与引导线的曲折处正好吻合。

最后使用 Ctrl+Enter 组合键预览动画效果，一只蝴蝶沿曲线飞行的动画效果就制作完成了。

7.3.2 遮罩动画

蒙版即是利用一种特殊种类的图层（遮罩层）对被遮罩图层中图像的内容进行选择式显示，从而实现一些特殊效果，如水波、万花筒、望远镜等。这种利用蒙版制作的动画叫做遮罩动画，它是一类高级的多图层动画。

遮罩层中的图形对象在播放时是看不到的，而被遮罩图层中的对象只能透过遮罩层中的对象被看到。遮罩层中的内容可以是按钮、影片剪辑、图形、位图、文字等，但不能使用线条，如果一定要用线条，可以将线条转化为“填充”。而被遮罩层中的对象不仅可以是按钮、影片剪辑、图形、位图、文字等，还可以是线条。

任务 4：制作圆角矩形的大图播放窗口。

（1）设置舞台大小。新建 Flash 文档，在文件属性面板中单击“大小”按钮弹出“文档属性”对话框，如图 7-28 和图 7-29 所示，将文件（舞台）“尺寸”改为 200px * 200px。

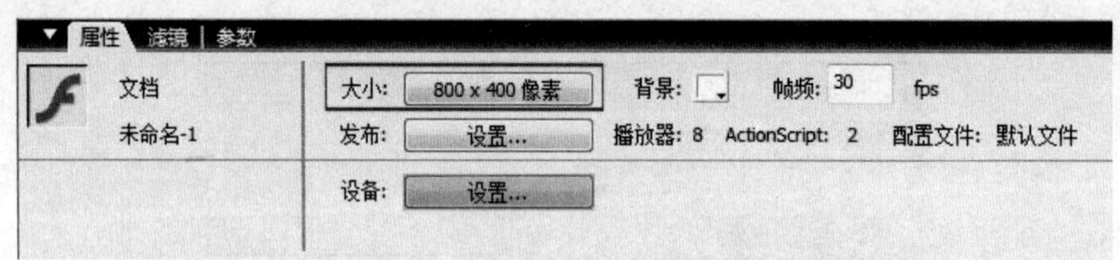

图 7-28 文件属性面板

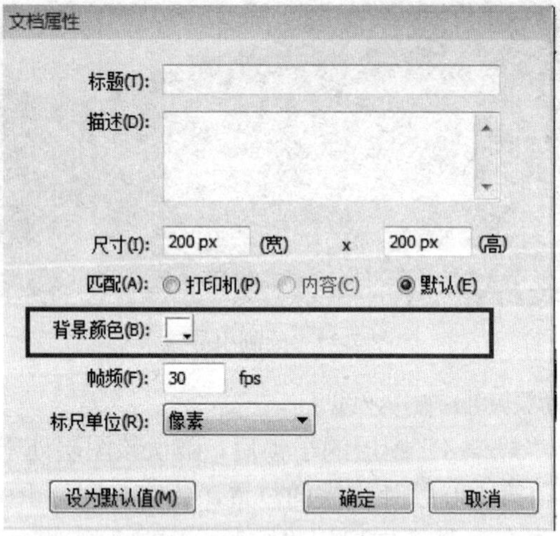

图 7-29 文件属性对话框

（2）导入位图。选择“文件”→“导入”→“导入到舞台”命令，将“成都印象”这张位图导入到舞台中，按 Ctrl+G 组合键将其组合。在图片选中状态下，在其对应的属性栏上设置图片的宽为 1000px，高为 600px，并将 x、y 轴值分别设为 0，如图 7-30 所示。

（3）创建补间动画。在“图层 1”的第 20、40、60、80 帧处分别按 F6 键插入关键帧。分别在第 20、40、60、80 帧处单击图片对象，将属性栏中的 x 值设为-200、-400、-600、-800。

选中第 80 帧，然后在第 100 帧处单击 F6 键插入关键帧。单击该帧上的图片对象，在属性栏中设置 x：-800，y：-400。

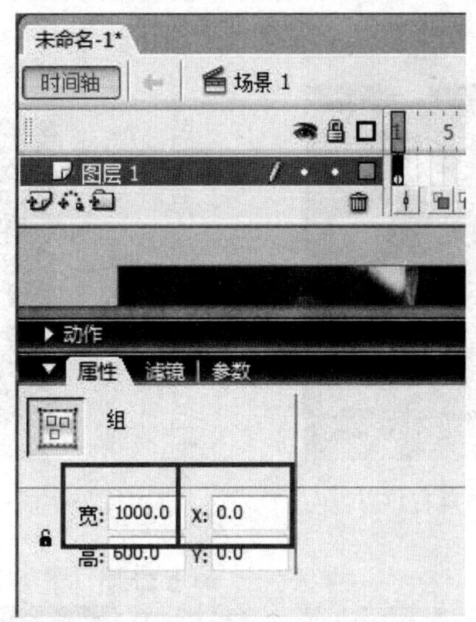

图 7-30　图片对象属性设置

在第 120、140、160、180 帧处分别插入关键帧，并将每个关键帧中的图片 x 轴的属性设置为-600、-400、-200、0。

之后，在所有关键帧之间创建补间动画。按 Ctrl+Eneter 组合键预览补间动画。我们发现超出舞台（文件大小）的部分均不会显示。

通过上面三步，我们看到的动画是在一个 200*200 px 的尖角矩形区域中动态显示一张大图的各个部分。如果希望大图是在一个圆角矩形区域中动态显示大图应该怎么做呢？通过第四步可以实现这个需求。

（4）创建遮罩层。选中“图层 1”的第 1 个关键帧，新建“图层 2”，将“图层 1”锁定。在“图层 2”上第 1 帧点选“矩形工具”，并在工具栏的“选项”中单击“边角半径”设置按钮，设置矩形“边角半径”为 10，如图 7-31 所示。

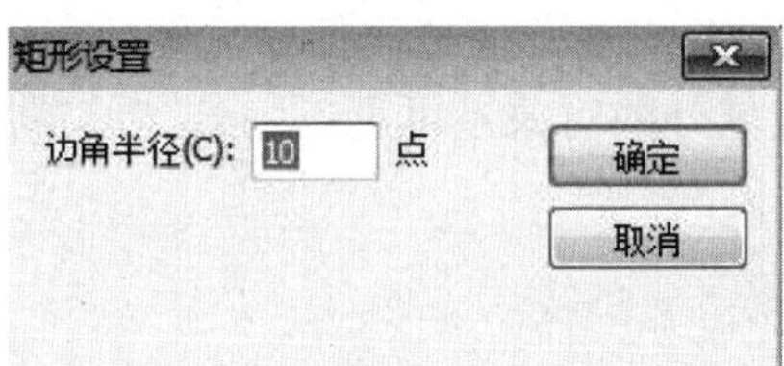

图 7-31　矩形“边角半径”设置

为能在准确位置画出圆角矩形，可以借助“标尺”工具。选择“视图”→“标尺”命令打开标尺工具，使用鼠标从标尺上拖动可以拖出辅助线，把舞台区域用辅助线标识出来，如图 7-32 所示。在舞台区取消“对象绘制”域，画出打散的圆角矩形（由于遮罩图层只起遮罩作用，其中的图形对象在播放时是看不到的，所以笔触颜色和填充颜色可以任意选择），如图 7-33 所示。

之后，在“图层 2”上右击，选择“遮罩层”命令，该图层就会生成遮罩层，“层图标”就会从普通层图标变为遮罩层图标，系统会自动把遮罩层下面的一层关联为“被遮罩层”，在缩进的同时图标变为，如图 7-34 所示。

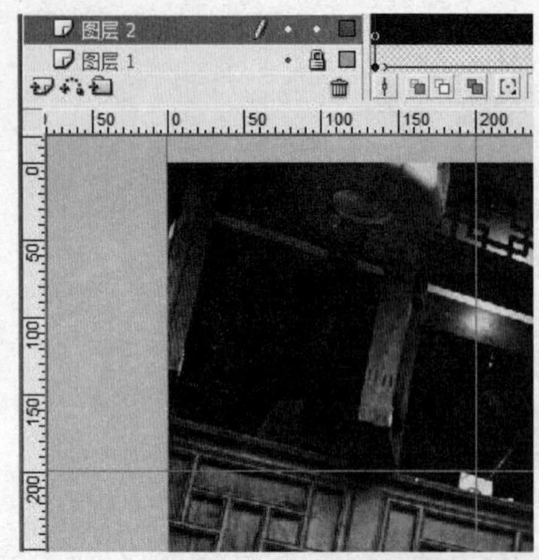

图 7-32 使用辅助线表示舞台位置

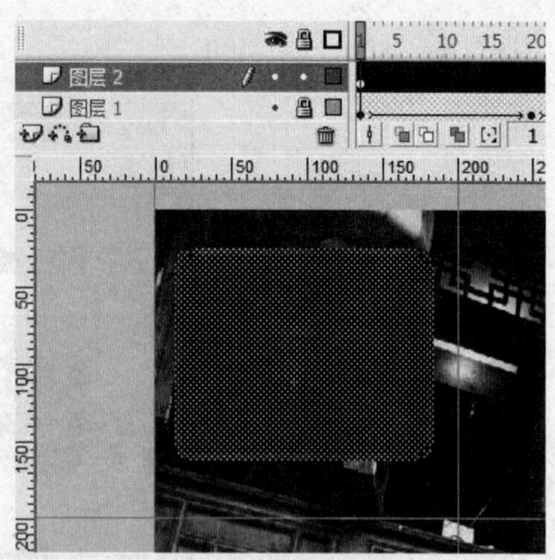

图 7-33 绘制圆角矩形

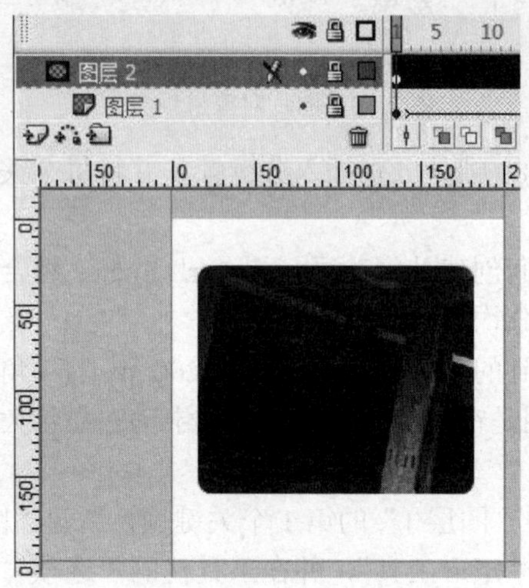

图 7-34 创建遮罩图层

到此，圆角矩形的大图播放窗口制作完成。保存文件后，可以按 Ctrl+Enter 组合键预览。

本任务的遮罩层使特定区域外的对象不可见；另外，遮罩层还可以遮罩住某一元件的一部分，从而实现一些特殊的效果。

7.3.3 元件与库

1. 元件

元件就是一个“模板”，在动画设计过程中可以进行多次调用，即当动画中需要重复多次调用某个图形图像或动画时，我们就可以将其创建成一个元件，应用时直接将其拖入工作区（拖入的是元件的一个实例），避免了重复的劳动。当需要更改时，只要编辑元件即可更新动画中的所有元件实例。

在 Flash 中，元件包括图形、按钮、影片剪辑三类。每个元件都有一个它独享的时间轴和舞台。元件类型取决于元件在动画中的工作方式。

（1）图形元件。图形元件可用于静态图像，并可用来创建连接到主时间轴的可重用动画片段。图形元件与主时间轴同步运行。交互式控件和声音在图形元件的动画序列中不起作用。

（2）按钮元件。按钮元件可以创建响应鼠标单击、滑过或其他动作的交互式按钮。可以定义与各种按钮状态关联的图形，然后将动作指定给按钮实例。

创建按钮的时候，Flash 会创建一个 4 帧的时间轴。前 3 帧显示按钮的 3 种可能状态；第 4 帧定义按钮的活动区域。时间轴实际上并不播放，它只是对指针运动和动作做出反应，跳到相应的帧。具体地说，按钮元件的时间轴上的每一帧都有一个特定的功能：

- 第一帧是弹起状态，代表指针没有经过按钮时该按钮的状态。
- 第二帧是指针经过状态，代表当指针滑过按钮时，该按钮的外观。
- 第三帧是按下状态，代表单击按钮时，该按钮的外观。
- 第四帧是“单击”状态，定义响应鼠标单击的区域。此区域在 SWF 文件中是不可见的，如图 7-35 所示。

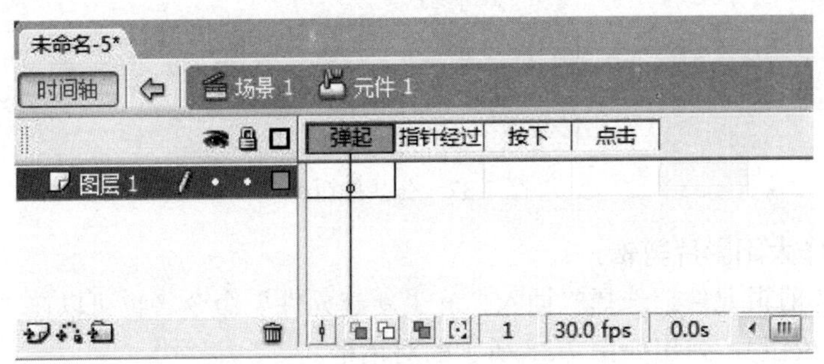

图 7-35　按钮元件编辑区域

任务 5：制作一个矩形按钮元件。

1）创建按钮元件。选择“插入”→“元件”命令，在弹出的对话框中将元件名称命名为“按钮 1”，类型选择为“按钮”，单击“确定”按钮进入元件编辑区，分别选中时间轴上的第 1、2、3 帧，在工作区内绘制一个如图 7-36 所示的图像。

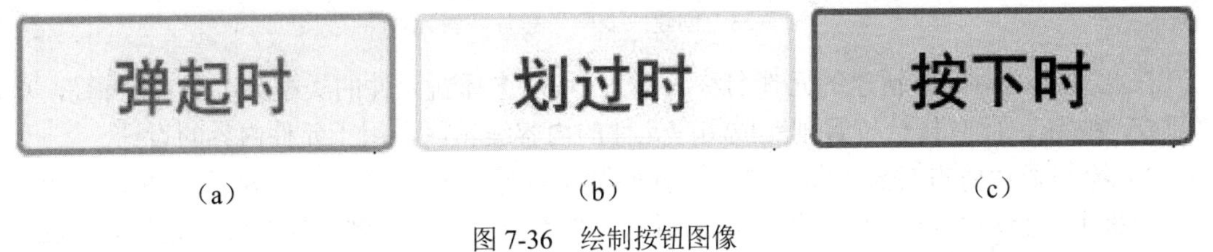

（a）　（b）　（c）

图 7-36　绘制按钮图像

在第 4 帧上画出一个触发按钮行为的区域即可。

2）按钮应用。单击时间轴上方的场景名称或单击时间轴上的 ⇦ 图标，回到舞台，从“库”面板中将创建好的按钮拖到舞台上，保存文件后，按 Ctrl+Enter 组合键就可以预览按钮效果了。

在实际制作动画时，除了自己创建按钮元件外，Flash 8 版本软件还定义好了许多按钮元件，供我们直接使用。单击菜单栏中的“窗口”→“公共库”→“按钮”，将弹出如图 7-37 所示的对话框，内部的按钮可以直接拖拽到舞台上应用，双击按钮可以对元件进行编辑。

3）影片剪辑元件。影片剪辑元件本身拥有自己独立于主时间轴的多帧时间轴和动画。使用影片剪辑元件经常创建重用的动画片段。可以将影片剪辑看作是主时间轴内的嵌套时间轴，它们可以包含交互式控件、声音甚至其他影片剪辑实例。也可以将影片剪辑实例放在按钮元件的时间轴内，以创建动画按钮。

图 7-37　公共按钮库

任务 6：制作太阳影片剪辑。

1）新建影片剪辑元件。选择“插入”→“新建元件”命令（也可以在“库”面板下端单击“新建元件”按钮），弹出如图 7-38 所示的对话框。

图 7-38　创建“太阳”影片剪辑元件

在此对话框中修改新建的元件名称为“太阳”，选择新元件的类型为“影片剪辑”，单击“确定”按钮，此时舞台位置则变成相应元件的内容编辑区，用于元件内容的设计。

2）绘制影片剪辑对象。从工具箱选择椭圆工具，设置笔触颜色为无，在“混色器”面板中调整填充类型为“放射状”，渐变色带为由“黄色”到“红色”，如图 7-39（a）所示。取消对象绘制，在“图层 1”的第 1 帧按 Shift 键，拖出一个正圆。如图 7-39（b）所示。选中该圆，选择“修改”→“形状”→“柔和填充边缘”，打开“柔和填充边缘”对话框，将“距离”设为 40px，“步骤数”设为 30，如图 7-39（c）所示，单击“确定”按钮。

3）设置影片剪辑动作。

选中太阳，按 Ctrl+G 组合键将太阳组合。在第 25 和 50 帧处按 F6 键插入两个关键帧。选中第 25 帧处的太阳，分别单击两次键盘上的“向上箭头”键和“向左箭头”键，将太阳向上和向左移动 2 个像素。然后在第 1～25 帧之间和第 25～50 帧之间建立补间动画（选中关键帧之间的任意一帧，右击选择“创建补间动画”命令或者在属性面板中将“补间”选项卡中的“无”改为“动画”）。

到此，太阳影片剪辑做好了。返回到“场景”中，从“库”面板中将“太阳”影片剪辑元件拖入，按 Ctrl+Enter 组合键便可以预览效果了。

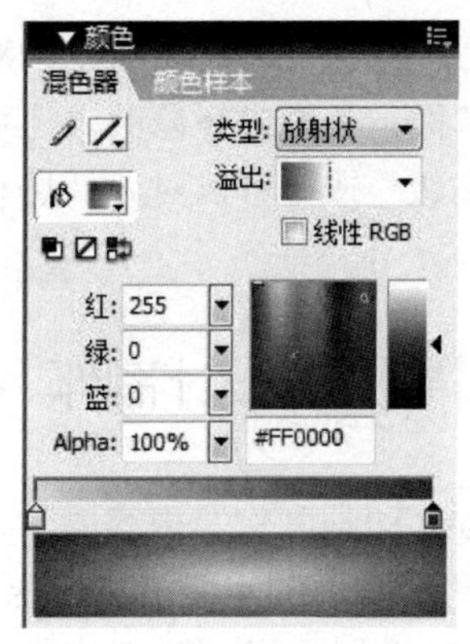

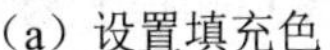

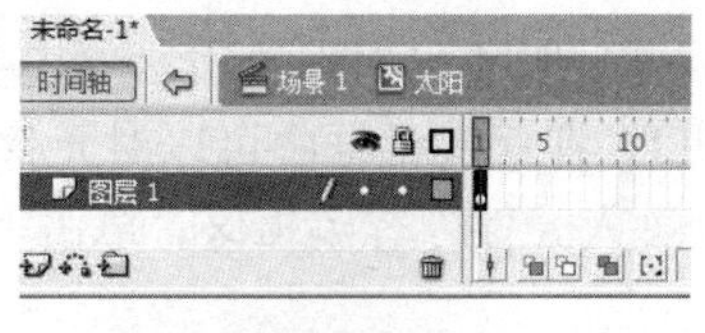

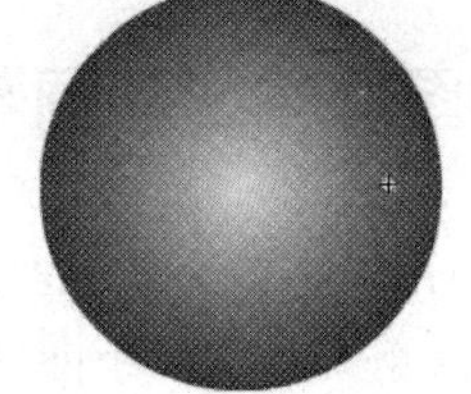

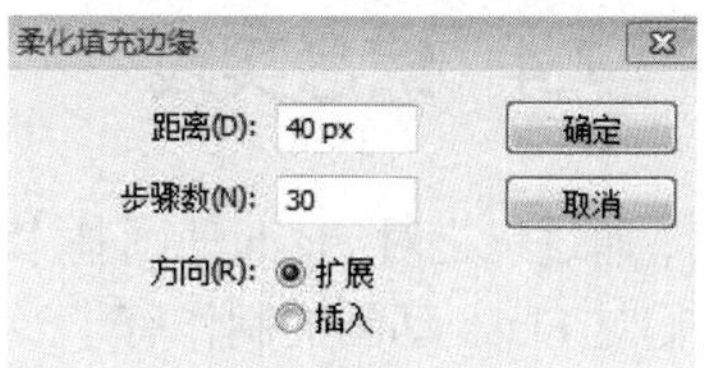

（a）设置填充色　　（b）绘制太阳　　（c）柔和太阳边缘

图 7-39　绘制影片剪辑对象

这样，只要有用到太阳的场景，我们都可以把库中的太阳影片剪辑元件调出使用，在场景中参与“演出”的“太阳”都是太阳元件的实例。每一个“太阳”实例都有其独立于元件之外的属性，其属性可以在“属性”面板中进行设置，例如设置元件实例大小、准确位置、透明度、色调、亮度等。

当想对“太阳”元件进行修改时，可以在“库”面板中选中目标元件双击元件名称前的小图标，即可进入内容编辑区，对元件进行修改。

2. 库

Flash 8 在默认状态下会将“库”面板放在浮动窗口区域，也可以通过选择“窗口”→“库”命令，调出“库”面板。如图 7-40 所示。

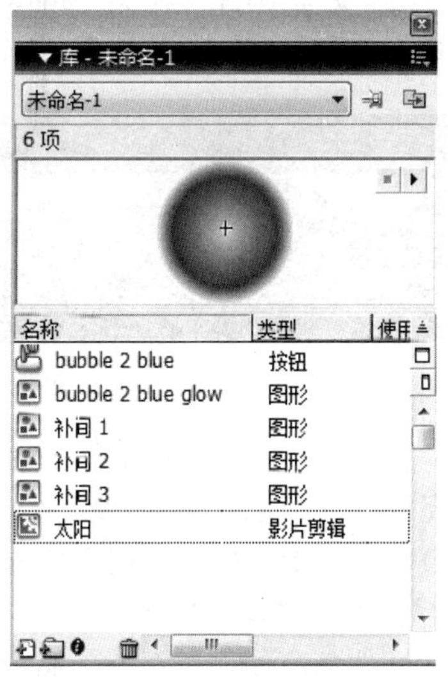

图 7-40　“库”面板

在“库”面板下方有“新建元件”、“新建文件夹”、“属性”和“删除”4 个按钮。

单击“新建元件”按钮会弹出如图 7-38 所示的对话框，用于创建新元件。

单击“新建文件夹”按钮可以在库中添加文件夹，用于将库窗口中的元件分装在不同的文件夹中，便于设计者的查找和阅读。

“属性”按钮只有在选中目标元件时才可以被单击。单击会弹出类似图 7-38 所示的对话框（包含“编辑”和“高级”按钮），在此对话框中可以对元件名称、类型进行修改，还可以单击对话框中的“编辑”按钮可以进入元件内容编辑区，单击“高级”按钮可以对元件进行一些高级设置。

7.4 综合实践——网页中图片轮显动画与引导页的设计制作

通过以上对 Flash 动画基本概念、Flash 软件的操作界面、Flash 动画制作等内容的学习，我们对 Flash 动画的制作有了一个初步的了解与认识。下面通过两个实用的实例，将 Flash 动画的制作步骤以及简单交互的制作等内容综合起来，完成某一网站的图片轮换 Flash 文件与网站引导页的设计与制作。在制作网站之前，首先对工作任务进行分析。

四维奥迪汽车专售公司已有一个简易网站，现在需要更换一个图片轮换 Flash 文件，并且要求制作一个 Flash 版的引导页。图片轮换 Flash 文件要求循环展示 8 款不同的汽车产品，并要求当鼠标指向 Flash 时，动画停止移动。鼠标离开时，图片继续轮转。另外，Flash 版的网站引导页要求有一个单击进入按钮，当用户单击时进入网站主页。

7.4.1 图片轮显动画制作

1. 设置文档属性

新建 Flash 文档，设置文档大小为 600×250 像素，背景颜色设置为黑色，将公司出产的汽车图片导入到库中（选取 8 张图片）。

2. 创建动画中的元件并为按钮设置动作

（1）新建图形元件“车展”，将 8 张图片（作为一组图片）拖入元件编辑区中，每张图片限制大小为 150×120 像素，并利用“对齐”面板使图片如图 7-41 所示的样式排列。

图 7-41 建立图形元件“车展”

（2）新建按钮元件“按钮”，在第 2 帧“指针划过”处插入关键帧，绘制 150×120 像素的打散矩形，笔触为“无”，填充任意“纯色”，透明度（Alpha 值）为 0%。

（3）新建影片剪辑元件 mc1，将图形元件“车展”拖入编辑区，再将按钮元件“按钮”拖入编辑区，覆盖到每一张图片上，如图 7-42 所示。

（4）分别右击每一个按钮区域选择“动作”命令，添加下面几行代码：

```
on (rollOver) {                          //当鼠标指向时
_root.mc.stop();                         //影片剪辑停止运动
}
on (rollOut) {                           //当鼠标没有指向时
_root.mc.play();                         //影片剪辑运动
}
```

图 7-42 影片剪辑元件 mc1

（5）新建影片剪辑 mc2，在第 1 帧处，将 mc1 拖入编辑区两次并使这两组 mc1 图片首尾连接好并组合在一起，如图 7-43 所示。在第 100 帧处插入关键帧，并将其中内容的位置向左移，使第 100 帧中第二组 mc1 与第 1 帧第一组 mc1 重合，如图 7-44 所示。

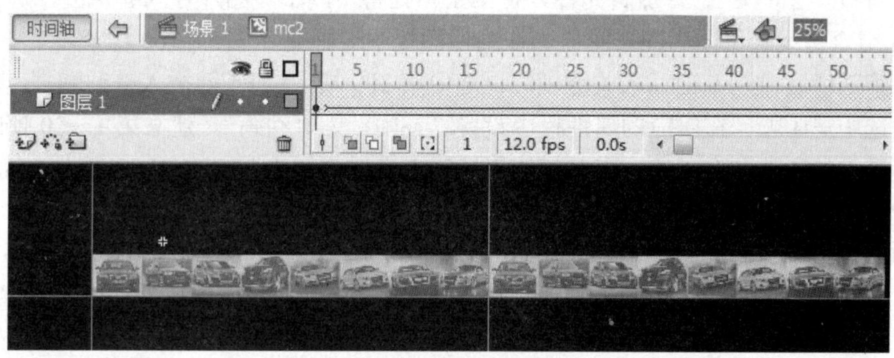

图 7-43 mc2 第 1 帧中两组 mc1 排列

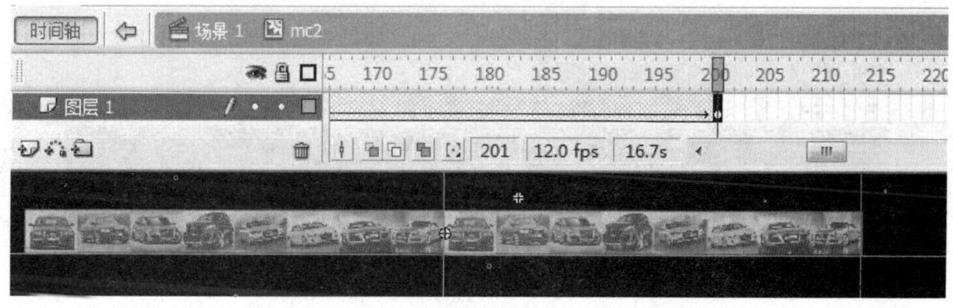

图 7-44 mc2 第 1 帧中两组 mc1 排列

3. 设置场景

回到舞台界面，将 mc2 拖入舞台，使其与舞台左侧对齐，如图 7-45 所示。

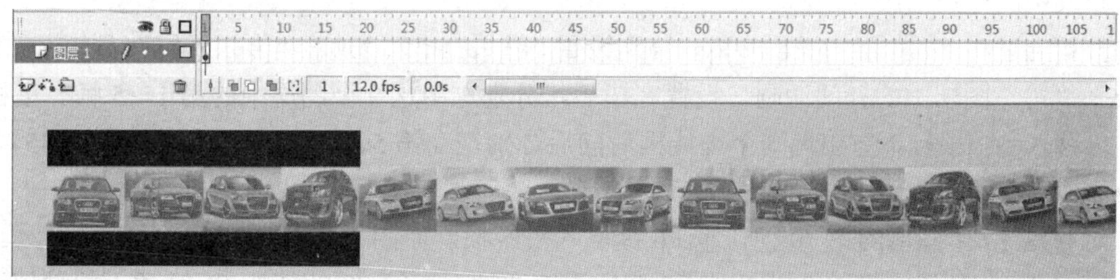

图 7-45 舞台界面效果图

保存文件，按 Ctrl+Enter 组合键便可以预览效果了。

7.4.2 引导页动画设计制作

1. 设置文档属性

新建 Flash 文档，设置舞台大小为 800×500 像素。将文档背景颜色设置为黑色，帧频为 26fps。

2. 创建动画中的元件

（1）新建“背景”图形元件，将“车展背景”图片导入舞台，在属性面板中调整图片大小为 800×500 像素。

（2）新建“汽车”影片剪辑元件，在第 1 帧处将“汽车”图片导入编辑区，选中图片，按 Ctrl+G 组合键组合位图为图形对象。在属性面板中设置图片 220×160 像素。

选中第 20 帧，按 F6 键插入关键帧。再选中第 300 帧，按 F5 键插入普通帧。

再次选中第 1 帧，在对应的属性栏中设置“补间”为“动画”。建立第 1～20 帧的补间动画。选中第 1 帧中的图像对象，在对应的属性栏中设置“颜色”中的 Alpha 值为 0%。同时选择“修改”→“变形”→“缩放和旋转”命令，打开“缩放和旋转”对话框，将其中的“缩放”值改为 10%，缩小第 1 帧中的图形对象。

（3）新建“动态文字”影片剪辑元件，使用文字工具，在对应的属性栏中设置字号为 35，字体为“黑体”，颜色为“白色”，输入“四维奥迪专售有限公司”，选中文字，按 Ctrl+B 组合键将文字分散，如图 7-46 所示。右击，选择“分散到图层”命令，将这 10 个字分散到“图层 1”至“图层 10”这 10 个图层上。

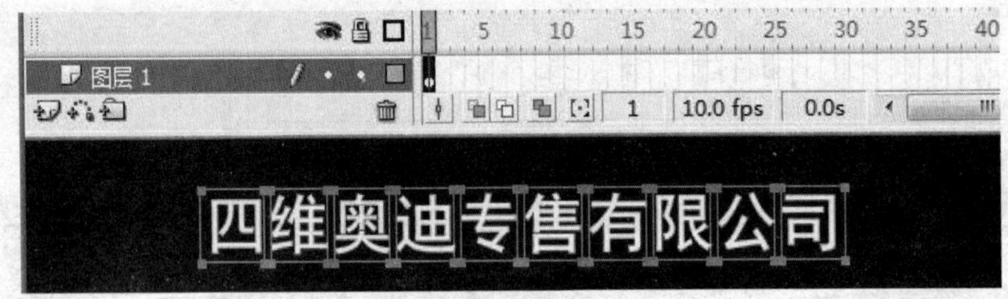

图 7-46 打散文字

选中“四”层，在第 5 帧按 F6 键插入关键帧。选中第 1～5 帧之间的任意一帧，右击选择“创建补间动画”命令，再次选中第 1 帧，选中其中的对象在对应的属性栏中将“颜色”Alpha 值设为 0%。选择“修改”→“变形”→“缩放和旋转”命令打开“缩放和旋转”对话框，将其中的缩放值改为 20%。

按照上述对“四”层的操作步骤，分别设置“维”、“奥”、“迪”、“专”、“售”、“有”、“限”、“公”、“司”图层中的补间动画。设置完毕后，分别选中这 9 个图层中的第 1～5 帧。鼠标移开，再移入，当鼠标下方出现一个虚线框后向后分别拖动第 5、10、15、20、25、30、35、40、45 帧，如图 7-47 所示。

选中这 10 个图层的第 70 帧，按 F6 键插入关键帧，如图 7-48 所示。

在这 10 个图层的第 140 帧处按 F5 键插入普通帧，在第 73 帧处按 F6 键插入关键帧。再分别选中这 10 个图层中的第 70～73 帧中的任意一帧，右击选择“创建补间动画”命令，并在属性栏中设置“旋转”为“顺时针”1 次。

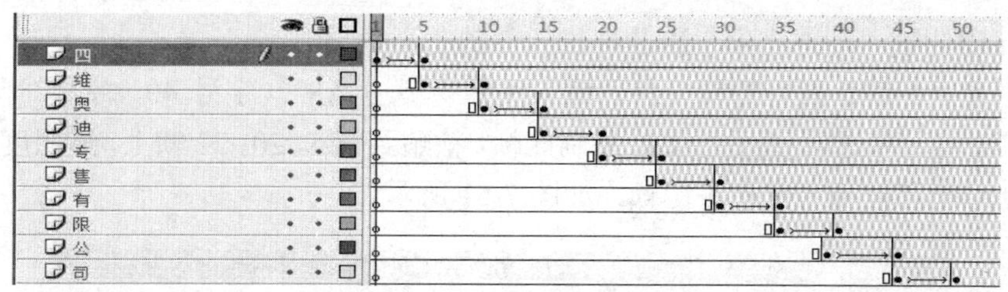

图 7-47　动态文字影片剪辑设置

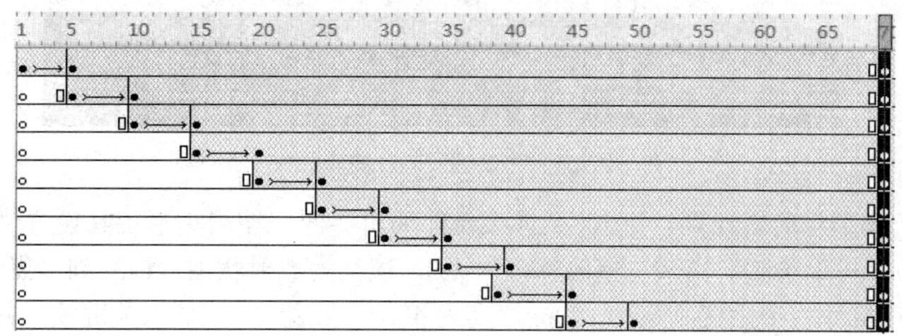

图 7-48　动态文字影片剪辑设置

选择第 73 帧中的对象，在对应的属性栏中调整“色调”为红色（RGB：255,0,0）。按照以上方法，依次设置其余 9 个图层中的第 70～73 帧中的动画，如图 7-49 所示。

提醒：在设置每个图层中的对象时，可以将其他图层锁定，以免互相干扰。

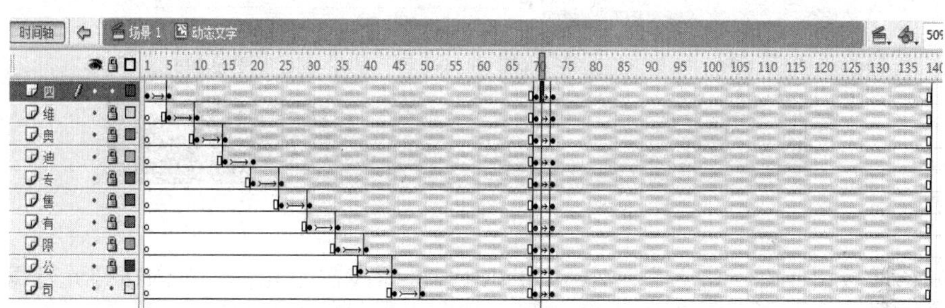

图 7-49　动态文字影片剪辑设置

分别选中“维”、“奥”、“迪”、“专”、“售”、“有”、“限”、“公”、“司” 9 个图层中的第 70～73 帧，向后拖动 2、4、6、8、10、12、14、16、18 帧，如图 7-50 所示。最后在各个图层的第 300 帧处插入普通帧。

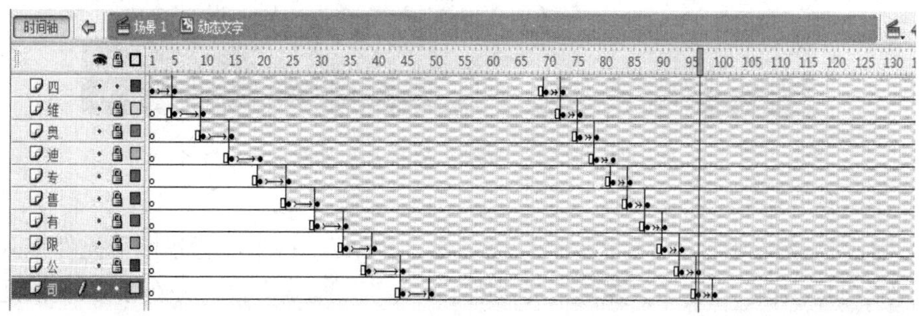

图 7-50　动态文字影片剪辑设置

按 Enter 键测试“动态文字”影片剪辑元件的动画效果。

（4）创建“品牌”影片剪辑元件，输入文字“奥迪 A8”（字号 40，字体“华文隶书”，颜色“黄色”），将此帧透明度改为 0%。复制此帧，粘贴到第 5、20、22 帧上，透明度设为 100%；在第 18、19、21 各帧插入空白关键帧，如图 7-51 所示。

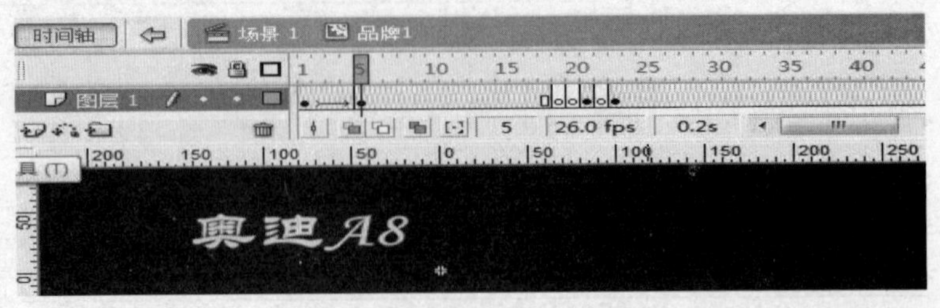

图 7-51 “品牌”影片剪辑元件

（5）新建影片剪辑元件“进入”。进入元件编辑界面，使用矩形工具设置“边角半径”为 10。选中“对象绘制”模式，笔触颜色“无”，填充为放射状由“白”到“黑”。拖出一个圆角矩形，在属性栏中设置其宽为 100px，高为 40px。在第 25 帧插入关键帧，并创建补间动画。使用选择工具选中第 25 帧中的矩形对象，在属性栏中设置“颜色”→“亮度”为 14%。新建“图层 2”，使用文字工具（字体：宋体，字号：20，颜色：黑色）在矩形区域中输入文字“进入”，如图 7-52 所示。

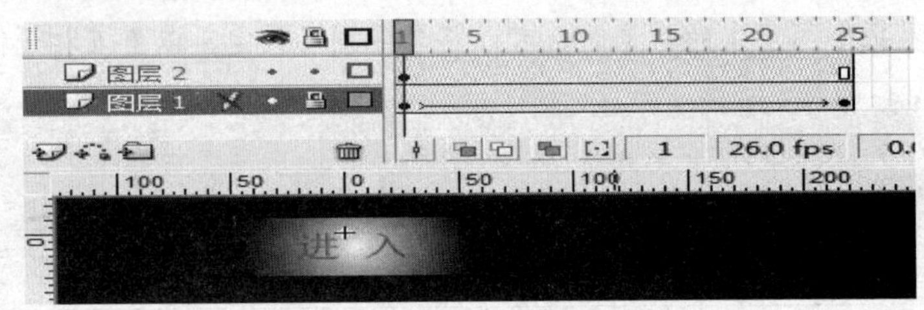

图 7-52 “进入”影片剪辑元件

（6）新建按钮元件“进入”。按 Ctrl+F8 组合键新建按钮元件，进入按钮元件编辑区。在“弹起”帧，将“进入”影片剪辑按钮拖入，并分别在“指针经过”、“按下”、“单击”各帧按 F6 键插入关键帧，如图 7-53 所示。

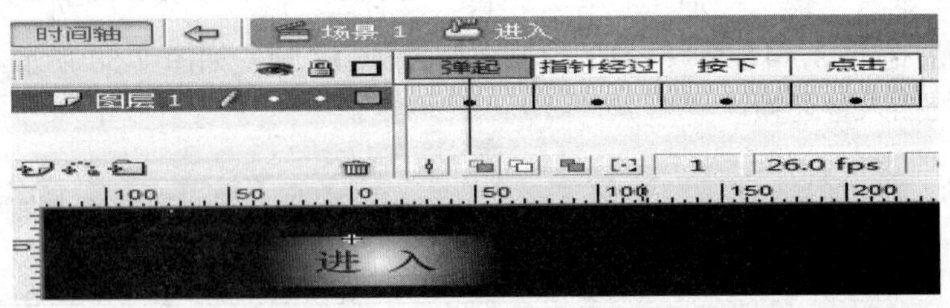

图 7-53 “进入”按钮元件设置

3. 设计场景时间轴

（1）回到场景舞台中，将“图层 1”改名为“背景”，将车展背景图形元件拖入舞台中，使用“对齐”面板中的“相对于舞台”与“对齐”，将其覆盖舞台，并在第 300 帧处按 F5 键插入普通帧，使背景持续显示 300 帧。

（2）在“场景”图层上新添加一个图层“遮罩”，使用椭圆工具在舞台中心绘制一个小椭圆（非对象绘制），在第 20 帧处插入关键帧，选择“修改”→“变形”→“缩放与旋转”命令，弹出“缩放与旋转”对话框，放大圆形图案，使此帧上的椭圆覆盖整个舞台，再在第 300 帧上插入关键帧。在第 1 帧和第 20 帧之间创建补间动画。选中该图层，右击选择“遮罩层”命令，并将“场景”图层拖到遮罩层下端，时间轴上的状态如图 7-54 所示。

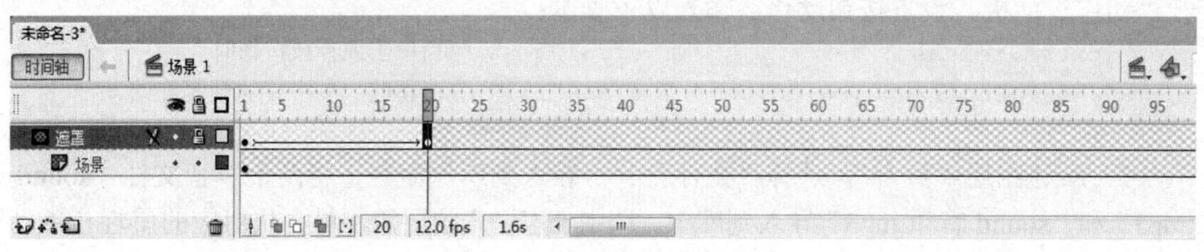

图 7-54　设计遮罩图层

（3）新建图层“汽车”，选中第 20 帧，插入关键帧，将库中的影片剪辑“汽车”拖入舞台并放在合适的位置（由于剪辑中第 1 帧是透明帧，所以在舞台上看不到汽车），如图 7-55 所示。单击第 300 帧插入普通帧。

图 7-55　拖入“汽车”元件

（4）新建图层“品牌”，在第 35 帧插入关键帧，拖入影片剪辑元件“品牌”，在第 300 帧处插入普通帧，如图 7-56 所示。

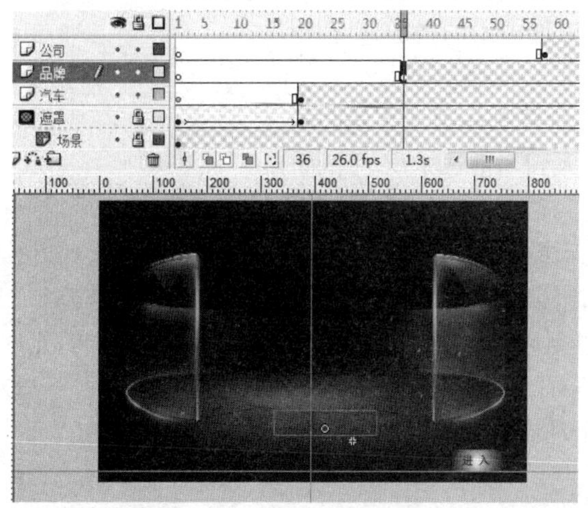

图 7-56　拖入“品牌”元件

（5）新建图层“公司”，在第 57 帧插入关键帧，拖入影片剪辑元件“动态文字”到合适的位置（由于剪辑中第一帧是透明帧，所以在舞台上看不到文字），如图 7-56 所示。单击第 300 帧插入普通帧。

（6）新建图层“进入”，将“进入”按钮元件拖入舞台放在舞台右下角部位，如图 7-56 所示。并在第 300 帧上插入普通帧。选中第 1 帧中的“进入”按钮，右击选择“动作”命令，打开“动作”面板，设置按钮动作。输入以下脚本：

```
on (press,release) {                              //当单击或释放按钮时
 getURL("http://www.baidu.com","_blank");   //在新的一页中打开百度首页
 }
```

（7）新建图层“声音”，选择“文件”→“导入到库”命令，将两个声音文件“sound 进入.mp3”和“sound 音乐.mp3”导入到库中。选中“声音”图层第 1 帧，从对应的属性栏的“声音”选项中选择“sound 进入.mp3”。选择第 19 帧，按 F7 键插入空白关键帧，停止“sound 进入.mp3”的播放。在第 20 帧处，按 F6 键插入关键帧。选中第 20 帧，在对应属性栏的“声音.mp3”选项中选择“sound 音乐.mp3”。在第 300 帧插入空白关键帧。

保存文件。按 Ctrl+Enter 组合键预览引导页动画。

复习思考题

一、选择题（认证考试题）

1．以下关于元件的叙述，正确的是（　）。
   A．只有图形对象或声音可以转换为元件
   B．元件里面可包含任何东西，包括它自己的实例
   C．元件的实例不能再次转换成元件
   D．以上均错

2．以下关于使用元件的优点的叙述，正确的是（　）。
   A．使用元件可以使电影的编辑更加简单化
   B．使用元件可以使发布文件的大小显著地缩减
   C．使用元件可以使电影的播放速度加快
   D．以上均是

3．下面关于新层的位置顺序说法正确的是（　）。
   A．新层将被插入到当前选定层的下面
   B．新层将被插入到当前选定层的上面
   C．新层将被放到最上层
   D．以上说法都错误

4．下列选项中可以用来创建独立于时间轴播放的动画片段的元件类型是（　）。
   A．图形元件　　B．字体元件　　C．电影剪辑　　D．按钮元件

5．如果要创建一个动态按钮，至少需要（　）类元件。
   A．电影剪辑　　B．按钮
   C．图形元件和按钮　　D．电影剪辑和按钮

6. Library 中有一个元件 Symbol 1，舞台上有一个该元件的实例。现通过实例属性检查器将该实例的颜色改为#FF0033，透明度改为 80%。请问此时 Library 中的 Symbol 1 元件将会发生（　）变化。

A. 颜色也变为#FF0033

B. 透明度也变为 80%

C. 颜色变为#FF0033，透明度变为 80%

D. 不会发生任何改变

7. 如果在选中某个对象后，还需同时选定其他对象，则可按住（　）键增加选择范围。

A. Shift　　B. Ctrl　　C. Alt　　D. 以上都不可以

8. 下列说法正确的是（　）。

A. 一个 Flash 电影只能指定 1 个帧频率

B. 一个 Flash 电影可以指定 2 个帧频率

C. 一个 Flash 电影最多能指定 3 个帧频率

D. 一个 Flash 电影能指定任意个帧频率

9. 在 ActionScript 中，下列说法正确的是（　）。

A. 不区分大小写

B. 区分大小写

C. 只有关键字是区分大小写的，其他则无所谓

D. 以上都不正确

10. Flash 影片频率最大可以设置到（　）fps。

A. 99　　B. 100　　C. 120　　D. 150

二、判断题

1. 在 Flash 中对文本进行变形后，不可以对文本进行编辑。（　）

2. 如果已经显示了网格和辅助线，则当用户拖动对象调整位置时，对象将优先对齐辅助线而不是网格。（　）

3. 要创建使组合体或文字发生颜色渐变的动画，必须先将它们转换为元件。（　）

4. 在 ActionScript 中可以如此赋值：a = b = c = d; B。（　）

5. 在 ActionScript 中，eval 动作只能执行变量引用。这个说法是否正确。（　）

6. 在 Flash 中对文本进行变形后，不可以对文本进行编辑。（　）

7. Flash 影片帧频率最大可以设置到 120 fps。（　）

8. 对于在网络上播放的动画，最合适的帧频率是 24fps。（　）

9. 在 Flash 制作过程中图形元件可重复使用。（　）

10. 对于逐帧动画模式和补间动画模式 Flash 都必须记录完整的各帧信息。（　）

第 8 章　网站设计与制作综合实例

【学习目标】

- 学会网站规划的一般方法。
- 熟练掌握网页中的图片处理方法。
- 熟练掌握网页中的动画制作方法。
- 综合运用网页制作软件制作网站。

【引导案例】

“四维网站设计工作室”网站设计现在需要建立一个网站，通过该网站介绍、宣传工作室的工作理念和作品情况，提高工作室的声誉和影响力。

【任务分析】

这个网站属于宣传型网站，因此不需要使用 ASP 等后台技术。我们只要制作一个静态网站即可，需要了解网站前台工作的各个环节。

8.1　网站规划

8.1.1　进行用户调研，确定网站内容

在做网站之前，首先要对用户进行深入的调研，了解客户的业务特点，针对企业业务提出网站建设的目的，有了目的网站的内容就比较好规划了。“四维网站设计工作室”（以下简称“四维工作室”）网站主要是想达到业务介绍和形象推广这两个目的。同时，作为一个提供网页设计服务的工作室网站，其服务项目和范围的介绍是必须的。我们的网站设计与建设必须本着“功能性第一”的原则。“四维工作室”网站的“形象展示”目的，可以通过 Logo 的设计、网页整体的美工设计来完成。第二个目的“服务介绍”可以通过网站内容规划来完成。对于该网站，内容不宜过多，否则会将网站的建设目标淡化。“四维工作室”的内容规划如表 8-1 所示。

表 8-1　网站内容规划表

栏目名称	内容说明
站内公告	发布工作室最新工作动态，或最新客户案例，可以让用户通过这里了解工作室的情况，也可以了解工作室业务发展情况
关于我们	对工作室团队情况说明，以及该团队的设计理念和技术水平展示，使客户对团队的基本组织情况与技术情况有所了解
案例展示	展示工作室的成功案例，增加客户对工作室的信任度，同时也是工作室对服务对象的一种敬意与感谢

续表

栏目名称	内容说明
服务项目	这是本站的重点内容频道，对于本站的各种建设服务提供详尽的说明，帮助客户了解工作室服务范围与项目，以便从中选择合适的项目
联系我们	为了能与用户更好地交流与沟通，工作室的联系方式是必不可少的，包括工作室所在地址、联系电话、QQ 号码、邮箱等。方便前期的业务联系与后期的网站维护

8.1.2　根据网站内容，确定网站结构

有了网站建站的目的和内容结构，我们进行下一步的网站结构规划，主要是确定网站的导航结构。针对表 8-1 中的栏目划分，制定网站的导航结构，其中包含一级导航栏目和内容页的设置。在整个内容栏目中，“关于我们”和“联系我们”这两个栏目比较简单，只需在首页上加上导航栏目名称，然后链接到它们的二级页面即可。

“案例展示”这个栏目比较特殊，在进入二级页面后，除了展示客户网站缩略图外，还要加上客户网站的链接。这样，浏览者进入后，可以直接单击客户网站链接查看详细的页面，因此，在这个栏目的二级页面里，要加入大量的外网站的链接。

本站的重点栏目——“服务项目”，在二级页面里是各建设方案的名称列表，单击这些列表，可以进入详细的方案说明，所以，这个栏目就要做第三级的内容页。另外“网站公告”二级页面中也是公告列表，需要制作三级页面显示各个公告的具体内容。根据上面的这些导航描述，我们可以通过如图 8-1 所示的导航图清楚了解网站的导航方案。

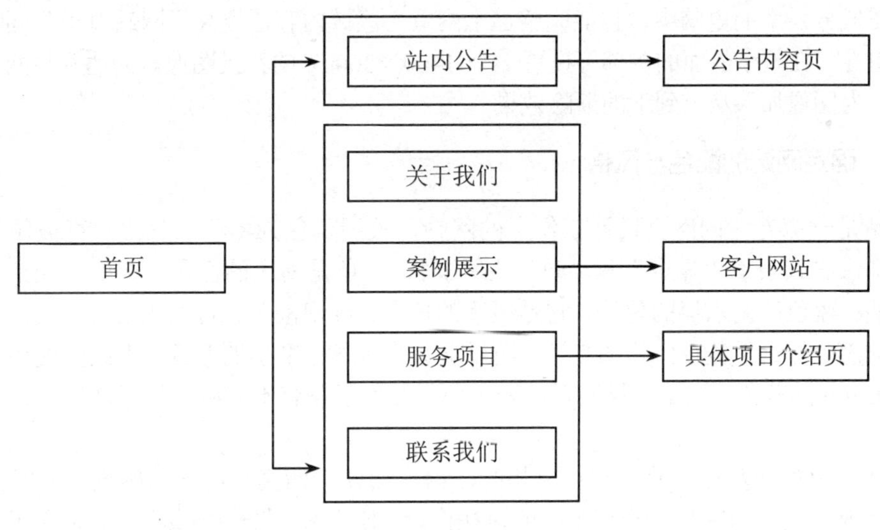

图 8-1　网站结构图

8.1.3　确定网页的版面布局

由于本站属于专业的工作室网站，内容结构不需要很复杂，因此，为了使浏览者能够清晰地浏览本站内容，提高整个界面的可读性，所以，版面布局为三字型结构，这样可以使页面的内容有层次地分布，达到良好的人机互动。在本站的三字型结构中，顶部为页眉部分，放置网站 Logo 和快捷通道的超链接，并通过它渲染网站气氛。首页的导航菜单以下的部分划分为

水平两栏，上面放置展示图片（使用 Flash 动画），突显网站特色。下面为一些主要版块的内容简介或内容摘选，包括“站内公告”、“服务项目”和“案例展示”。“服务项目”中放置本站团队的介绍和服务项目介绍两个主要栏目的内容摘选，并加入链接，链入相关的二级页面以查看详细说明。“案例展示”主要是以案例展示说明和动态缩略图形式显示成功案例，单击这些案例可以跳转到内容详细的二级页面。在首页的最下端是网页页脚部分，放置版权信息和联系方式与页眉部分进行呼应，如图 8-2 所示。

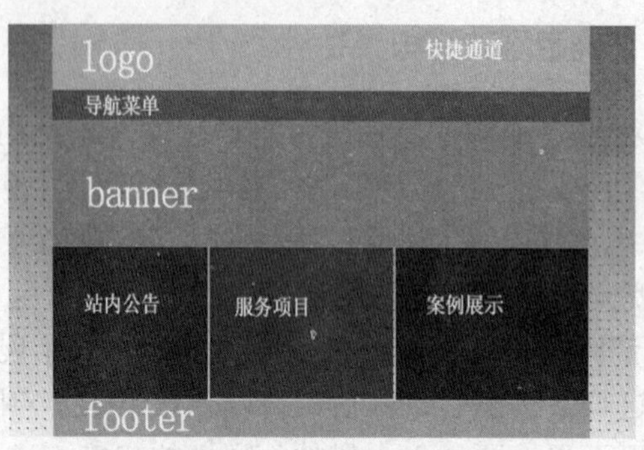

图 8-2　网页布局

由于目前计算机用户大都使用宽屏的电脑以 1366×768px 的显示器为多，因此我们可以把网页的宽度设置为 1400 以适应宽屏用户，但同时还有少部分 1024×768px 分辨率的显示器，因此，在网页设计时，我们设置宽度为 800px 的中心区域为绘图主区域。这样在 1366×768px 的分辨率下，使网页两边留出适当的空余区域，从而不会造成整个网站在视觉效果上有太空的感觉，同时在低分辨率的电脑中，也能完整显示网页主区域内容，提高了网站对于不同分辨率显示器的适用性。在整个界面的头部，设置一个 1400×360px 的背景图像，为达到与网页背景的完美融合，为图像加入从上到下的渐隐效果。

8.1.4　确定网站的配色与风格

本网站是一家专业的网页设计工作室的网站，采用蓝色为主色。蓝色一直被作为高科技的颜色象征，它代表着“先进”和“科技”；同时，蓝色是博大的色彩，例如，天空和大海都是蔚蓝色的；蓝色还是永恒的象征，它是最冷的色彩；纯净的蓝色能给人美丽、文静、理智安详与纯洁的感觉；由于蓝色沉稳的特性，所以又具有理智、准确的意象。本站所使用的蓝色是代码为#003366 的蓝色，这是一种网页的安全色，是为了兼容不同硬件显示环境而使用的一种颜色。

辅色使用白色和灰色。蓝色与白色相配，给人明朗、清爽与纯净的感觉。同时，白色对于网页主体内容文字的突显起到相当好的衬托作用。使用灰色作为辅助色，一是为了让左侧的侧边栏与右侧主内容区有明显的版块界限，使整个网站更为整齐；二是因为灰色也是一种科技、进步且时尚的城市化颜色，增强了网站的科技感与现代感。此外，灰色也有较好的视觉调节作用，使浏览者在浏览网站时不会引起眼睛的不适。

蓝、白、灰的搭配虽然比较合理，但整个网站在视觉效果上会稍显沉闷。因此在网站中使用代码为#ff6600 的橙色作为网站的突显色。橙色属于暖色系，而且是一种时尚、健康、明亮的颜色，以它来作为网站的点缀，不但可以突显网站中的一些重要链接。同时，也平衡了网站整体冷色带来的沉闷，使网站多了些生气。

网站在整体配色方法上，属于冷暖色调的对比配色，既增强了网站的可读性，又在交互设计中体现了人性化的原则。在风格选用上，本网站使用了当前较为流行的 Vista 界面风格，这主要是应用在透明导航栏的界面上，此外，在网站主体动画与右上角的 Banner 动画界面上也应用了该透明化风格，使整体风格既时尚，又不失科技感。

8.2　使用 Photoshop 编辑网页图像

8.2.1　制作网页 Logo

本网站的 Logo 设计中，主要使用了矢量图形工具，它是网页效果图制作过程中经常用到的工具之一，制作方法简单易学。具体操作步骤如下：

（1）打开 Photoshop，按 Ctrl+N 组合键新建文件，文件大小为 600×400px，分辨率为 72，背景颜色为白色，单击“确定”按钮进入文档编辑区。

（2）选择矢量矩形工具，并在编辑区域拖出参考线，如图 8-3 所示。使用矢量矩形工具，选择路径模式在辅助线圈出的范围内划出一个 200×100px 的矩形，如图 8-3 所示。

图 8-3　拖出参考线

（3）按 Ctrl+T 组合键，变形路径。在相应的属性栏中设置旋转的角度为-27 度，如图 8-4 所示，按 Enter 键确定变换。

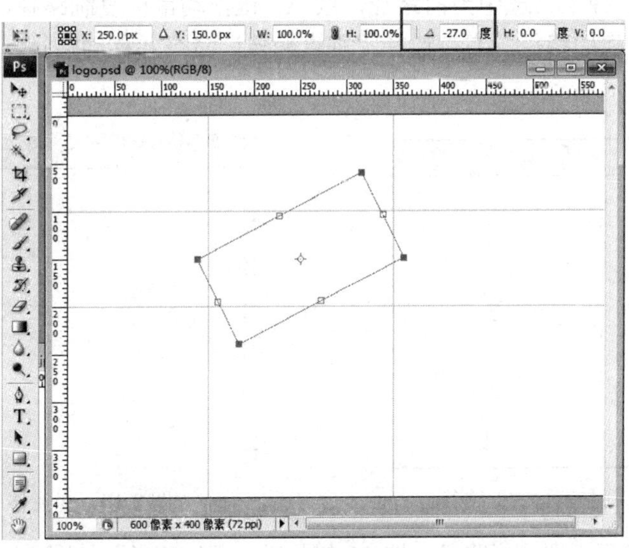

图 8-4　旋转矩形

（4）选择直接选择工具，选中路径中的右下锚点，按“向左”方向键将它与右上锚点调整到垂直对齐，如图 8-5 所示。同样将左上锚点调整到与左下锚点垂直对齐，如图 8-6 所示。

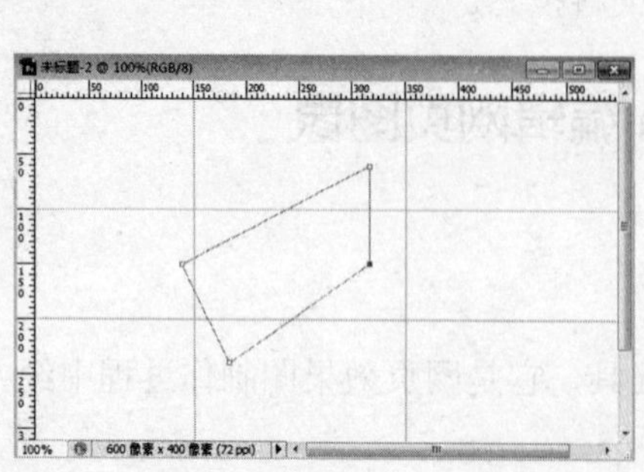

图 8-5 调整右上锚点与右下锚点垂直对齐

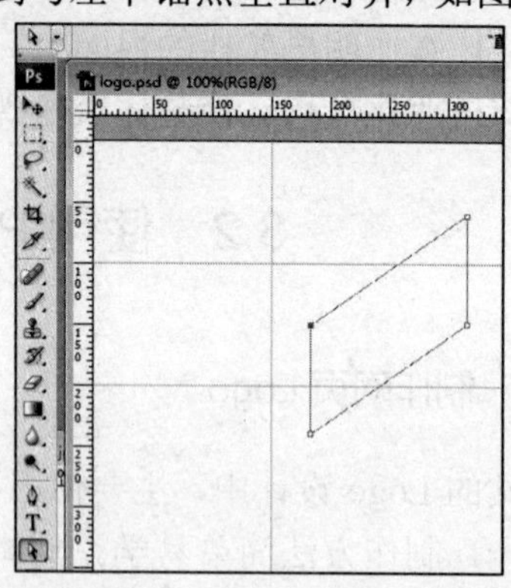

图 8-6 调整左下锚点与左上锚点垂直对齐

（5）使用路径形状工具绘制。使用直接选择工具框选整条路径，按 Alt 键拖动鼠标，复制路径。按 Ctrl+T 组合键，右击选择“水平翻转”命令变换复制的路径，如图 8-7 所示。将新路径的左边框移动到与原路径的右边框对齐状态，如图 8-8 所示。

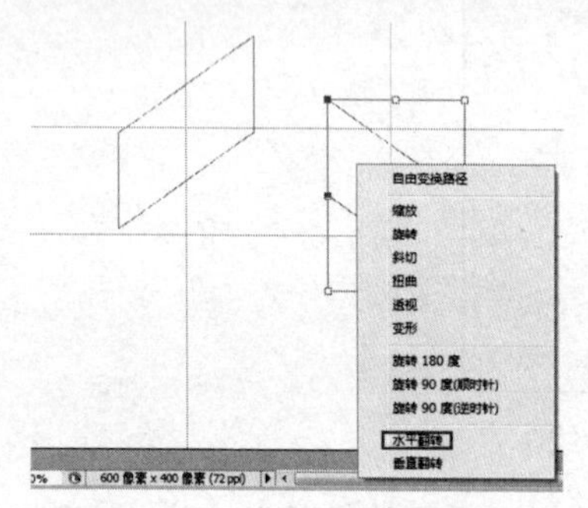

图 8-7 复制路径水平翻转

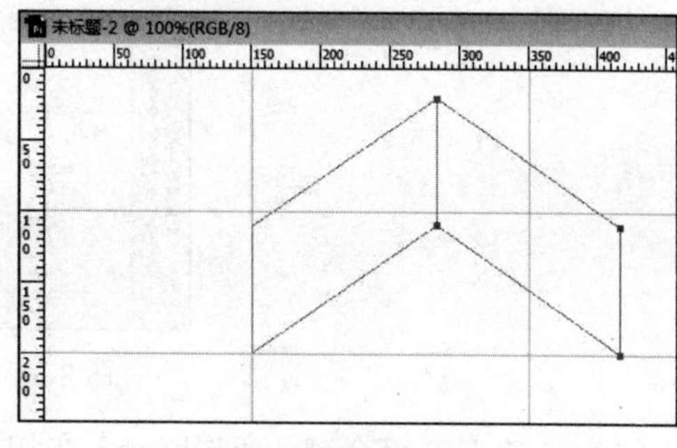

图 8-8 移动路径

（6）使用路径选择工具选中当前路径，按 Alt 键拖动鼠标复制路径，如图 8-9 所示。按 Ctrl+T 组合键选中新建的路径，右击选择“垂直翻转”命令并移动路径，如图 8-10 所示，按 Enter 键确定变换。

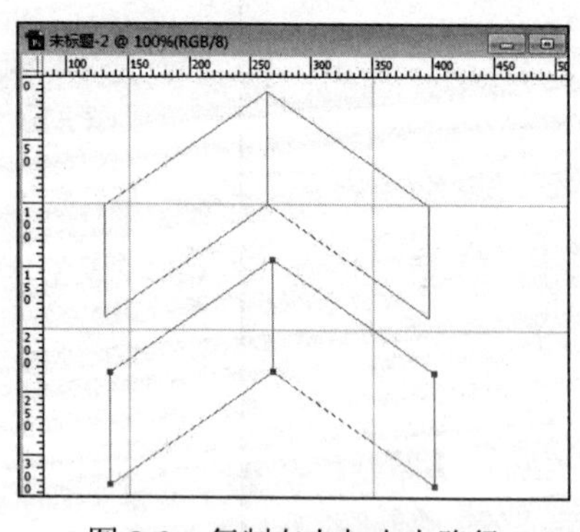

图 8-9 复制左上与右上路径

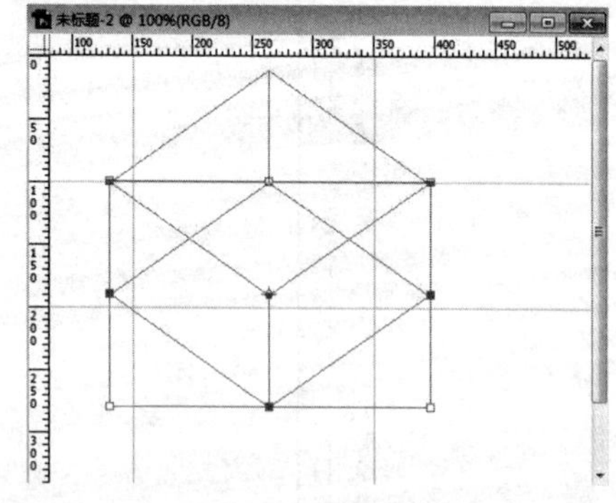

图 8-10 变换移动路径

（7）选中左上的平行四边形路径，按 Alt 键拖动，复制路径，如图 8-11 所示。按 Ctrl+T 组合键，右击选择“逆时针旋转 90 度”命令，将该四边形的左下角与“左上”四边行的左下角对齐并调整其中心点到左下角并旋转，使得底边与“左下”四边形底边重叠，如图 8-12 所示。

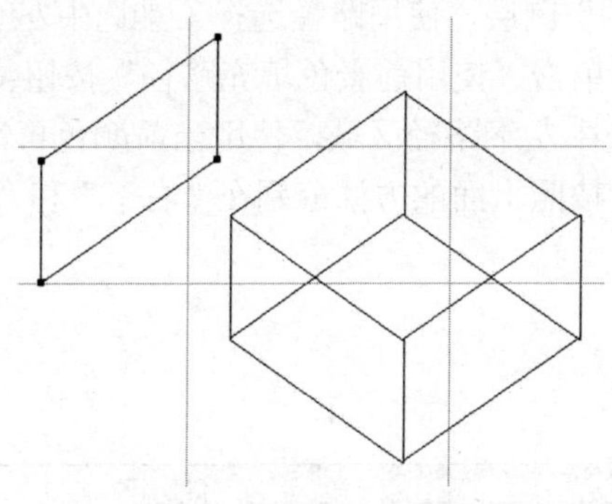

图 8-11　复制左上路径

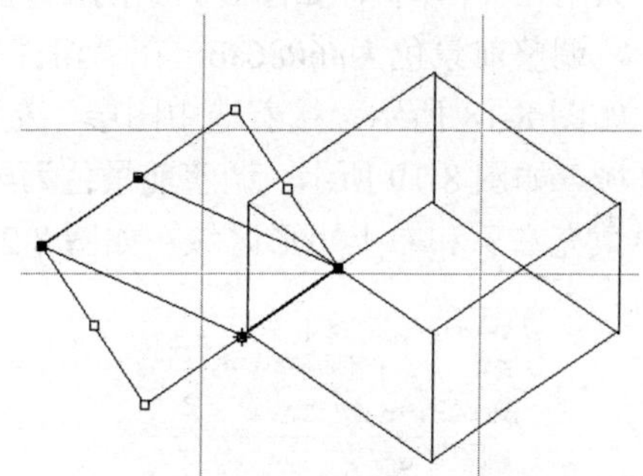

图 8-12　变换移动路径

（8）再次右击，选择“斜切”命令，将鼠标放到四边形上边附近，待其变为带有左右箭头的状态后，向右上拖动鼠标，如图 8-13 所示，按 Enter 键确认变换。选择直接选择工具，选中四边形顶点进行微调（也可以再次应用变形调整其大小和形状），得到如图 8-14 所示的效果。

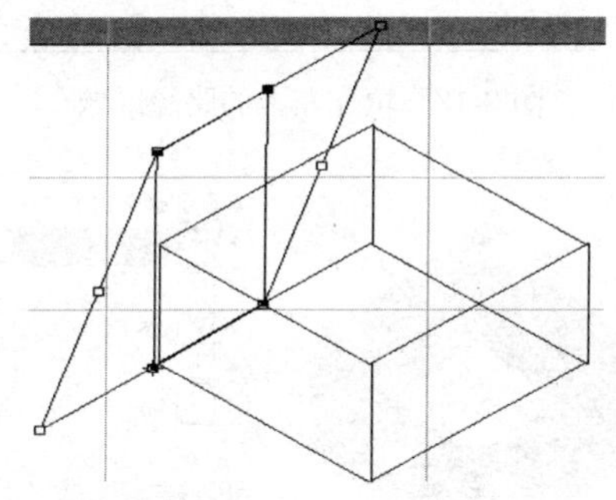

图 8-13　斜切路径

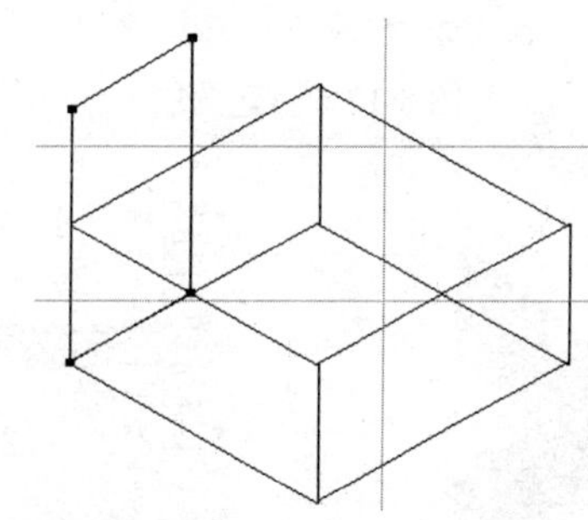

图 8-14　微调路径效果

（9）使用路径选择工具选中左下的平行四边行，使用同样的方法复制，并移动到右下方与其相接的地方，如图 8-15 所示。使用直接选择工具选择右侧的两个锚点，利用方向键改变该平行四边行的宽度，如图 8-16 所示。

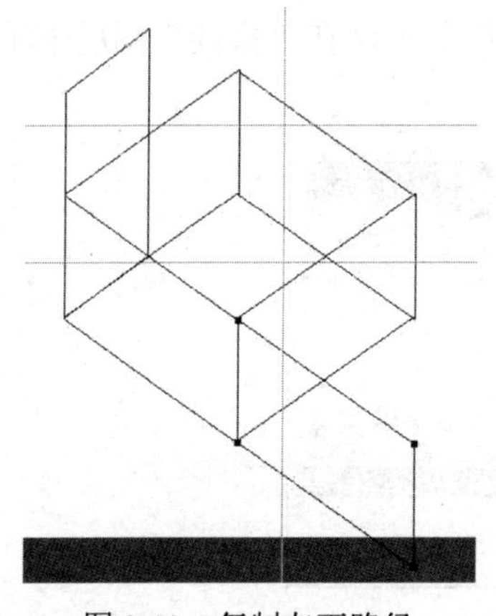

图 8-15　复制左下路径

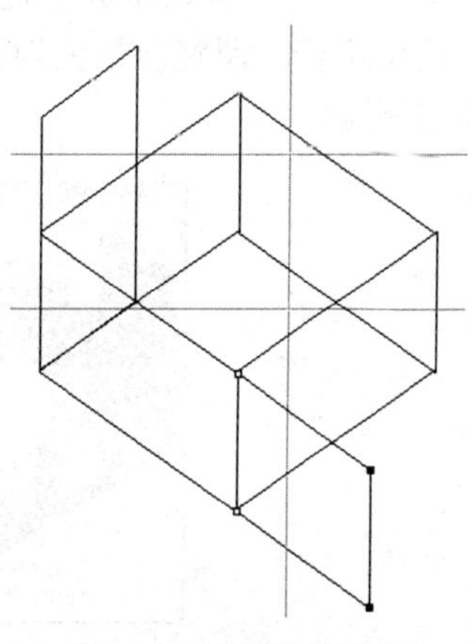

图 8-16　调整路径宽度

（10）给这四个平行四边形在不同的图层中填充颜色。新建“图层 1”、“图层 2”、“图层 3”、“图层 4”、“图层 5”、“图层 6”，并将图层名称依次改为“左上”、“左下”、“右上”、“右下”、“纵向”、“横向”，如图 8-17 所示。选中“左上”图层，使用路径选择工具选中左上平行四边形，调整前景色为#6086ab，在“路径”面板中单击“使用前景色填充路径”按钮 ● 填充路径，如图 8-18 所示。接着选中图层“左下”并选中左下路径区域，使用当前颜色再次填充路径区域，如图 8-19 所示。调整前景色为#7cabb3，按照上面的方法分别在“右下”和“右上”图层中填充右下和右上矩形区域，如图 8-20 所示。

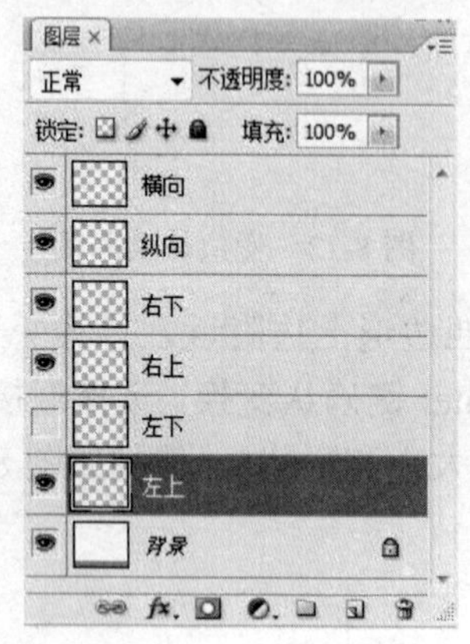

图 8-17 新建图层

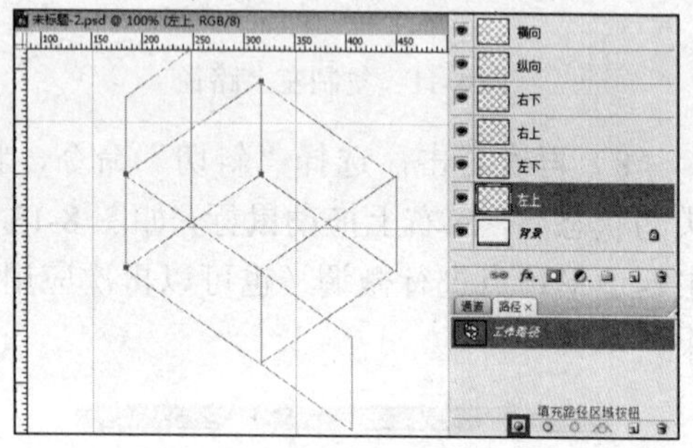

图 8-18 填充左上的路径区域

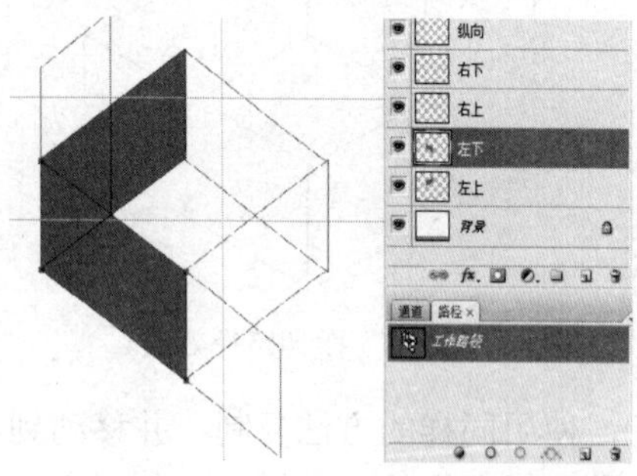

图 8-19 填充左下的路径区域

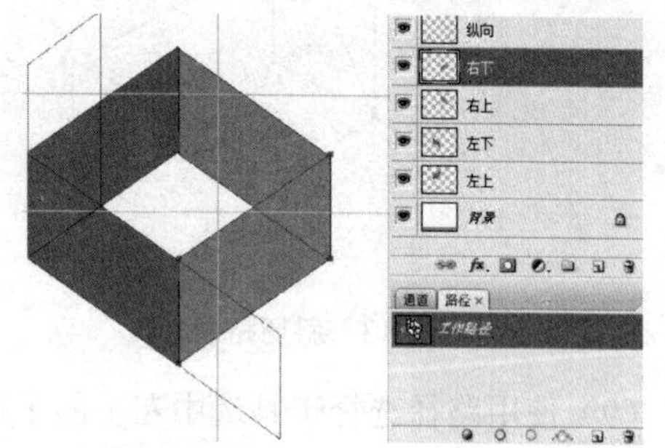

图 8-20 填充右上和右下的路径区域

（11）调整前景色为#6086ab，选中“纵向”图层，使用路径选择工具选中竖直的平行四边形路径，填充路径。调整前景色为#7cabb3，使用同样的方法在“横向”图层中填充路径区域，如图 8-21 所示。

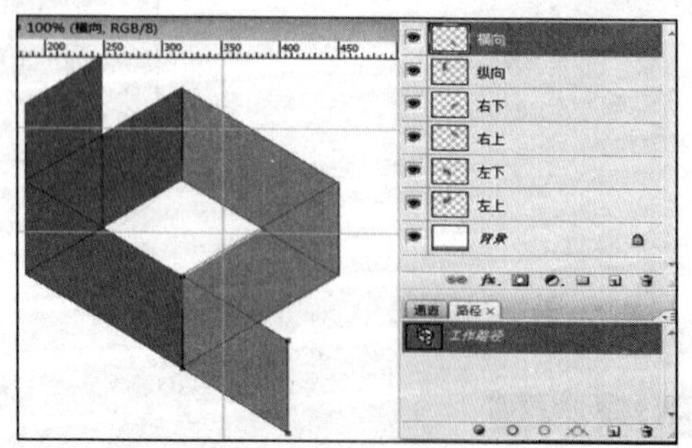

图 8-21 填充“纵向”和“横向”图层对应的路径区域

（12）将图层“左上”、“左下”、“右上”、“右下”、“纵向”、“横向”的图层混合模式依次改为“正片叠底”，如图 8-22 所示。单击“路径”面板下端的空白区域，隐藏路径，观察 Logo 形状的最终效果，如图 8-23 所示。

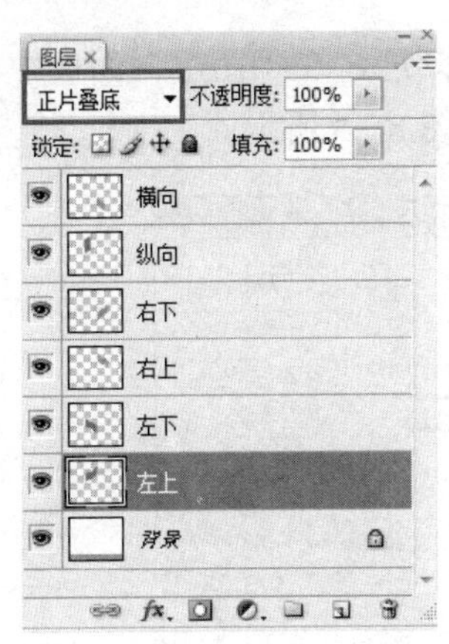

图 8-22　调整图层混合模式

图 8-23　Logo 形状效果

（13）保存文件。双击“背景”图层，弹出“新建图层”对话框。单击“确定”按钮，把背景层变为普通图层。然后，单击“图层”面板下部的“删除”按钮删除该图层。然后选择“文件”→“存储为”命令，文件名输入“logo 形状”，格式选择 psd，单击“保存”按钮存储该文件。同样的方法，文件名为“logo 形状透明”，格式选择.png，再次把该文件保存为背景透明的.png 格式图片，关闭图像文件。

（14）制作 Logo 文字。新建文件，大小为 800×400px，分辨率为 72，背景为白色。使用文字工具设置字体为“经典综艺体简”（若没有该字体可以用“微软雅黑”代替）、字号为“48 点”，字体颜色为橙色：#ff6600。输入“四维网站设计工作室”，如图 8-24 所示。

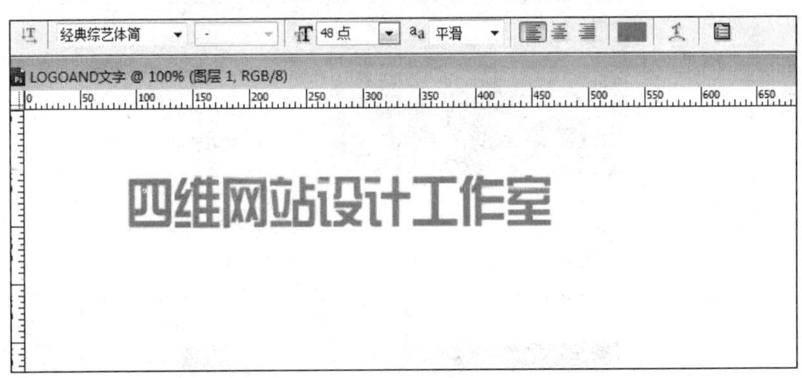

图 8-24　输入文字

（15）调整文字大小和颜色。将文字大小和颜色进行变化，使其更加生动有活力。使用文字工具选中“维”字，将其字号设置为“36 点”；选中“网”字将其字号设置为“37 点”；选中“站”字，将字号调整为“45 点”；选中“设”字，将字号调整为“45 点”；选中“计”字，将字号调整为“39 点”；选中“工”字，将字号调整为“28 点”；选中“作”字，将字号调整为“30 点”；选中“室”字，将字号调整为“35 点”。将“网站设计”四个字的颜色设置为深蓝色：#01212d；将“工作室”三个字设置为较浅的蓝色：#1074a8，如图 8-25 所示。

四维网站设计工作室

图 8-25 文字大小和颜色的设置

（16）制作文字的光感效果和文字倒影。选择文字图层，在“图层”面板中单击“添加图层样式”按钮 fx，为文字图层添加渐变叠加样式，如图 8-26 所示。

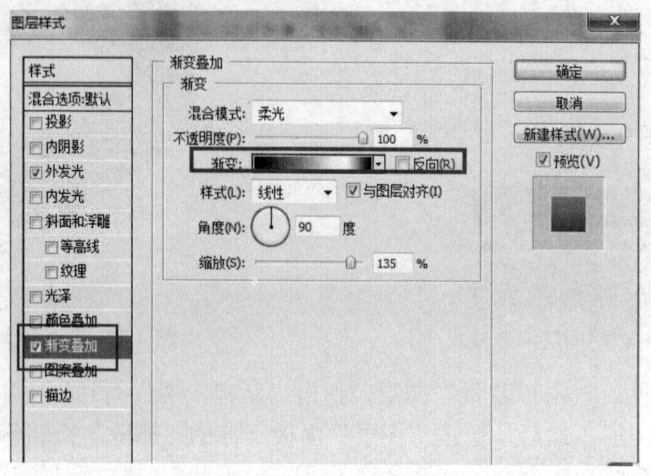

图 8-26 渐变叠加图层样式对话框

（17）将混合模式改为“柔光”，不透明度为 100%，样式为“线性”，勾选与图层对齐，将角度改为 90 度。单击渐变色带，弹出“渐变编辑器”对话框，将渐变色带调整为黑、白、黑。白色油漆桶的位置为 76%，如图 8-27 所示。

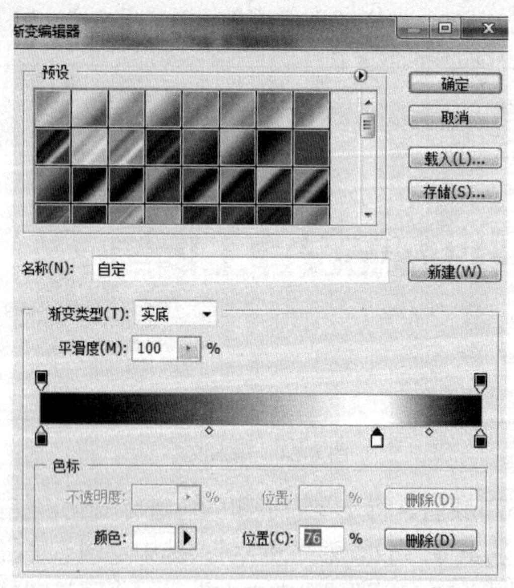

图 8-27 调整渐变色带

（18）分别单击“渐变编辑器”对话框与“图层样式”对话框中的“确定”按钮，我们看到文字上有了“暗－明－暗”的高光效果，如图 8-28 所示。

四维网站设计工作室

图 8-28　渐变叠加效果

（19）再次单击“图层样式”按钮，给图层文字加外发光效果。将不透明度改为 15%，颜色改为白色，扩展为 11，大小为 5，其他设置保存原有状态，如图 8-29 所示。

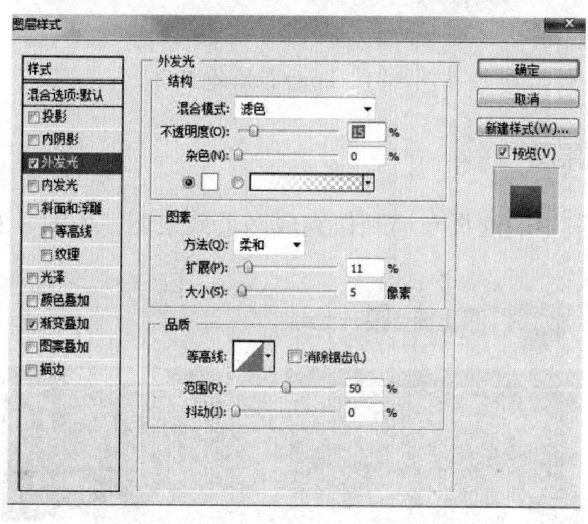

图 8-29　设置文字的外发光图层样式

（20）通过添加图层外发光样式，可以避免文字在网页显示时出现锯齿边缘。将图层透明度降低使发光效果更为自然。

（21）将文字图层拖动到图层底部的“新建图层”按钮上，复制该文字图层，得到文字图层副本，按 Ctrl+T 组合键，选中该层文字对象，右击选择“垂直翻转”命令，并将垂直翻转后的文字向下移动得到文字的倒影。改变该层的不透明度为 15%；添加图层蒙版，在蒙版中使用由黑到白的线性渐变工具，从下到上拖出渐变区域，得到“倒影”的渐隐效果，如图 8-30 所示。

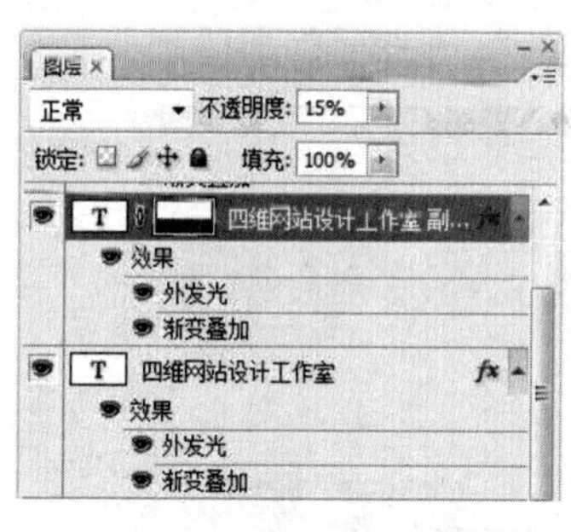

四维网站设计工作室

图 8-30　文字倒影

（22）保存文件。在工具栏中选择裁剪工具，选中 Logo 文字区域，按 Enter 键确认裁剪。选择“文件”→“存储为”命令，弹出文件保存面板，在文件名称中输入“logo 文字”，类型设置为 psd，单击“保存”按钮。之后，再次保存文件为.png 格式。

（23）制作 Logo 形状与 Logo 文字的组合图像 Logo。新建文件，大小为 600×300px，分辨率为 72，背景颜色为透明。分别打开 png 格式的 Logo 形状与 Logo 文字图像，并将它们拖入到新建文件中，并调整大小和位置。使用剪切工具裁剪合适的图像大小。保存该文件为logo.png 的背景透明图像。其最终效果如图 8-31 所示。

图 8-31　Logo 最终效果图

8.2.2　制作网页效果图

接下来按照规划阶段中的网页布局制作完成网页效果图，如图 8-32 所示。

（a）网站首页效果图

（b）“关于我们”子页效果图

图 8-32　网站效果图

（c）“联系我们”子页效果图

（d）“案例展示”子页效果图

（e）“服务项目”子页效果图

图 8-32　网站效果图（续图）

（f）“站内公告”子页效果图

图 8-32 网站效果图（续图）

下面以首页效果图的制作为例，叙述具体的制作方法，子页的制作可以参考其完成。具体步骤如下：

（1）新建文件。设置文件的大小为 1400×820px；分辨率为 72；色彩模式为 RGB；背景为白色。

（2）使用辅助线，划分图像编辑区域。参考 8-2 网页布局草图，纵向在 x 轴为 300px 和 1100px 处拖出两条辅助线，作为主视觉区域；横向在 y 轴为 100px、130px、410px、440px 和 720px 处拖出横向参考线，如图 8-33 所示。

图 8-33 使用辅助线

（3）新建头部背景。新建“图层 1”，改名为 HeaderBG。在该图层中拖出矩形区域，大小为 1400×410px。选择渐变工具，设置渐变色带为由灰（#e4e4e4）至白（#ffffff），颜色中点的位置为 76%，如图 8-34 所示。

（4）使用线性渐变工具填充该区域，如图 8-35 所示。

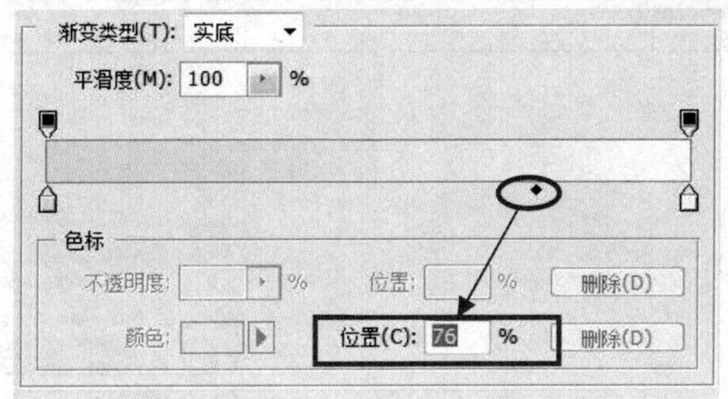

图 8-34　设置渐变色带

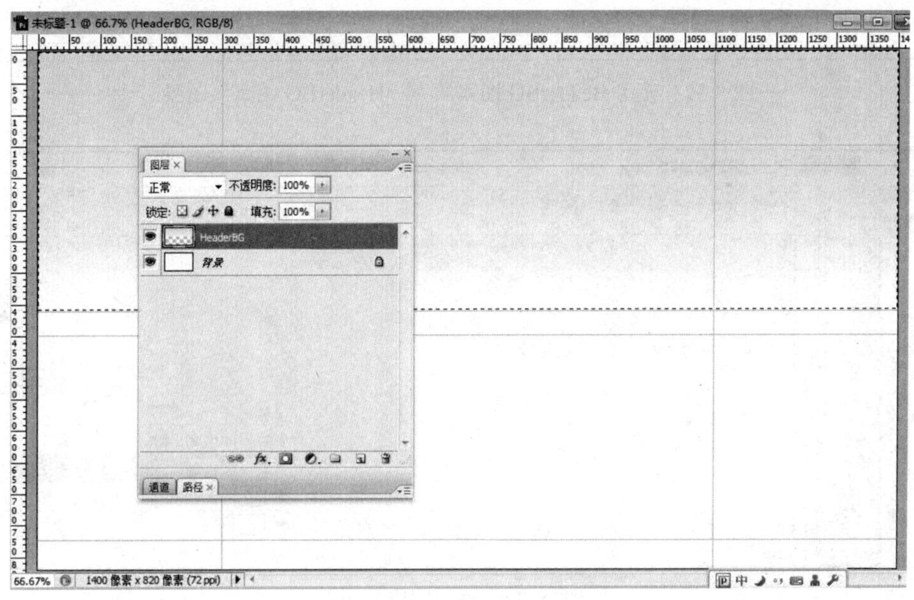

图 8-35　给 HeaderBG 图层添加渐变色

（5）创建头部背景图案。新建 15×15px 的文件。背景为透明，分辨率为 72，色彩模式为 RGB。按 Ctrl 键多次单击"+"键，放大该文件为 1200%，选择矩形选框工具，在其属性栏中设置羽化为 0，样式为固定大小，宽度为 2px，高度为 3px。在该文件上拖出此矩形区域，调整前景色为灰色（#C5C5C5），填充矩形区域，如图 8-36 所示。

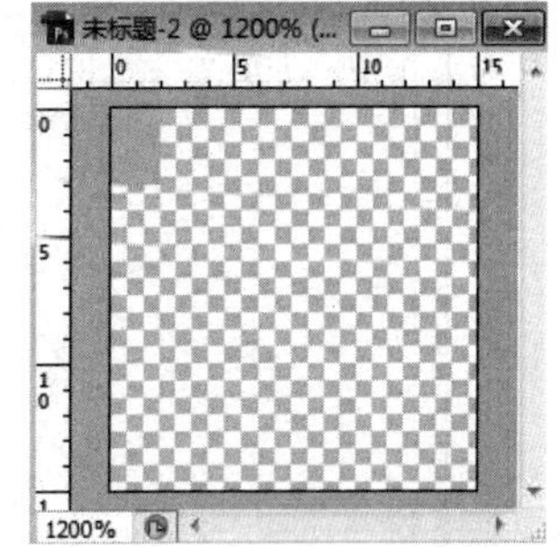

图 8-36　HeaderBG 背景图案

（6）选择"编辑"→"定义位图案"命令，将该文件定义为 HeaderBG 图案。

（7）使用背景图案，填充 HeaderBG 图层。新建"图层 2"，改名为"HeaderBG 图案"，按 Ctrl 键单击 HeaderBG 图层，得到头部背景区域。选择油漆桶工具，使用图案 HeaderBG，在"HeaderBG 图案"图层上单击填充该区域，如图 8-37 所示。

（8）为该图层添加图层蒙版，选中图层蒙版，使用由黑到白的线性渐变从下到上填充图层蒙版，得到背景图案的渐隐效果，如图 8-38 所示。

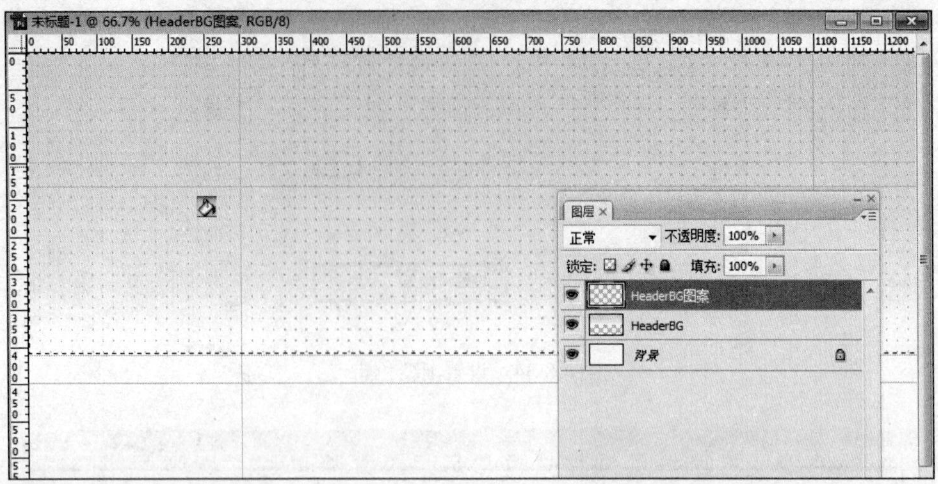

图 8-37 使用 HeaderBG 图案填充“HeaderBG 图案”图层

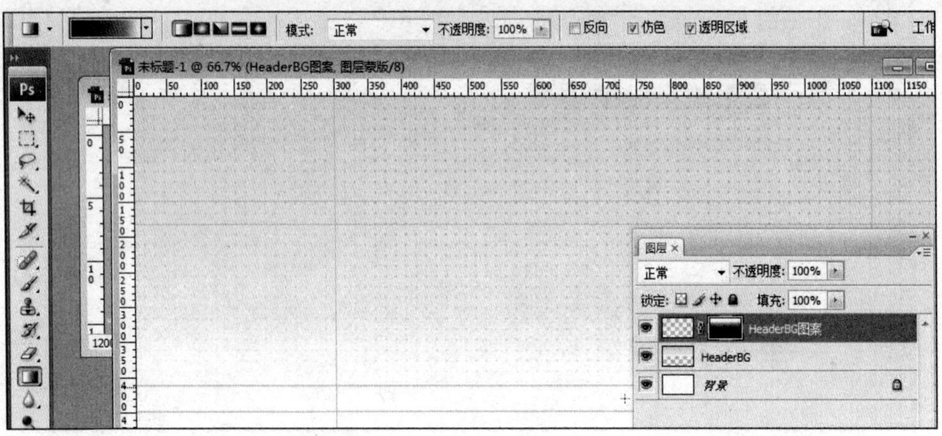

图 8-38 添加图层蒙版

（9）添加 Logo 与快捷通道。打开 logo.png 文件，拖入到文件中，并调整大小和位置，如图 8-39 所示。

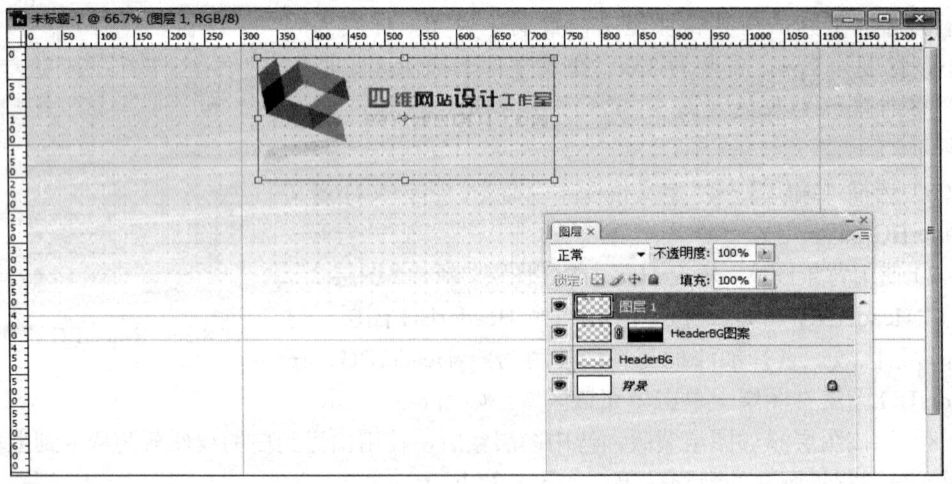

图 8-39 拖入 Logo

（10）制作快捷通道“加入收藏”与“联系我们”的背景。新建图层，改名为“快捷通道”，使用矩形选框工具在该图层上画出 150×25px 的矩形区域，填充该区域为白色，如图 8-40 所示。添加图层样式，设置阴影和浮雕效果，如图 8-41 所示。

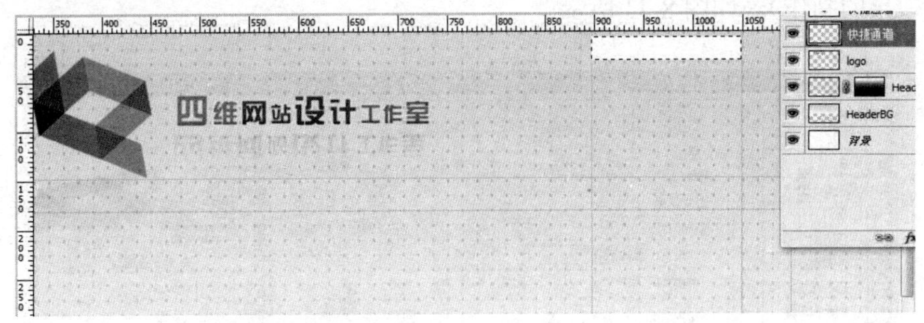

图 8-40　添加快捷通道背景

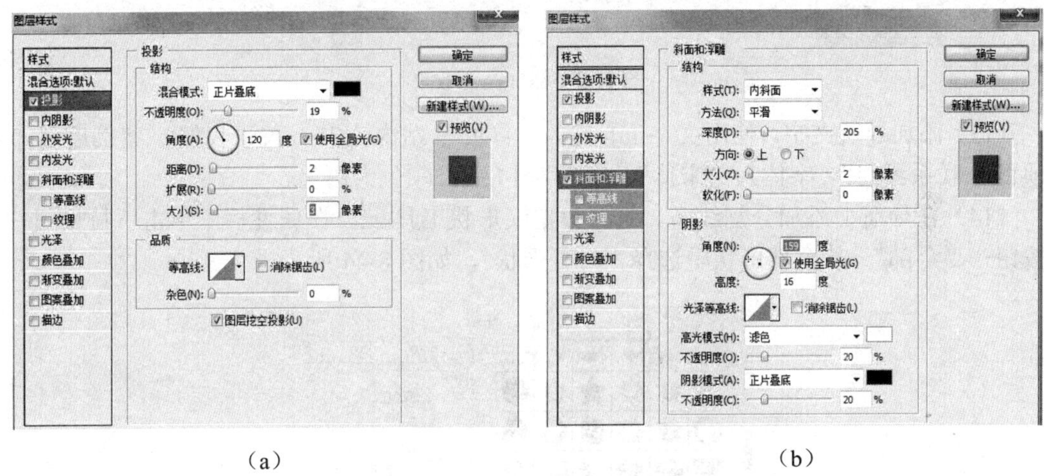

（a）　　　　　　　　　　（b）

图 8-41　给背景添加图层样式

（11）在该区域输入文字“加入收藏 | 联系我们”，字体颜色为灰色（#4f4f4f），字号为 12 点，字体为“宋体”，如图 8-42 所示，到此网页顶部区域做好了。在“图层”面板中新建文件夹，命名为“顶部”，将所建顶部的图层拖入其中，如图 8-42 所示。

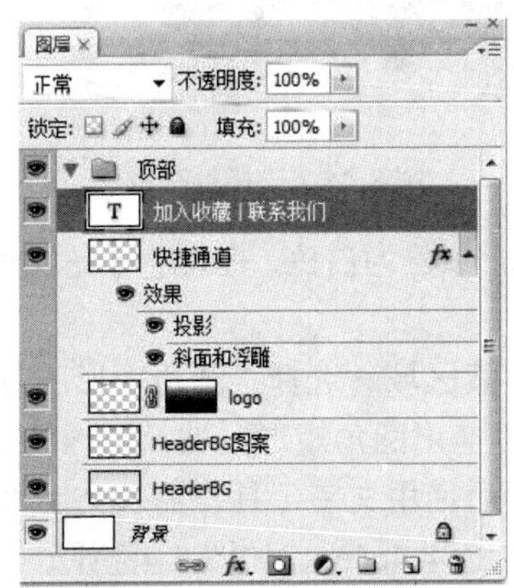

图 8-42　建立“顶部”文件夹归类图层

（12）制作导航背景。新建图层，改名为 menuBG1，使用矩形选框工具选出 800×30px 的矩形区域，填充白色。单击“选择”→“修改”→“收缩”4px。新建图层，改名为 menuBG2，填充蓝色（#041a78），并为其添加图层样式“渐变叠加”，制作高光效果（参看图 8-26 中 Logo 文字高光效果的制作），如图 8-43 所示。

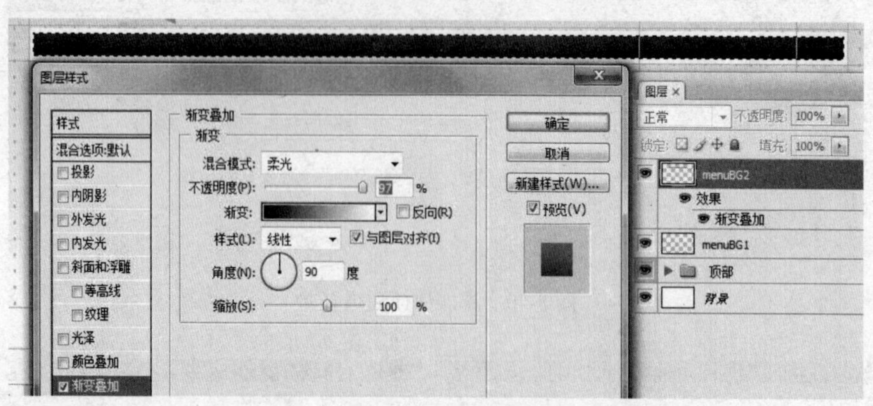

图 8-43　添加高光效果

（13）添加导航文字。使用文字工具输入“首页 | 站内公告 | 关于我们 | 案例展示 | 服务项目 | 联系我们”，字体为“宋体”；字号为 14 点；颜色为白色。

（14）在导航上添加分割线条。选择自定义形状工具，在属性栏中单击下拉按钮—右侧按钮—“全部”，从全部形状中选择“月亮形状”，如图 8-44 所示。

图 8-44　选择月亮形状

（15）选择“形状图层”，颜色为白色，拖出“月亮”，调整它的大小和斜度，如图 8-45 所示。

（16）在导航背景中添加检索区域。选择“圆角矩形工具”，设置半径为 10px，选择“形状图层”，颜色为白色，拖出圆角矩形区域；同样的方式，使用“自定义形状工具”在其后添加放大镜形状图层。之后使用文字工具，输入文字“检索关键词”。设置字体为“宋体”，字号为 12 点，颜色为灰色（#4e4e4e），如图 8-46 所示。在“图层”面板中添加文件夹，改名为“导航区域”，将其下图层拖入其中，如图 8-47 所示。

图 8-45　添加分割线条

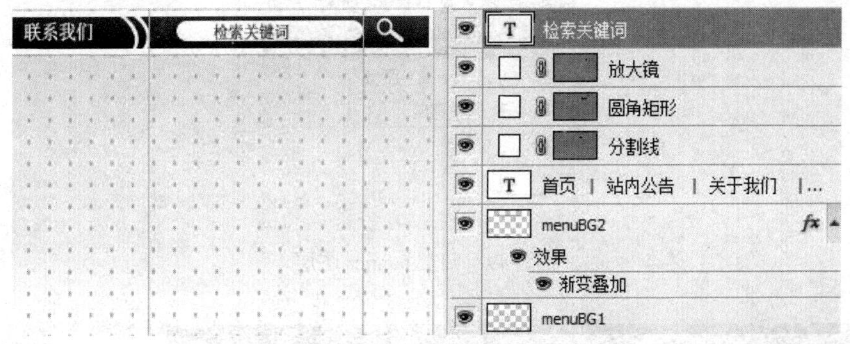

图 8-46　制作检索区域

（17）新建图层，改名为 bannerBG。使用矩形选框工具，拖出 800×230px 的矩形选区。填充由白色到灰色（#eeeeee）的线性渐变。使用前面提到的方法使选区收缩 4px，打开 banner 图片素材，按 Ctrl+A 组合键选择图片，按 Ctrl+C 组合键复制图片；回到效果图文件，按 Shift+Ctrl+V 组合键贴入选区，按 Ctrl+T 组合键调整图片大小和位置，如图 8-47 所示。

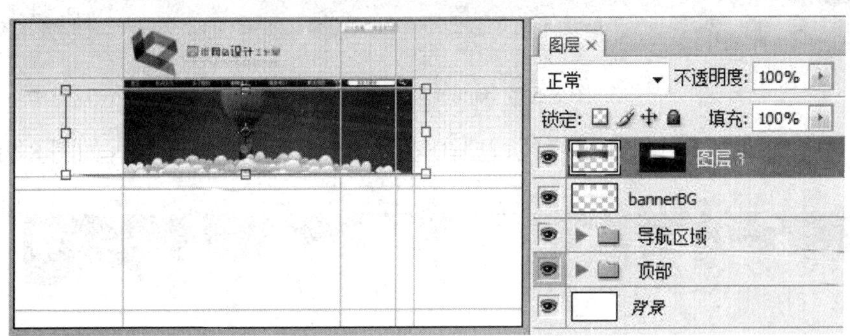

图 8-47　贴条 banner 图片

（18）贴入人物、地球和光盘图像素材，并制作它们的倒影。接着，输入 banner 广告语。如图 8-48 所示。之后，建立“广告语”图层文件夹、banner 背景图层文件夹归类图层，如图 8-49 所示。

（19）制作内容区域。接着进入内容区域制作，首先新建图层“内容区域”，设计 banner 与内容的过渡部分。使用矩形选框创建 800×230px 的矩形区域，填充由灰（#c5c5c5）到白的线性渐变色，如图 8-50 所示。

图 8-48　添加 banner 图像元素与广告语

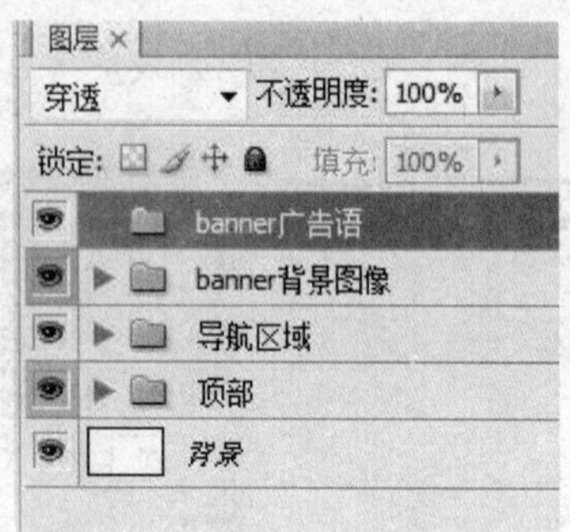

图 8-49　归类 banner 图层

图 8-50　banner 与内容区域过渡

（20）调整纵向参考线，将参考线调整在 x 轴为 550px 和 840px 处，如图 8-51 所示。

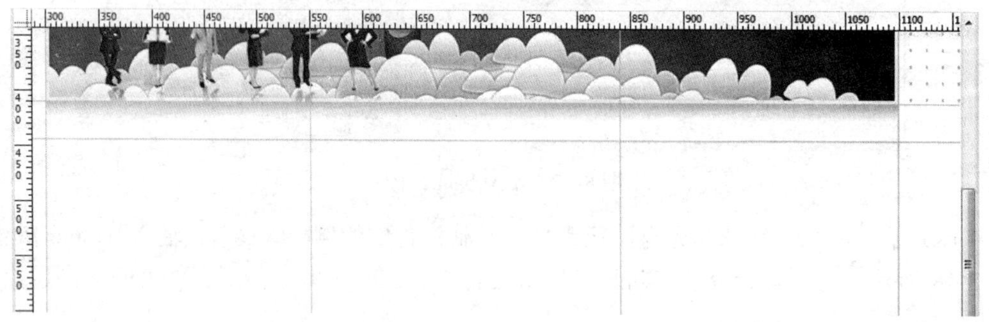

图 8-51　内容区域参考线

（21）制作内容 1 标题部分。使用文字工具输入文字“站内公告”，字体为“宋体”，字号为 18 点，颜色为蓝色（#02348e），设置消除锯齿方式 aa 为“平滑”。新建图层，改名为“线”；

选中铅笔工具，调整前景色为灰色（#c5c5c5），笔头大小为 1px，按 Shift 键在“站内公告”文字后拖出一条直线。接着再次新建图层，改名为“线后箭头”，设置前景色为橙色（#ff6600），放大图像为 600%，在直线后端，点出三个 1×1px 的点。再次使用文字工具输入文字“更多”，字体为“宋体”，字号为 12 点，颜色为灰色（#8e8e8e），设置消除锯齿方式为“无”，如图 8-52 所示。

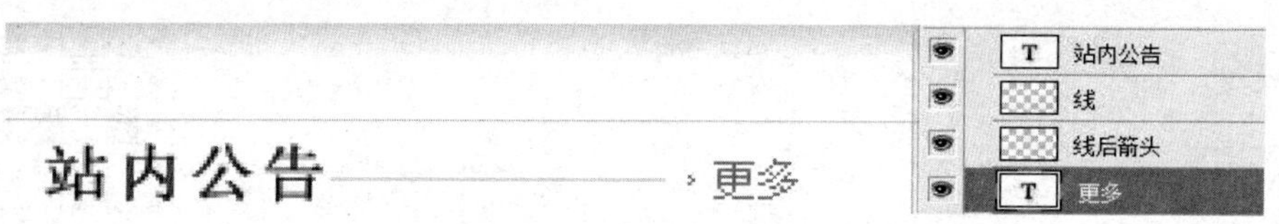

图 8-52　内容 1 标题部分

（22）制作内容 1 列表部分。新建图层，改名为“公告图片”，拖入制作好的图片；使用文字工具输入公告标题，字体为“宋体”，字号为 11 点，设置消除锯齿方式为“平滑”，颜色为灰色（#8e8e8e）；新建图层，改名为“列表黑点”，放大图像 400%，使用椭圆选框工具，设置为固定大小 3×3px，画出一个小圆，填充黑色，放置在每一公告标题前；新建图层，改名为“NEW 图标”，使用矩形选框工具，设置为固定大小 8×9px，拖出矩形选区，填充橙色（#ff6600），使用铅笔工具，调整前景色为白色，笔头大小设为 1px，在矩形区域四个角单击。选择文字工具，字体为 Verdana，字体样式为 regular，字号为 8 点，消除锯齿方式为“无”，输入文字 N，如图 8-53 所示。新建图层文件夹内容部分，把相应图层拖动到该文件夹下。

图 8-53　内容 1 公告列表部分

（23）使用同样的方法制作内容 2 服务项目和内容 3 项目展示部分，如图 8-54 所示，这里不再详细说明。

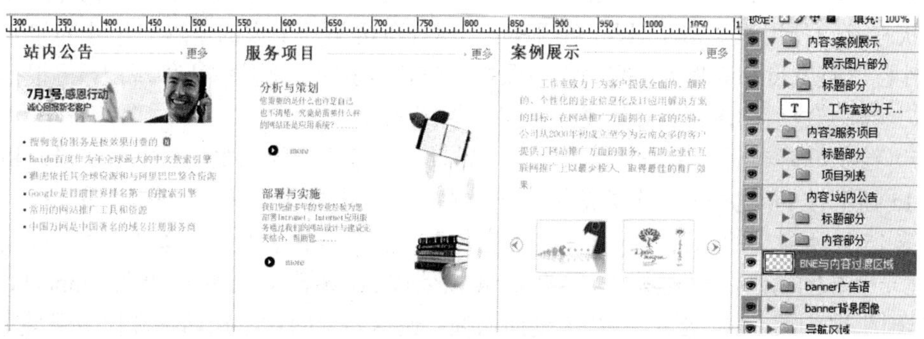

图 8-54　内容区域设置

（24）制作页脚部分。新建图层，改名为 FooterBG，填充由灰到白的线性渐变颜色。输入两行文字“copyright @ 2008 四维网站设计工作室”和“联系电话 0312-5097652 E-mail: yjcanna@163.com”，设置字体、字号、颜色等属性并设置为右对齐；输入文字“友情连接”和“百度”；设置文字的字体、字号、颜色等属性。新建图层，改名为“表格”，使用矩形工具拖出表格，使用自定义形状工具中的三角形 形状: ▼ 画出下拉按钮，如图 8-55 所示。

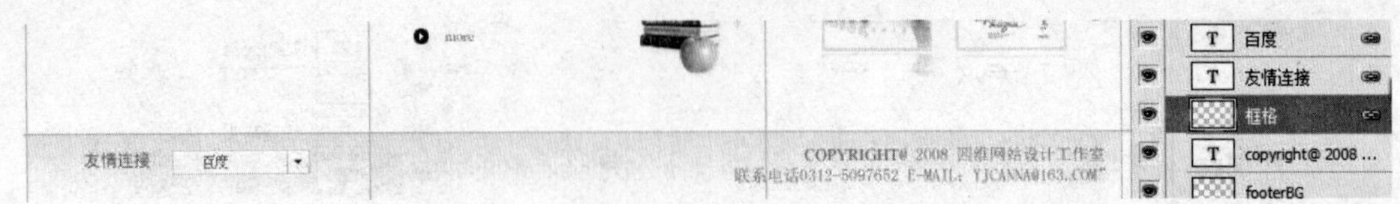

图 8-55 页脚设置

8.3 使用 Flash 制作网页动画效果

8.3.1 制作 banner 的图片轮显动画

现在我们把效果图中的 banner 做成 Flash 动画，具体步骤如下：

（1）新建一个 Flash 文档，选择“修改”→“文档”命令，在打开的“文档属性”对话框中，将文档尺寸设置为 794×224px，将帧频设置为 8fps，其余选项保持默认不变。

（2）选择“文件”→“导入”→“导入到库”命令，在打开的“导入到库”对话框中选择 3 张做好的 banner 素材图片，然后单击“打开”按钮将其导入到库中。

（3）在时间轴上连续单击 2 次“插入图层”按钮，创建 3 个新的图层。此时时间轴上共有 3 个图层，将这 3 个图层由下而上分别命名为 banner1、banner2 和“遮罩 1”。

（4）选中 banner1 图层，然后打开“库”面板，用“选择工具”从中拖拽一张素材至该图层中。确认素材处于选中状态后，打开“信息”面板，在该面板下将素材图片的宽度和高度分别设置成 794 和 224，使图片的大小与文档大小保持一致。再将 x 和 y 坐标值修改为 0，这样图片就正好与文档重叠。

（5）接下来将 banner1 图层锁定，在 banner2 层的第 15 帧处按 F7 键插入一个空白关键帧，然后将另外一张素材从库中拖拽到 banner2 图层的第 15 帧所对应的舞台上。使用步骤（4）中相同的方法，修改素材的尺寸和位置，使它与文档大小保持一致并正好与文档重叠。

（6）选择“插入”→“新建元件”命令，创建一个名为“幕 1”的图形元件。在该元件的编辑状态下，使用“矩形工具”绘制图形，设置左边第一个大的矩形的尺寸为 794×224px（在属性栏调整宽度和高度）和文档大小保持一致，其余的矩形尺寸不做规定，可根据图示比例绘制，绘制完成后的图形将作为遮罩效果，如图 8-56 所示。

（7）绘制好幕布后，单击时间轴上的“场景 1”按钮，回到主场景中。在“遮罩 1”图层的第 15 帧上按 F6 键插入一个关键帧。在“库”面板中将图形元件“幕 1”拖拽到“遮罩”图层的第 15 帧所对应的舞台上。再在该帧上右击，在弹出的菜单中选择“创建补间动画”命令，创建一个补间动画。在“遮罩 1”层的第 54 帧处按 F6 键插入关键帧，再在 banner1、banner2 和“遮罩 1”层的第 54 帧处分别按 F5 键插入帧，使这两层的对象在动画过程中保持不变。此时，时间轴如图 8-57 所示。

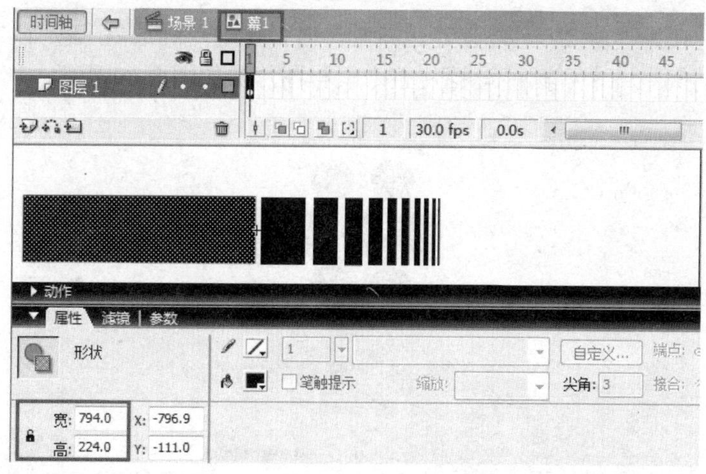

图 8-56　制作“幕 1”图形元件

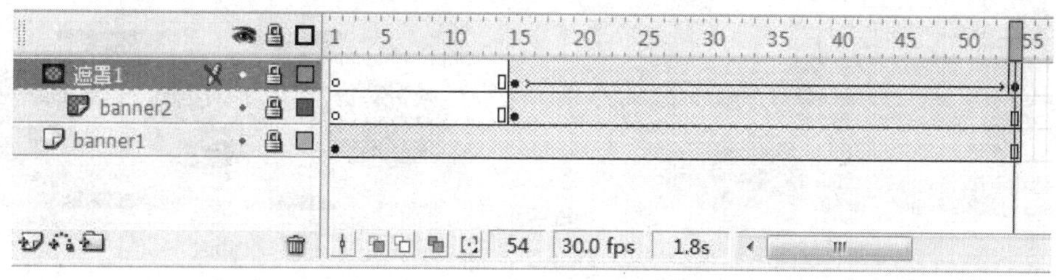

图 8-57　时间轴效果

（8）使用“选择工具”分别移动“遮罩”层中补间动画首尾两帧中的对象，在移动时可以适当缩放舞台的显示比例，以帮助观察舞台上图像的整体效果。在第 15 帧上，“幕 1”元件位于文档的左外侧边缘，如图 8-58（a）所示；第 54 帧上“幕 1”元件的左边第一个大矩形将图片全部遮住，如图 8-58（b）所示。可以借助时间轴上的“绘图纸外观轮廓”按钮显示出图片遮盖的位置。

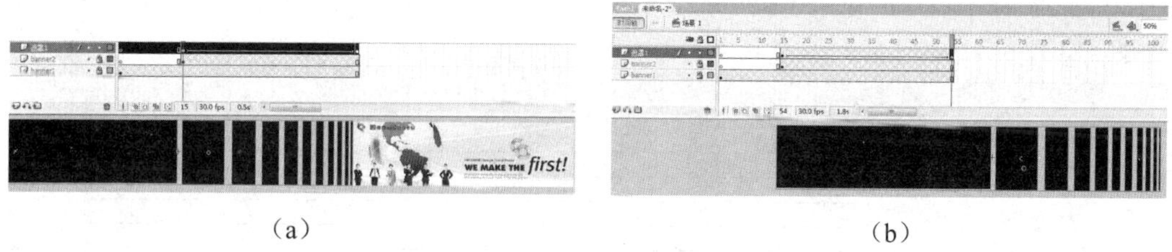

（a）　　　　（b）

图 8-58　遮罩层补间动画关键帧设置

（9）在“遮罩 1”图层上右击，在弹出的菜单中选择“遮罩层”命令，将“遮罩 1”图层设置为遮罩层，此时 banner2 图层被系统默认为被遮罩层。

（10）设置完遮罩效果后，按 Enter 键可以直接预览遮罩效果。两张素材在遮罩原理的作用下相互切换变化。

（11）在时间轴上再创建 3 个图层制作一个由 banner2 图层上的素材切换到 banner3 图层上素材的遮罩效果。创建一个名为“幕 2”的图形元件，在该元件的编辑区域内绘制一个由椭圆组成的图形，如图 8-59 所示。使用“幕 2”元件作为第 2 个遮罩效果的遮罩层，完成素材的切换动画制作。在用“幕 2”元件创建遮罩动画时，该动画的最后一帧处要将元件放大若干倍，使该元件中的其中一个椭圆能遮挡住整个素材图片，如图 8-60 所示。

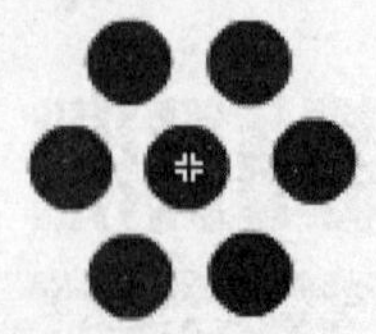

图 8-59 “幕 2”元件

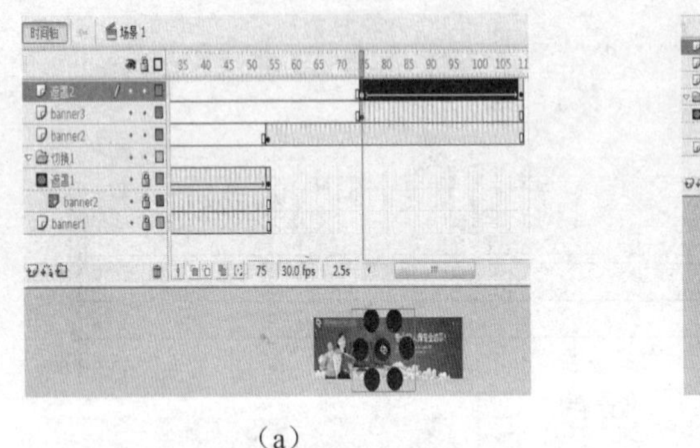

（a）

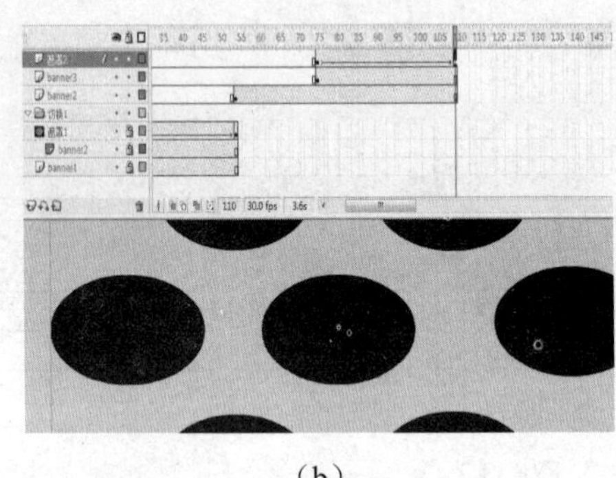

（b）

图 8-60 遮罩层补间动画两个关键帧

（12）在时间轴上再创建 3 个图层制作一个由 banner3 图层上的素材切换到 banner1 图层上素材的遮罩效果。使用“幕 1”元件作为第 3 个遮罩效果的遮罩层，完成素材的切换动画制作。制作方式如制作第一个切换效果所示。

（13）为了便于管理，单击时间轴上的“插入图层文件夹”按钮，创建三个图层文件夹，并用鼠标将相对应的图层分别拖拽至两个图层文件夹中。最终图层与时间轴设置如图 8-61 所示。

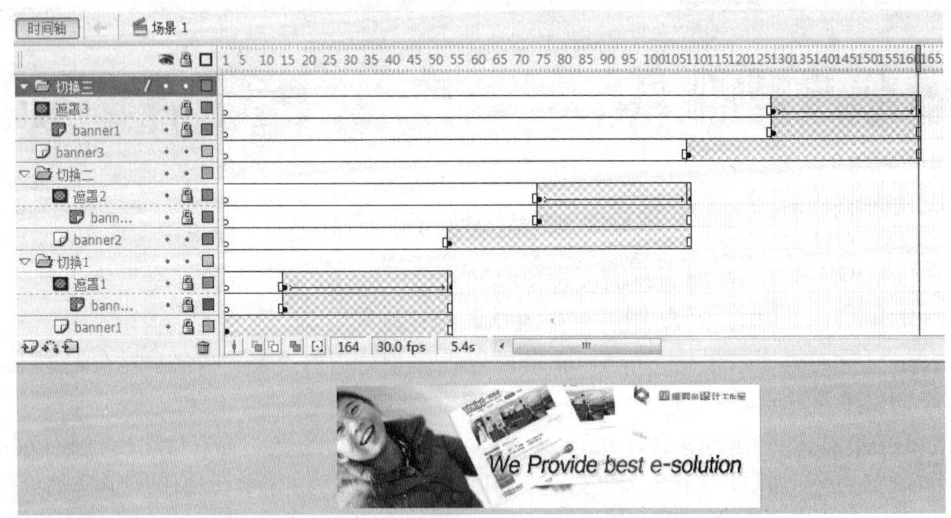

图 8-61 最终图层与时间轴设置

（14）按 Ctrl+Enter 键预览动画效果。一个 banner 的切换效果就制作完成了，如图 8-62 所示。

图 8-62　预览效果图

8.3.2　制作首页中按钮控制的案例展示动画

下面我们来把效果图中案例展示图片动态图片制作成 Flash 动画，具体步骤如下：

（1）新建一个 Flash 文档，选择“修改”→“文档”命令，在打开的“文档属性”对话框中，将文档尺寸设置为 260×100px，其余选项保持默认不变。

（2）选择“文件”→“导入”→“导入到库”命令，在打开的“导入到库”对话框中将 6 张做好的案例缩略图素材导入到库中。

（3）新建按钮元件，命名为 p1。在“弹起”帧拖入“案例 1”图片，并在“指针经过”帧和“按下”帧处按 F6 键插入关键帧，如图 8-62 所示。用相同的方法，把 6 张做好的缩略图图片均放入按钮元件的前 3 帧中，得到 p1～p6 六个按钮元件。

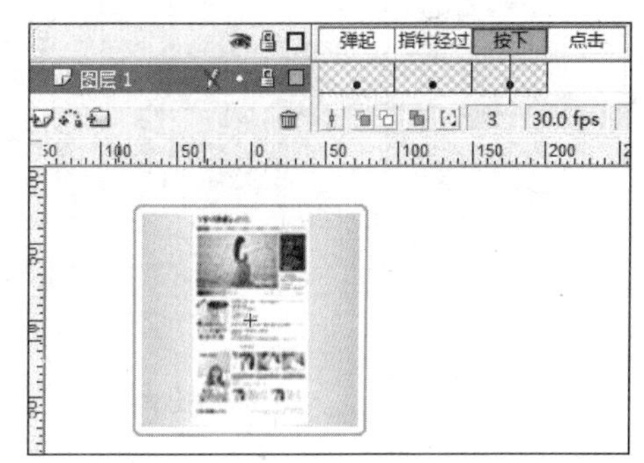

图 8-62　制作按钮元件

（4）新建影片剪辑元件，改名为“按钮图像组”，将 6 个按钮排入其中，如图 8-63 所示。分别选中每个按钮，右击，选择“动作”命令，在“动作”面板中输入：

```
on (release) {getURL("http://www.4wkj.show.html","_blank");}
```

当单击按钮时，就会连接到案例展示子页 http://www.4wkj.show.html 上。

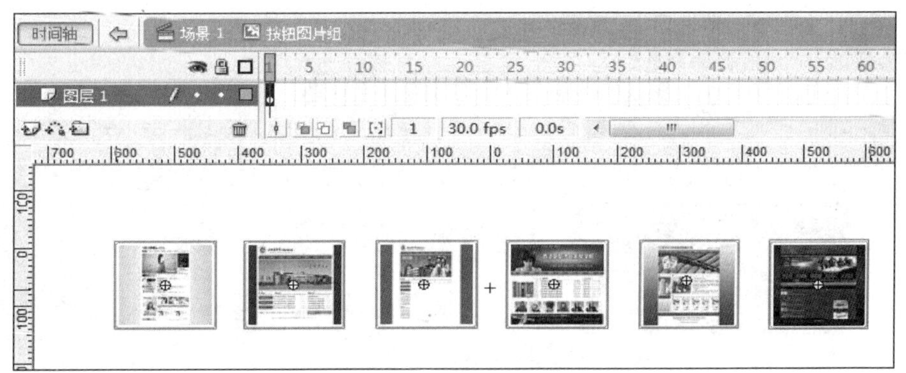

图 8-63　按钮图像组影片剪辑

（5）返回到“场景 1”中，在舞台中拖出辅助线。新建图层，命名为“按钮图片组”，将按钮图片组拖入其中。在第 30 帧处按 F6 键插入关键帧。建立补间动画，调整两关键帧中“按钮图片组”影片剪辑的位置，如图 8-64 所示。

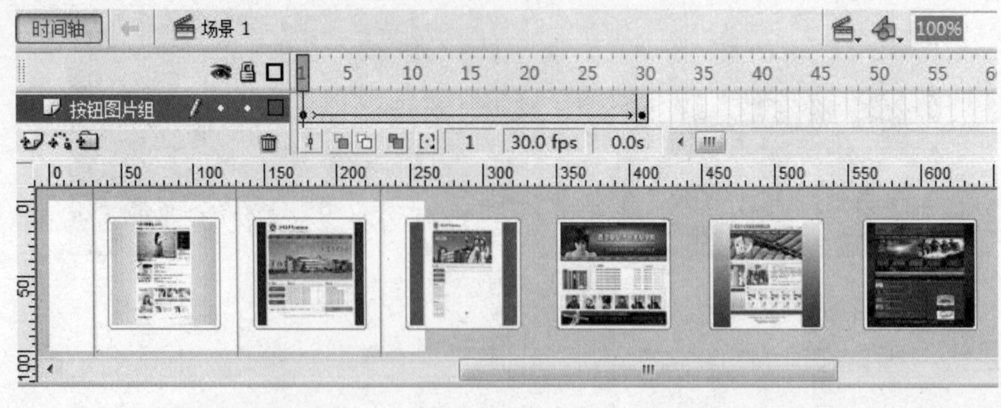

（a）

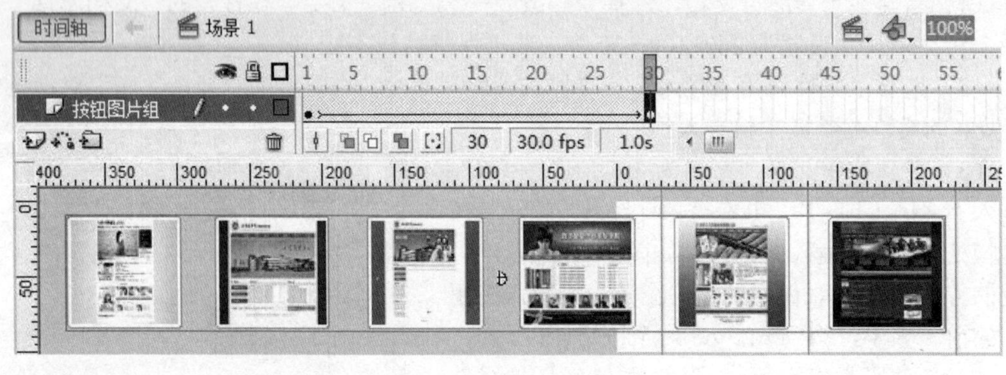

（b）

图 8-64 “按钮图片组”图层关键帧的状态

（6）新建图层，命名为“显示区域”，选择矩形工具，“边角半径”设置为 10 点，填充为任意色，没有边框，在舞台中央区域画出一个圆角矩形，如图 8-65 所示。右击“显示区域”图层，选择“遮罩层”，“按钮图片组”层自动转换成被遮罩层，只在矩形区域中显示内容。

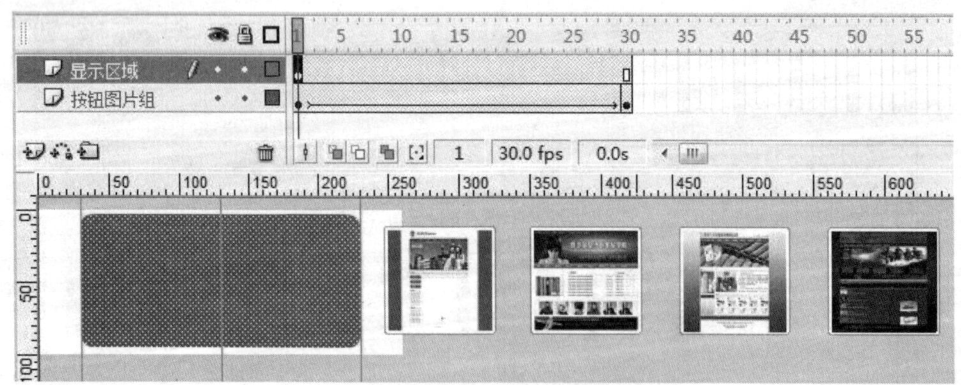

图 8-65 在“显示区域”图层中设置圆角矩形区域

（7）新建图层，命名为 action，选择第 1 帧，右击选择“动作”命令，为时间轴的第 1

帧添加动作：stop();。

（8）新建图层，命名为“按钮”，选择“窗口”→“公共库”→“按钮”命令，在打开的“库—按钮”对话框中选择 classic buttons→Circle Buttons→circle button-next，拖入到舞台右侧。

此时，在文件“库”面板中多了一个按钮元件 circle button-next。双击该元件，进入元件后台，选中第 1 帧对象，使用颜料桶工具和墨水瓶工具把该图标的颜色调整为灰色，如图 8-66 所示。

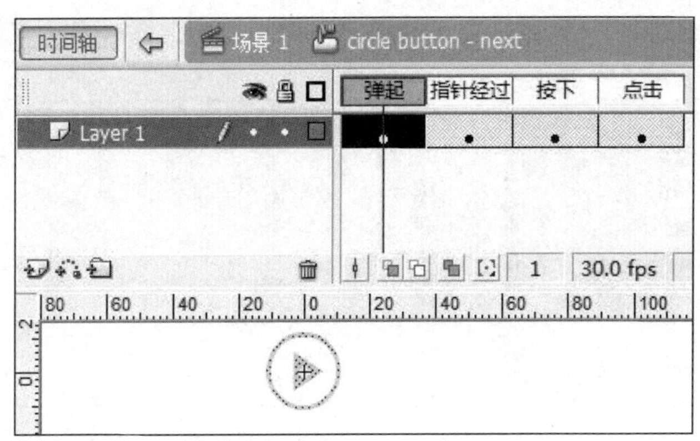

图 8-66　修改第一帧按钮颜色

（9）在舞台左侧也拖入一个 circle button-next 元件。选择该对象，实例名称命名为 left，选择“修改”→“变形”→“水平翻转”命令。再次选择“修改”→“变形”→“缩放与旋转”命令，在“缩放与旋转”对话框中设置缩放为 60%。同样，设置右侧的 circle button-next 的实例名称为 right，缩放为 60%，如图 8-67 所示。

（10）给 right 和 left 按钮添加动作。选择 left，右击选择“动作”命令，打开“动作”面板，输入：

```
on (release) {nextFrame();}
```

同样，在 right 对应的“动作”面板中输入：

```
on (release) {prevFrame();}。
```

（11）新建图层，命名为“背景”，拖动图层到最下层。使用圆角矩形工具，设置边框为 1px，灰色；设置填充为由浅蓝到白色的线性渐变。画出一圆角矩形的背景，如图 8-68 所示。使用填充变形工具调整线性渐变方向。

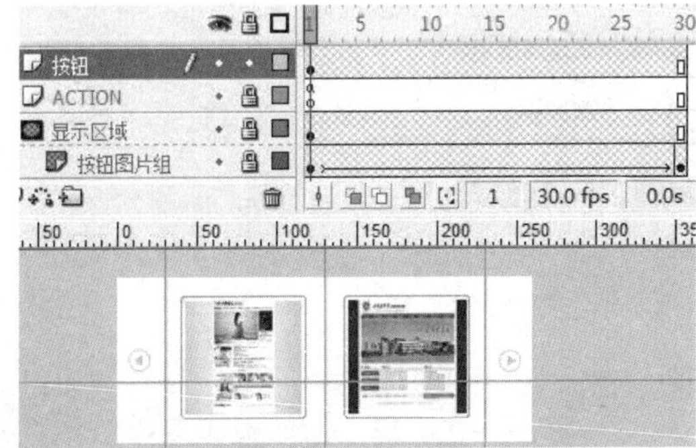

图 8-67　circle button-next 按钮实例设置

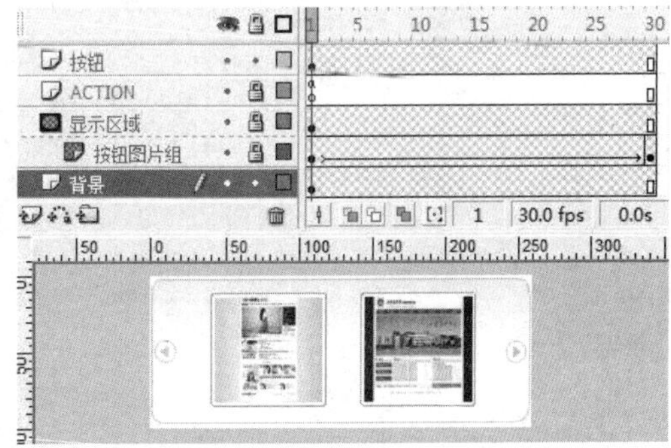

图 8-68　设置 Flash 背景图像

（12）按 Ctrl+Enter 组合键预览动画效果。一个按钮控制方法的图片展示动画就制作完成了。

8.4 使用 Dreamweaver 制作网站

8.4.1 建立站点

（1）建立站点文件夹，将前面制作好的图片与 Flash 文件分类整理，如图 8-69 所示。

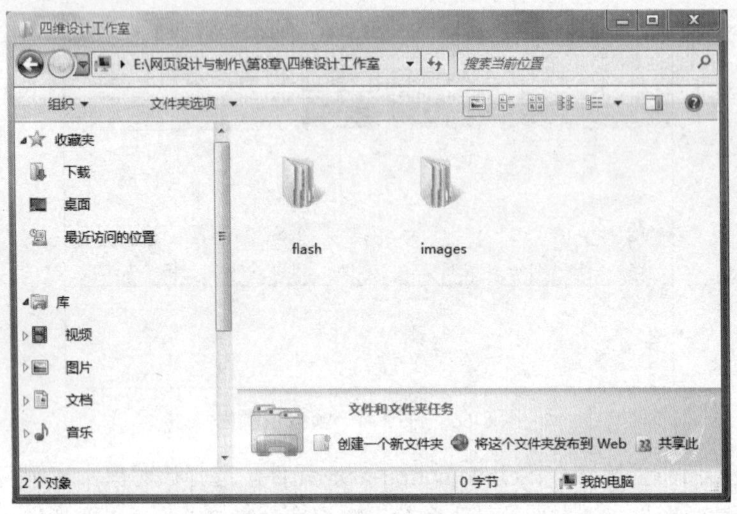

图 8-69 网站素材的整理

（2）打开 Dreamweaver，选择“站点”→“建立站点”命令，打开“定义站点”对话框，在“本地信息”中分别设置“站点名称”、“本地根文件夹”和“默认图像文件夹”，效果如图 8-70 所示。

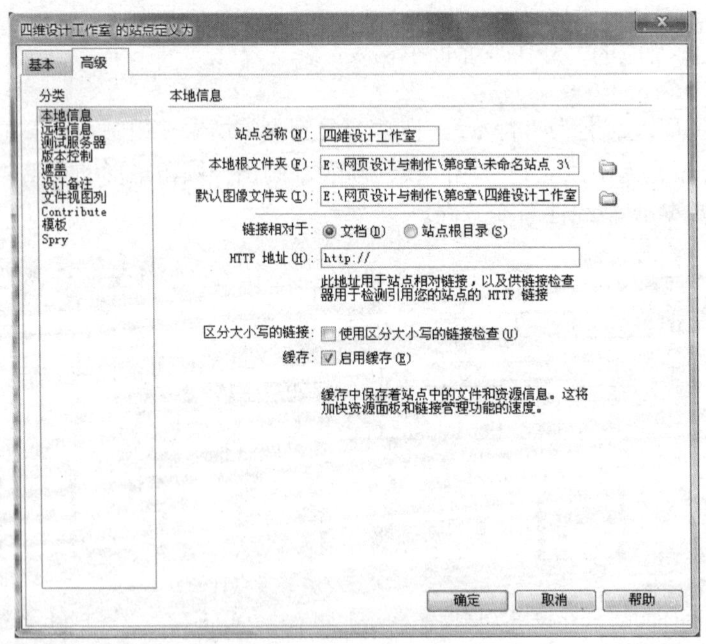

图 8-70 建立站点

8.4.2　使用表格布局网站首页

（1）选择“文件”→“新建”命令新建网页文件，保存名为 default.html。

（2）设置网页背景。选择“格式”→“CSS 样式”→“新建”命令，打开“新建 CSS 规则”对话框，“选择器类型”选择“类”，“选择器名称”设置为.bg，定义位置选择“新建样式表文件”，如图 8-71 所示。

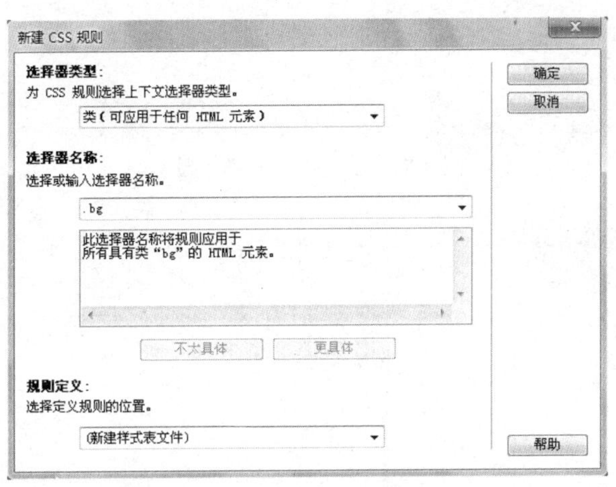

图 8-71　“新建 CSS 规则”对话框

（3）单击“确定”按钮后打开“将样式表文件另存为”对话框，在“文件名”文本框中输入 css 保存为.css 文件，如图 8-72 所示。

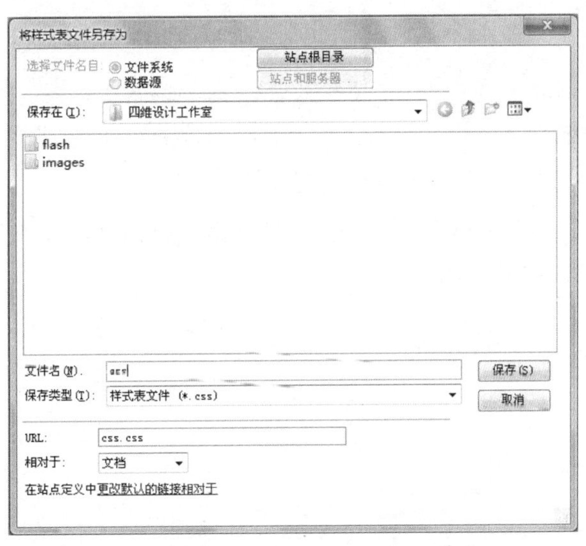

图 8-72　另存为.css 文件

（4）单击“保存”按钮，在“背景”中设置 Background-image 为 images/bg.png，Background-repeat 选项为 repeat-x，如图 8-73 所示。

（5）在编辑器中选择<body>标签，或按 Ctrl+A 组合键，在“CSS 样式”面板中的.bg 样式上右击选择“套用”命令，如图 8-74（a）所示，应用样式后的效果如图 8-74（b）所示。

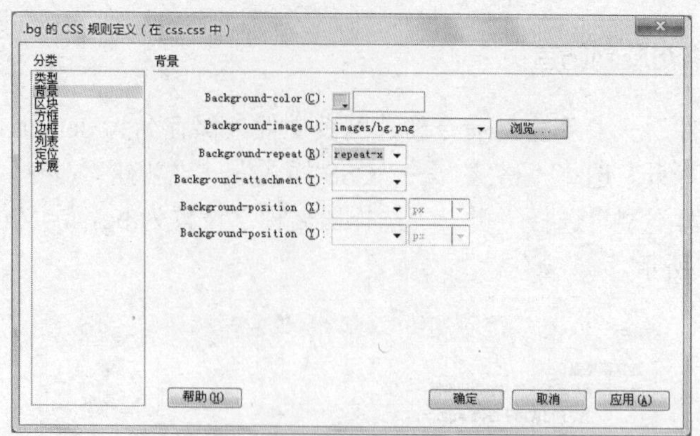

图 8-73 .bg 的 CSS 样式设置

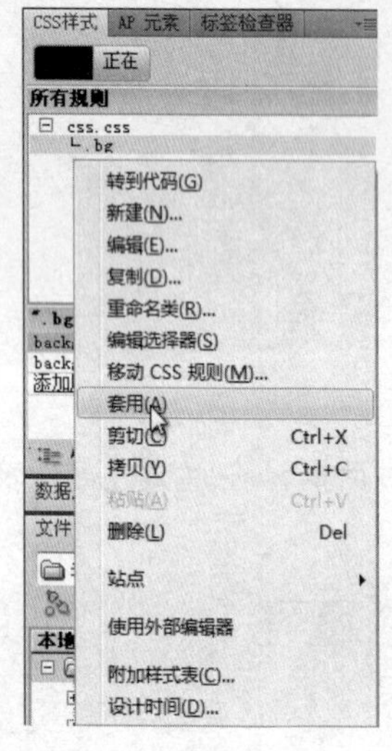

(a) 套用样式

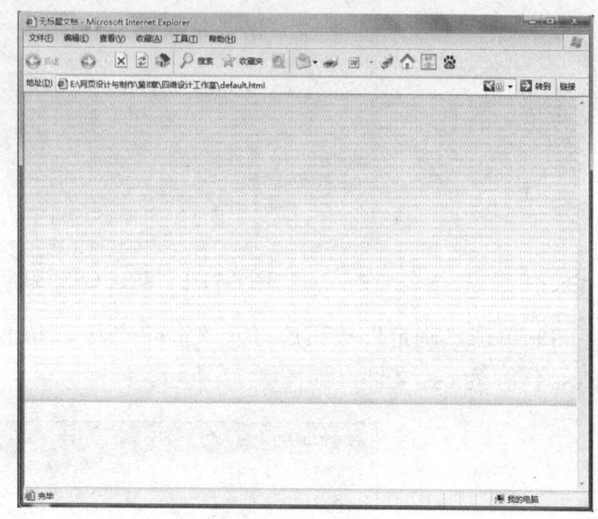

(b) 效果

图 8-74 应用"套用"样式

(6) 选择"插入"→"表格"命令，打开"表格"对话框，插入一个 5 行 1 列，宽度为 1000 像素的表格，如图 8-75 所示。

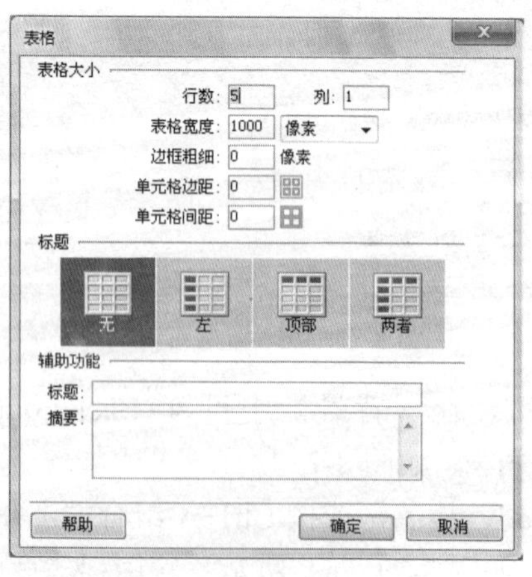

图 8-75 插入外层表格

（7）选中刚插入的表格，在“属性”面板中设置“对齐”方式为“居中对齐”。

（8）根据要添加图片的大小设置各单元格的高度，如图 8-76 所示。

图 8-76　外层表格

8.4.3　填充表格内容

（1）把光标置于外层表格的第 1 行，在属性面板中设置“垂直”对齐方式为“底部”，添加一个 1 行 3 列的表格，宽度为 100%，在第 1 列中插入图片并根据要添加图片的大小设置各单元格的高度。

（2）在第 1 列中插入网站 Logo，在第 3 列中插入快速通道图片，如图 8-77 所示。

图 8-77　插入图片

（3）为快速通道图片 fastchannel.jpg 添加投影。在 CSS 样式文件中添加以下代码：

```
.pic{
filterprogidDXImageTransform.Microsoft.Shadow(Color=#333333,Direction=120,
strength=5) ;
}
```

选中图片 fastchannel.jpg，套用.pic 样式，浏览效果如图 8-78 所示。

（4）在最外层表格的第 2 列中插入一个 2 行 1 列的表格，宽度为 100%，单元格间距设置为 6，在表格上右击选择“编辑标签”命令，设置表格的“背景颜色”为白色，如图 8-79 所示。

（5）将第 1 行的行高设置为 33，添加一个 1 行 9 列的表格，用于添加导航，用相同的方法设置表格的背景为 dhbg.jpg，加入导航文字和相应图片，并为文字添加导航，效果如图 8-80 所示。

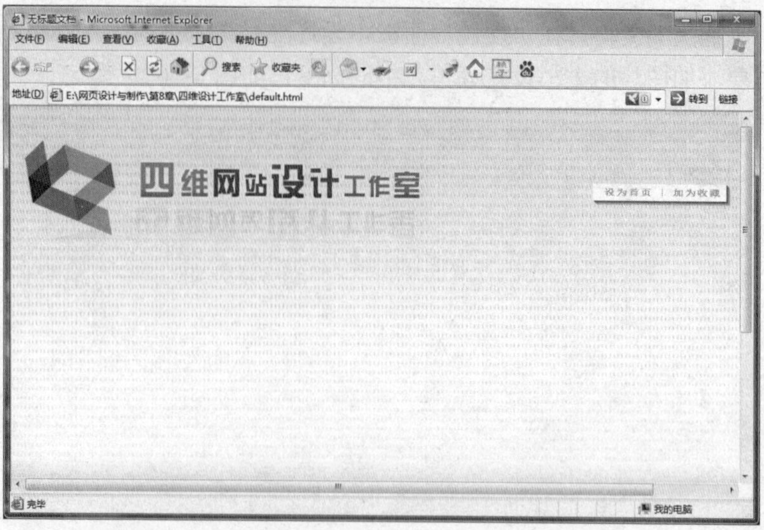

图 8-78 为图片添加阴影

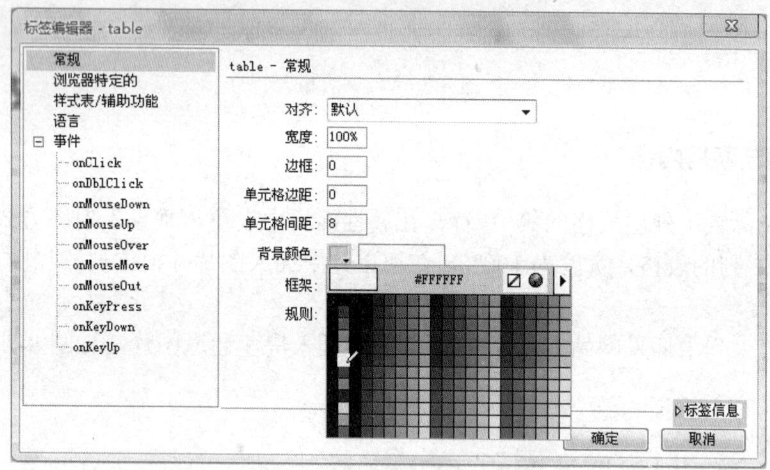

图 8-79 设置表格背景颜色

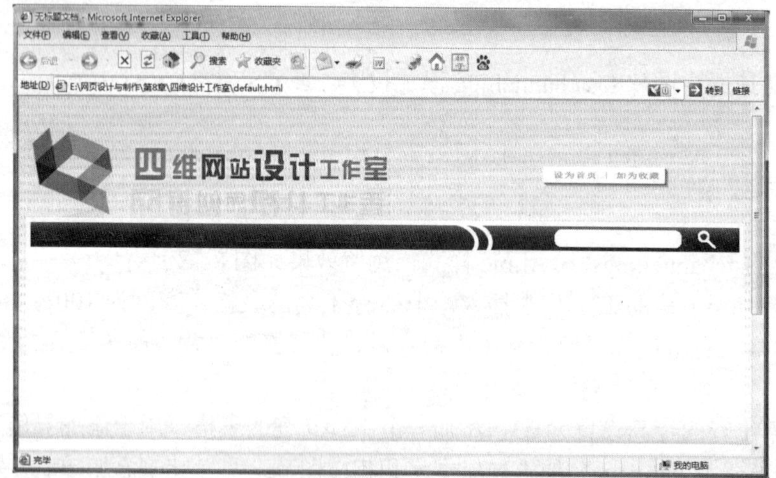

图 8-80 导航设置

（6）设置链接的 CSS 样式。选择“格式”→“CSS 样式”→“新建”命令，打开“新建 CSS 规则”对话框，“选择器类型”选择“复合内容”，“选择器名称”选择 a.dh:link，定义位置选择 css.css，如图 8-81 所示。

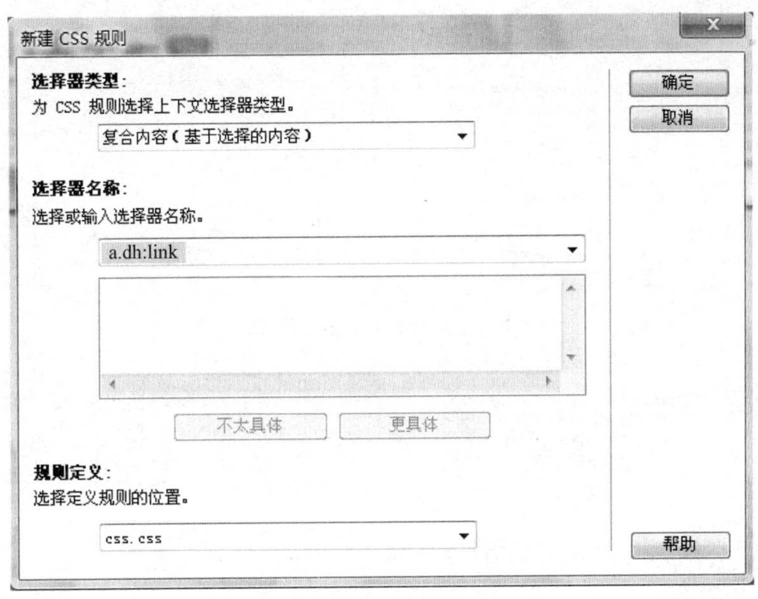

图 8-81　新建 CSS 样式

（7）设置 a.dh.link 的样式。设置字体为“黑体”，字号为 16 号，颜色为白色，没有下划线，如图 8-82 所示。同样的方法设置 a.dh.visited、a.dh.active 和 a.dh.hover 几种链接状态。

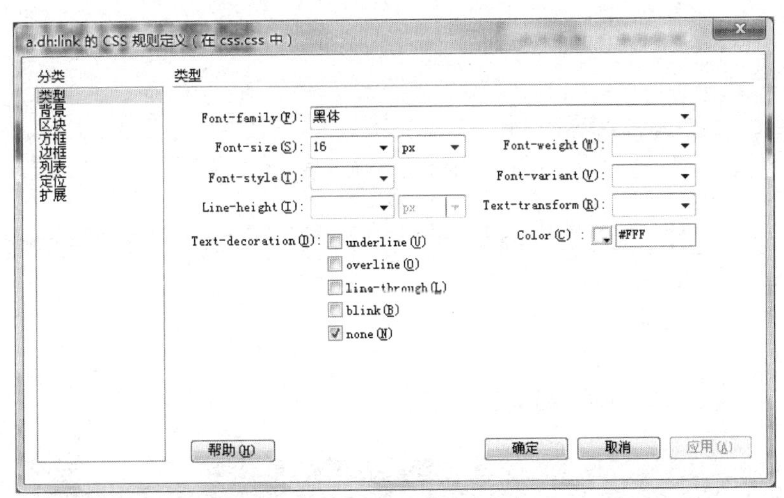

图 8-82　设置 a.dh.link 样式

（8）同样的方法添加.search 样式，设置参数如图 8-83 所示。

（9）将光标置于第 8 列，按 Ctrl+A 组合键选中单元格，套用.search 样式。导航条制作完毕，效果如图 8-84 所示。

（10）将光标置于导航条的下一行，执行“插入”→“媒体”→SWF 命令，选择 banner.swf 文件，浏览效果如图 8-85 所示。

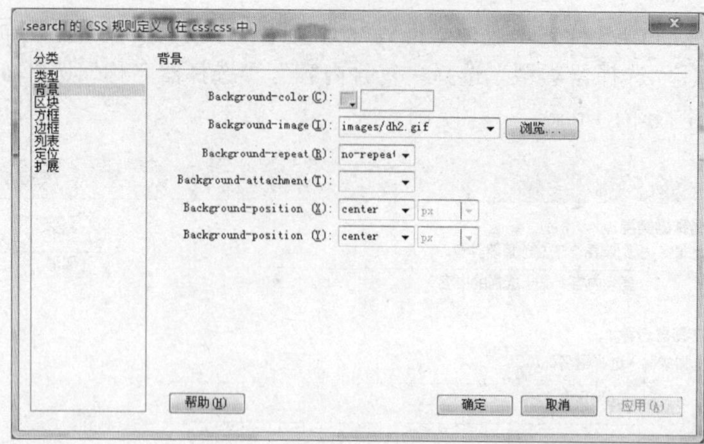

图 8-83 设置.search 样式

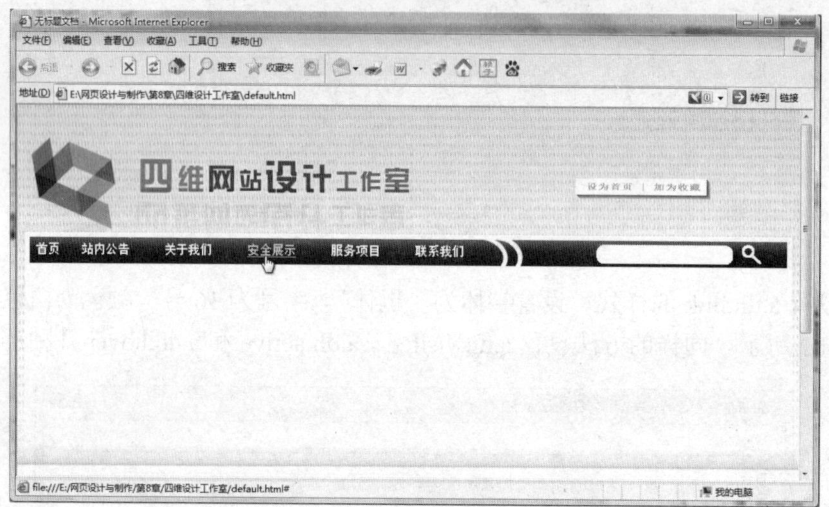

图 8-84 导航效果

图 8-85 插入 Flash 的效果

（11）在最外层表格的第 4 行插入一个 1 行 3 列的表格，宽度为 100%，单元格间距为 6，使用与上述同样的方法设置表格的背景为 bg.gif，选中 3 个单元格，在属性面板中设置背景颜色为白色，效果如图 8-86 所示。

图 8-86　添加的表格

（12）根据网页效果图，在刚插入的表格中添加相应的内容，效果如图 8-87 所示。

图 8-87　添加表格内容

（13）为内容添加各种 CSS 样式，效果如图 8-88 所示。

（14）制作底部版权部分。在最外层表格的最后一行右击选择“编辑标签”命令，设置其“背景图像”为 footbg.jpg，在属性面板中单击拆分单元格按钮将此单元格拆分为 2 列。

图 8-88 添加 CSS 样式的网页内容

（15）在第 1 列中插入一个表单，添加文字“站内导航”，在右侧添加一个“跳转菜单”，设置菜单项如图 8-89 所示。

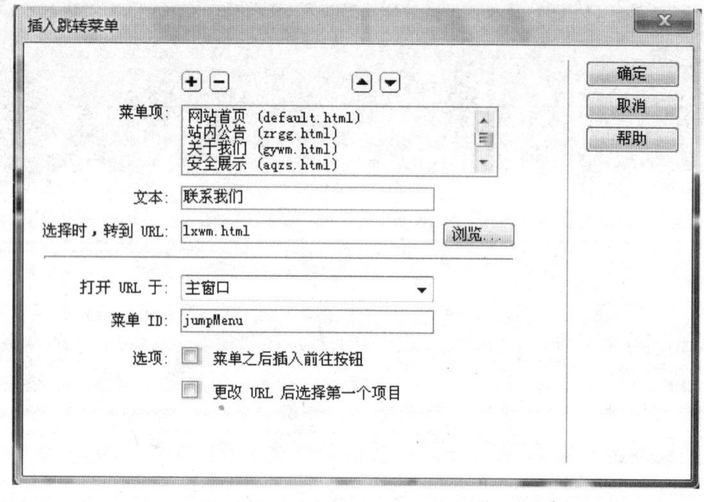

图 8-89 添加 CSS 样式的网页内容

（16）同样的方法设置友情链接，在第 2 列添加相应的版权信息，效果如图 8-90 所示。

图 8-90 底部版权效果

8.4.4　网站效果

网页制作完成，整体效果如图 8-91 所示。

图 8-91　网页最终效果